机械工人新手易学一本通

机械识图一本通

（双色版）

主编　马　慧
参编　郭　琳　孙曙光
　　　姬彦巧　李运杰

机　械　工　业　出　版　社

本书深入浅出地阐述了识读机械图样的原理和方法，共分七章，包括：识图的基本知识，基本形体三视图的识读，机件的表达方法，标准件与常用件，零件图的识读，装配图的识读。本书采用双色印刷，列举了大量实例，既讲解了识图的基本原理，又介绍了许多读图方法和经验，指出了读图时易出现的错误。

本书既可供技术工人和工程技术人员使用，也可供职业院校和技工院校的相关专业师生参考。

图书在版编目（CIP）数据

机械识图一本通（双色版）/马慧主编. —北京：机械工业出版社，2014.3（2023.9重印）

（机械工人新手易学一本通）

ISBN 978-7-111-46070-1

Ⅰ.①机… Ⅱ.①马… Ⅲ.①机械图—识别 Ⅳ.①TH126.1

中国版本图书馆CIP数据核字（2014）第043652号

机械工业出版社（北京市百万庄大街22号 邮政编码100037）
策划编辑：赵磊磊 宋亚东 责任编辑：赵磊磊 宋亚东
版式设计：赵颖喆 责任校对：樊钟英
封面设计：张 静 责任印制：张 博
三河市国英印务有限公司印刷
2023年9月第1版第10次印刷
169mm×239mm·11.5印张·218千字
标准书号：ISBN 978-7-111-46070-1
定价：29.80元

凡购本书，如有缺页、倒页、脱页，由本社发行部调换

电话服务
服务咨询热线：010-88379833
读者购书热线：010-88379649

网络服务
机 工 官 网：www.cmpbook.com
机 工 官 博：weibo.com/cmp1952
教育服务网：www.cmpedu.com
金 书 网：www.golden-book.com

前言

Preface

随着科学技术的迅猛发展，各行各业对人才的需要也更加迫切。机械制造业是技术密集型行业，熟练识读机械图样成为机械行业技术工人和工程技术人员必须掌握的基本技能。

为了帮助技术工人和工程技术人员在较短的时间内快速了解和掌握识读机械图样的方法和技巧，我们结合多年的工作实践和教学经验编写了本书。

本书主要有以下几个特点：

1. 本书以识图为目标，以突出实用为重点，精选实例，详细讲解。

2. 本书采用三维立体图与视图对照的方法，生动直观，利于读者学习。

3. 本书采用双色印刷，对易错点、重点、难点用粉红色的线条和文字表示，便于读者理解和掌握。

4. 本书将作者常年的读图经验和技巧进行提炼，用“注意”和“提示”等小栏目展示，使读者快速上手，做到事半功倍。

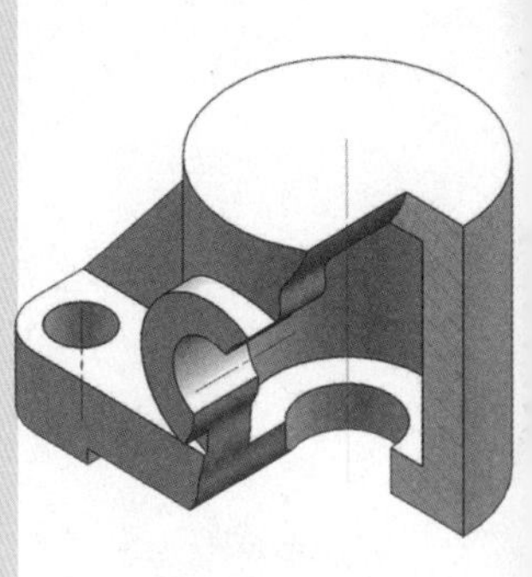

本书由马慧主编，郭琳、孙曙光、姬彦巧、李运杰参加编写。具体编写分工如下：李运杰编写第 1 章，马慧编写第 2、3 章，郭琳编写第 4 章，孙曙光编写第 5 章，姬彦巧编写第 6 章，全书由马慧统稿。

由于时间仓促，作者水平有限，书中难免存在不足之处，敬请广大读者批评指正。如有意见和建议，可与责任编辑联系，电话：010-88379078，也可反馈至邮箱：qieyd@ qq. com。

编　者

Contents

目录

前言

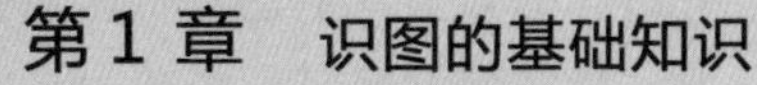

第 1 章　识图的基础知识

第 2 章　基本形体三视图的识读

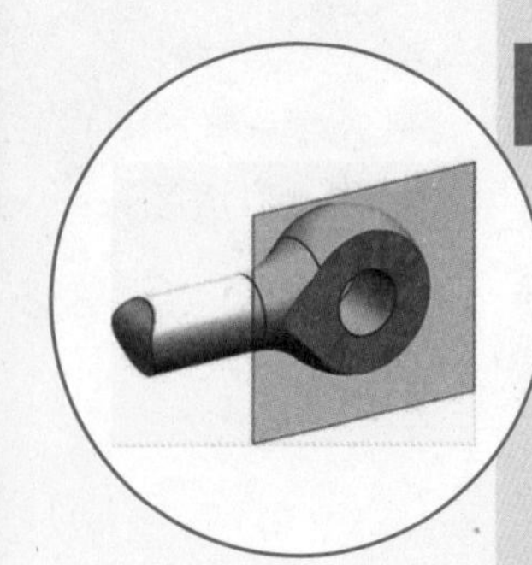

目录

Contents

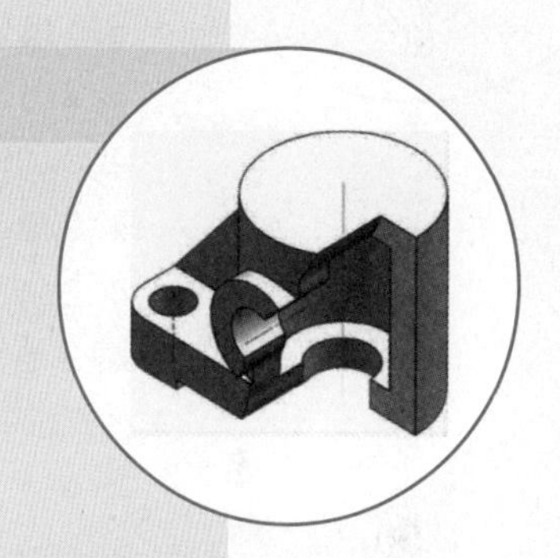

Contents

目录

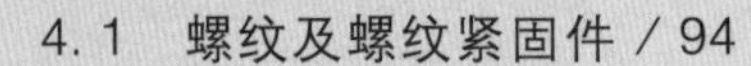

第 4 章　标准件与常用件

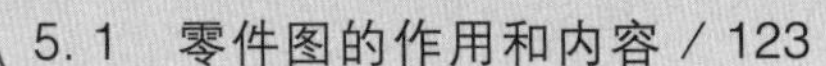

第 5 章　零件图的识读

目录

第1章 识图的基础知识

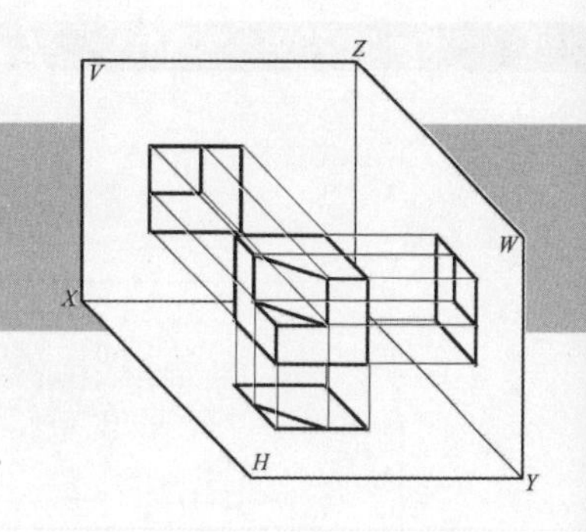

1.1 图样

1.1.1 图样的概念

“图样”是生产中最常用的技术文件。技术工人根据零件图的要求加工零件，根据装配图的要求将零件装配成机器。这些零件图和装配图以及其他一些机械生产中常用的图样统称为图样。

识读图样就是读懂图样中所表达零件的形状、尺寸和各种加工要求。识读各种图样是本书的学习目标。

1.1.2 图样的种类

最常见的图样有零件图和装配图两种。

零件图是表示零件的结构、大小和技术要求的图样。

装配图是表达产品及其组成部分的连接、装配关系的图样。

1.2 图样的一般规定

1.2.1 图纸幅面及格式

工件的图样应画在具有一定幅面和格式的图纸上。

1. 幅面

图纸的幅面优先选用表1-1中规定的基本幅面。

表1-1 幅面及周边尺寸 （单位：mm）

幅面代号	幅面尺寸	周边尺寸		
	$B \times L$	a	c	e
A0	841×1189	25	10	20
A1	594×841			
A2	420×594			10
A3	297×420		5	
A4	210×297			

由表1-1可知，图纸幅面大小有五种，A0～A4为其幅面代号。其中A0幅面的图纸最大，其宽（B）×长（L）为841mm×1189mm，即幅面面积为$1m^2$。A1幅面为A0幅面大小的一半（以长边对折裁开）；其余都是后一号为前一号的一半。图纸幅面的相互关系如图1-1所示。

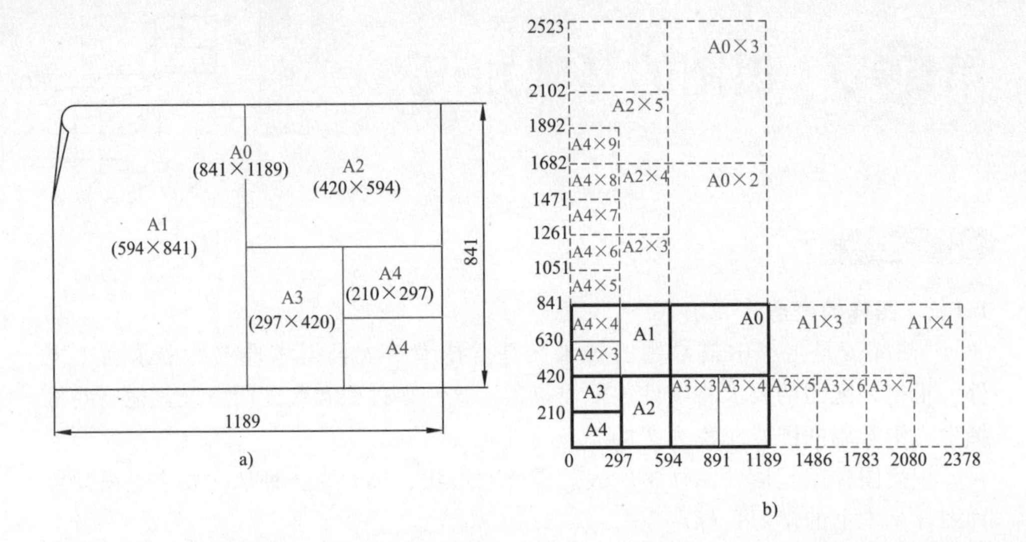

图 1-1　图纸幅面的相互关系

2. 图框格式

图框线用粗实线绘制，表示图幅大小的纸边界线用细实线绘制，图框线与纸边界线之间的区域称为周边。图框的格式分为有装订边和无装订边两种格式。需要装订的图样，其图框格式如图 1-2 所示；不留装订边的图样，其图框格式如图 1-3 所示。装订边宽度 a 和周边宽度 c、e 可以由表 1-1 中查出。

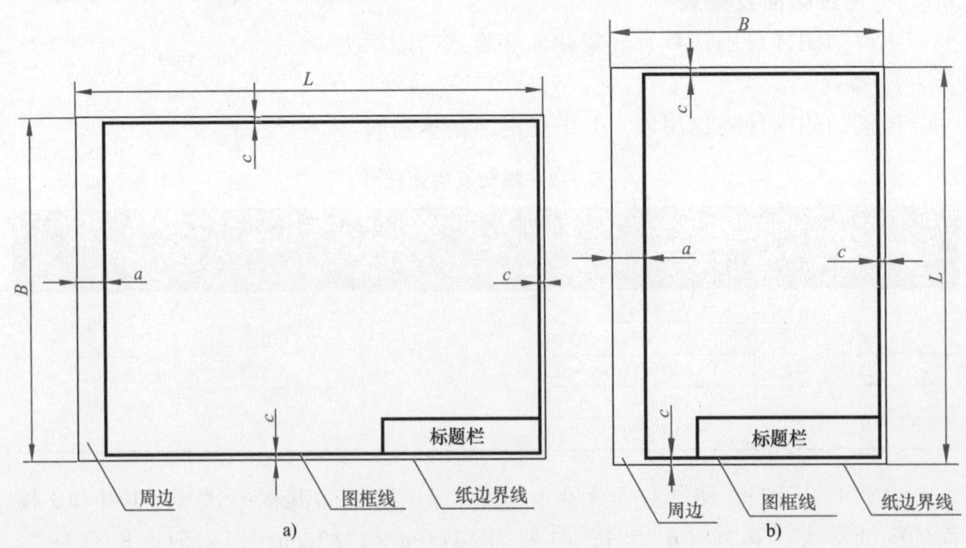

图 1-2　有装订边图框格式

a）有装订边图样（A3）　b）有装订边图样（A4）

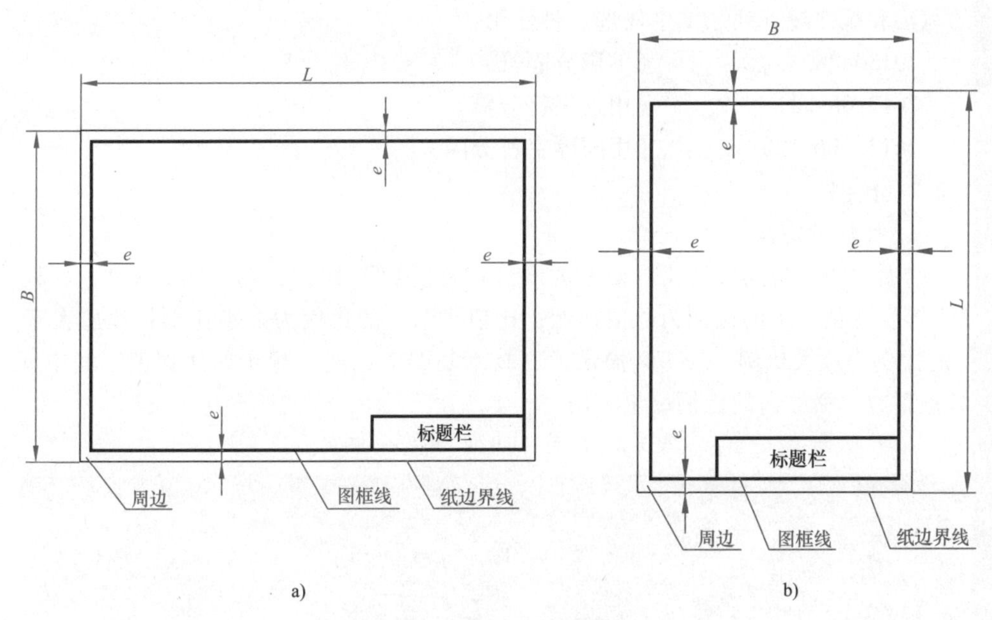

图 1-3 无装订边图框格式

a）无装订边图样（A3） b）无装订边图样（A4）

同一产品的图样应采用同一种图框格式。

3. 标题栏

在每一张技术图样上，均需要画出标题栏。标题栏的位置在图框的右下角，标题栏中的文字方向为看图方向。标题栏的内容、格式及尺寸见国家标准《技术制图》（GB/T 10609. 1—2008），如图 1-4 所示。标题栏中的“年 月 日”

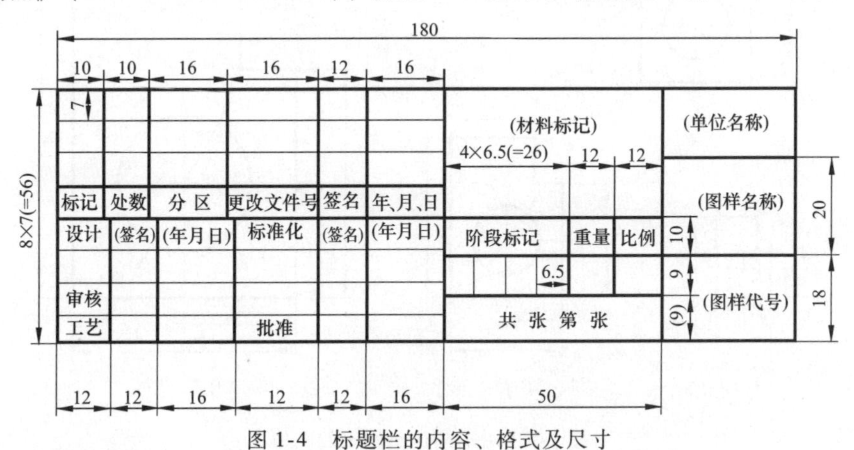

图 1-4 标题栏的内容、格式及尺寸

的写法和顺序按下列示例中任选一种使用：

20130628　　　　　　（不用分隔符）

2013-06-28　　　　　（用连字符分隔）

2013　06　28　　　　（用间隔字符分隔）

1.2.2　比例

1．比例的定义

“图中图形与其实物相应要素的线性尺寸之比”称为比例。例如 1∶1、1∶2、2∶1 等，比值为 1 的比例为原值比例；比值小于 1 的比例为缩小比例；比值大于 1 的比例为放大比例。表 1-2 摘录了《技术制图　比例》规定的比例值，其中 n 为正整数，括号内的比例尽量不用。

表 1-2　比例（GB/T 14690—1993）

原值比例	1∶1				
放大比例	1×10^n∶1	2∶1 2×10^n∶1	(2.5∶1) (2.5×10^n∶1)	(4∶1) (4×10^n∶1)	5∶1 5×10^n∶1
缩小比例	(1∶1.5) (1∶1.5×10^n)	1∶2 1∶2×10^n	(1∶1.5) (1∶2.5×10^n)	(1∶3) (1∶3×10^n)	(1∶4) (1∶4×10^n)
	1∶5 1∶5×10^n	(1∶6) (1∶6×10^n)	1∶10 1∶1×10^n		

2．比例的选取

需要按比例绘制图样时，应由表 1-2 规定的系列中选取适当的比例。不论采用哪一种比例，标注尺寸时都必须标注实际尺寸，与图形所采用的比例无关，如图 1-5 所示。

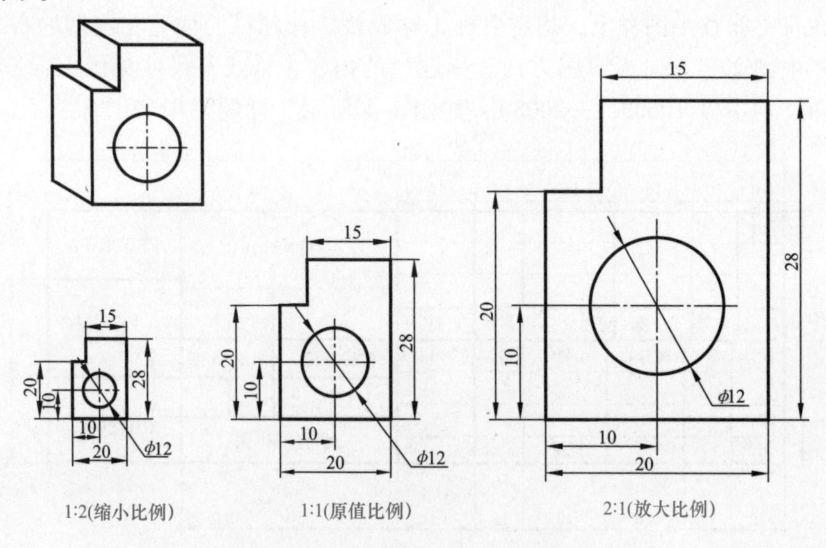

图 1-5　用不同比例画出的图形

提示：比例通常填写在标题栏内，特殊情况标注在缩放图形的上方。

1.2.3 图线

绘图时，应采用国家标准中规定的图线。所有线型的图线宽度应在下列数系中选择：0.13mm、0.18mm、0.25mm、0.35mm、0.5mm、0.7mm、1mm、1.4mm、2mm。

在机械图样中只采用粗、细两种线宽，它们之间的比例为2:1，例如粗实线宽度为0.7mm时，细实线的宽度应是0.35mm。机械制图中常用的线型名称、线型、线宽及应用见表1-3。图线的应用示例如图1-6所示。

表1-3 线型名称、线型、线宽及应用

图线名称	图线型式、图线宽度	一般应用	图例
粗实线	d 宽度:d≈0.5mm或0.7mm	可见轮廓线	可见轮廓线 不可见轮廓线
细虚线	2～6 1 宽度:d 2	不可见轮廓线	
细实线	宽度:d 2	过渡线 尺寸线 尺寸界线 剖面线 重合断面图的轮廓线 辅助线 指引线 螺纹牙底线及齿轮的齿根线	重合断面的轮廓线
细点画线	15～20 3 宽度:d 2	轴线 对称中心线 节圆及节线	轴线 对称中心线
细双点画线	15～20 5 宽度:d 2	极限位置的轮廓线 中断线 相邻辅助零件的轮廓线 轨迹线	轨迹线 运动机件在极限位置的轮廓线 相邻辅助零件的轮廓线

（续）

图线名称	图线型式、图线宽度	一般应用	图　　例
波浪线	宽度:d 2	断裂处的边界线 视图与剖视图的分界线	断裂处的边界线 视图分界线
双折线	宽度:d 2	断裂处的边界线	
粗点画线	宽度:d	限定范围的表示线	镀铬

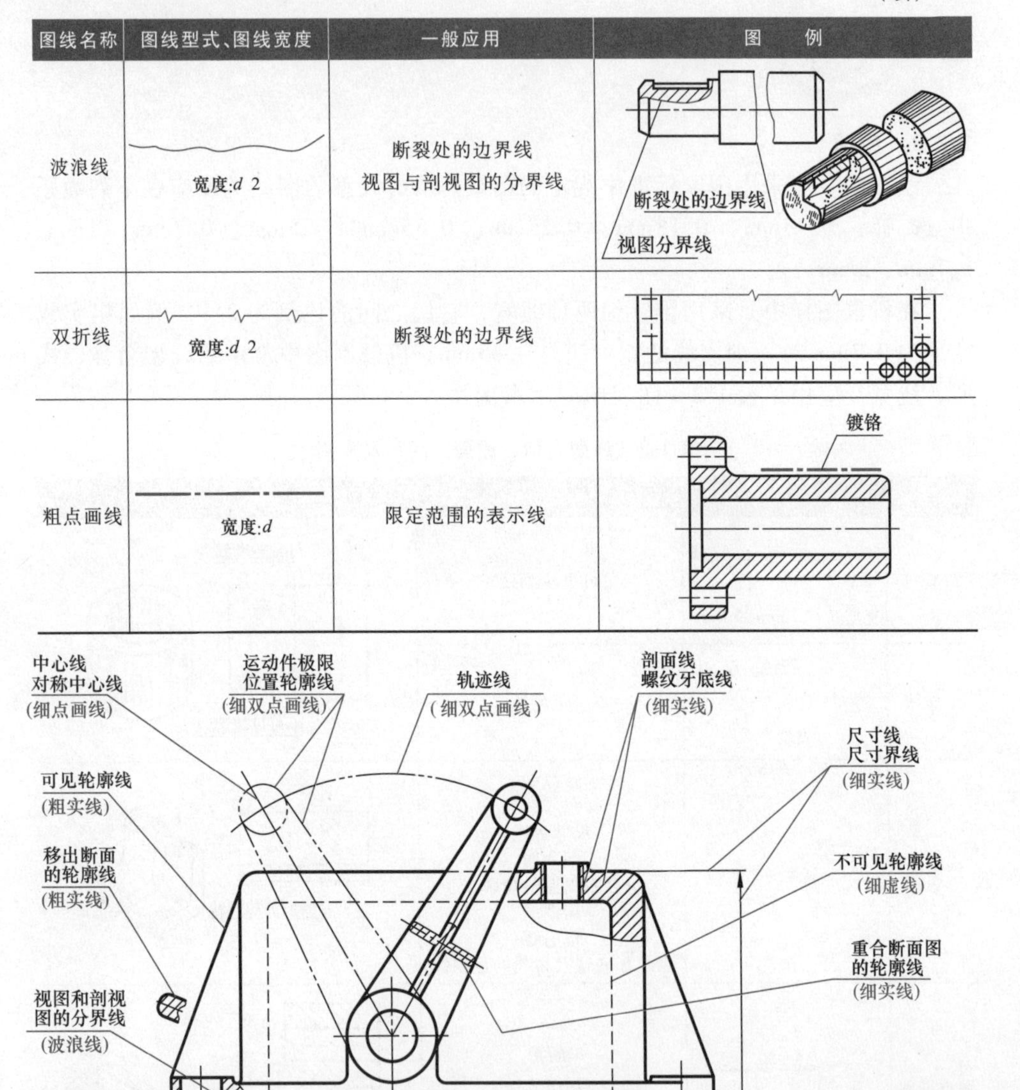

图 1-6　图线的应用示例

1.2.4　尺寸注法

在图样中，零件的大小由尺寸表明。图样上标注的尺寸数值就是工件实际大小的数值。它与画图时采用的缩、放比例无关，与画图的精确度也无关，如图 1-7 所示。

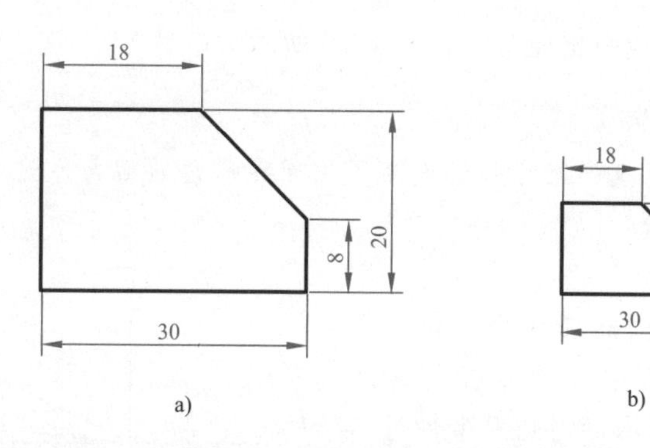

图 1-7 工件的尺寸与图形大小无关

图样上的尺寸以毫米（mm）为计量单位时，不需标注单位代号或名称。图样上标注的尺寸是工件的最后完工尺寸。

1. 尺寸要素

图样中的尺寸是由尺寸界线、尺寸线、箭头和尺寸数字组成的，如图 1-8 所示。

（1）尺寸界线 尺寸界线用细实线绘制，并由图形的轮廓线、对称中心线、轴线等处引出，尺寸界线一般与尺寸线垂直，如图 1-9 所示。也可利用轮廓线、对称中心线、轴线作为尺寸界线。

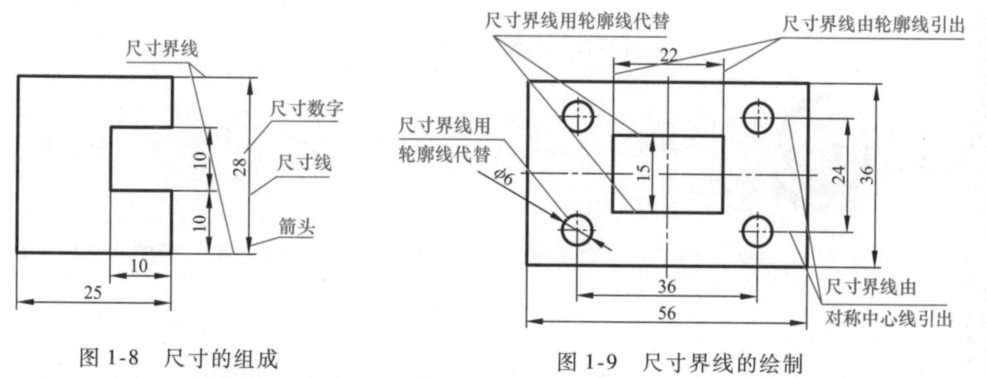

图 1-8 尺寸的组成

图 1-9 尺寸界线的绘制

（2）尺寸线及箭头 尺寸线用细实线绘制，箭头画在尺寸线的两端并顶到尺寸界线上。

（3）尺寸数字

1）线性尺寸的数字一般写在尺寸线的上方，如图 1-9 所示。

2）标注角度的尺寸数字一律写成水平方向，一般注写在尺寸线的中断处。

必要时，也可以用指引线引出注写，如图 1-10 所示。

角度的尺寸线为圆弧，用圆规以角的顶点为圆心画出。

2. 尺寸标注示例

1）直径尺寸数字前面加注直径符号“ϕ”；半径尺寸数字前面加注半径符号“R”。如图 1-11a、b 所示。当圆弧半径过大时，不需要标出圆心位置，如图 1-11c 所示。

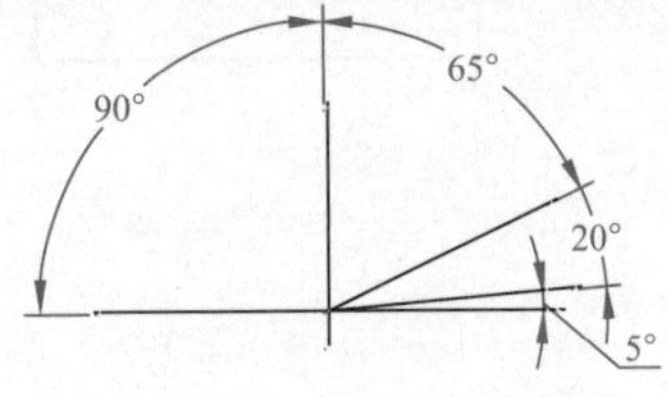

图 1-10　角度数字的注写

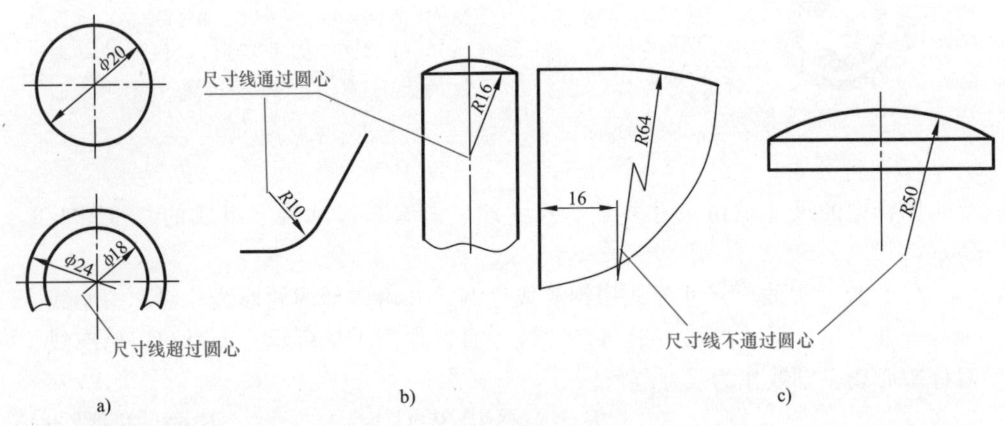

图 1-11　圆和圆弧的标注示例

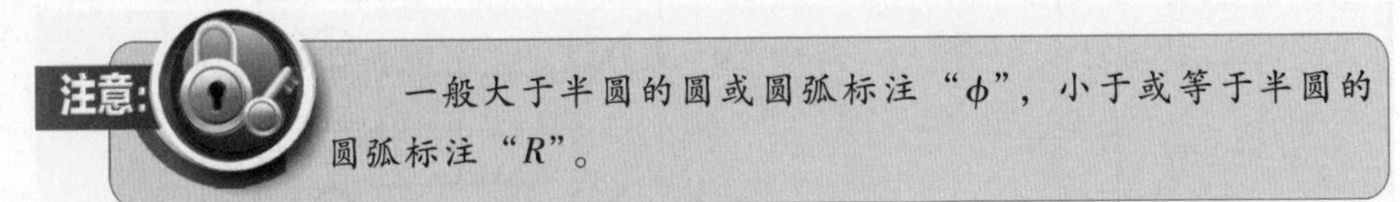

一般大于半圆的圆或圆弧标注“ϕ”，小于或等于半圆的圆弧标注“R”。

2）在符号“ϕ”和“R”前面再加注符号“S”表示球面，如图 1-12a、b 所示。

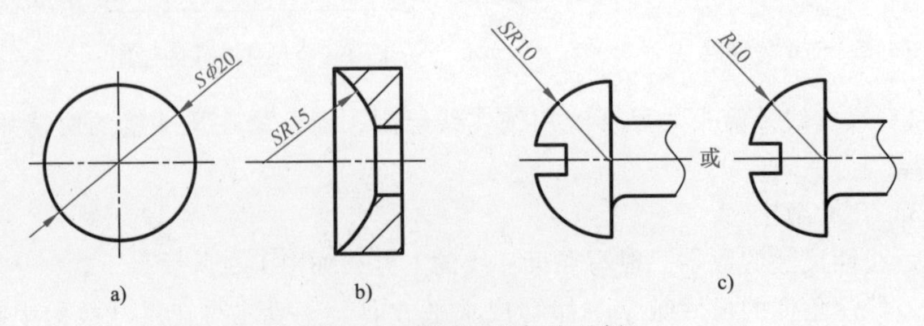

图 1-12　圆球面的标注示例

在不致引起误解的情况下，可省略符号“*S*”，如图 1-12c 所示的尺寸“*R*10”。

3）对于小线性尺寸，当没有足够的位置画箭头或写尺寸数字时，箭头可以由尺寸界线外指向内，连续尺寸可以用实心圆点代替箭头，如图 1-13 所示。

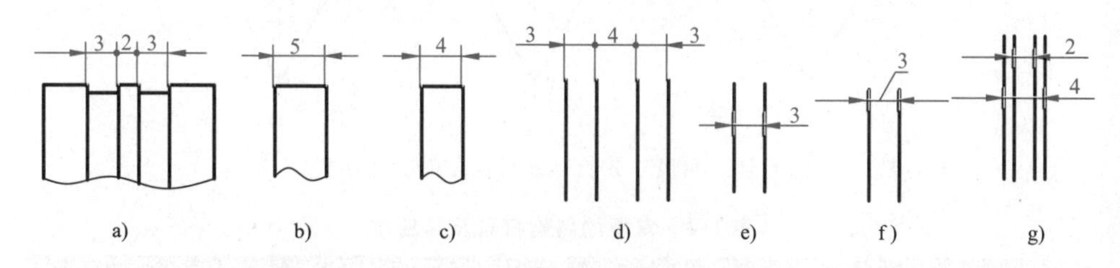

图 1-13　小线性尺寸的标注示例

4）对于小圆弧尺寸，尺寸数字可以注写在尺寸线的延长线上；尺寸线可以由外指向内，如图 1-14 所示。

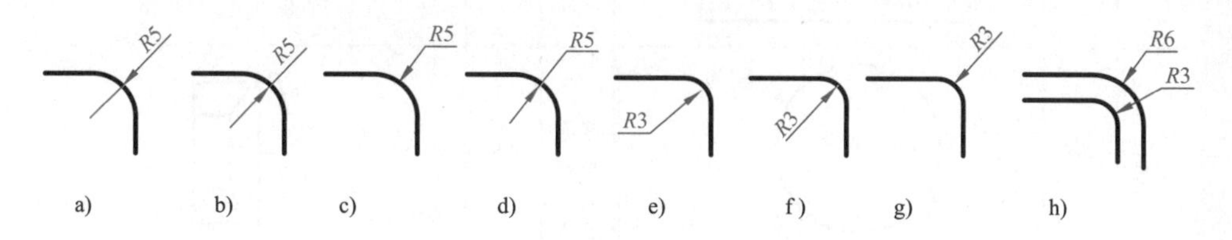

图 1-14　小圆弧尺寸的标注示例

5）对于小圆尺寸，尺寸线和箭头可以由外指向内；可以由圆的轮廓引出尺寸界线；数字可以写在尺寸线上，也可以写在尺寸线的延长线上，如图 1-15 所示。

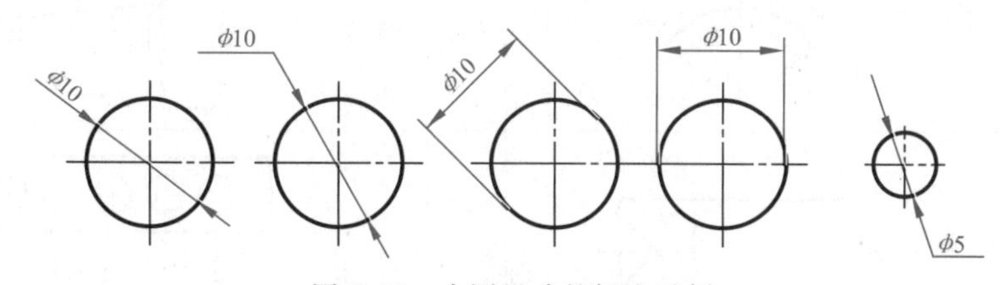

图 1-15　小圆尺寸的标注示例

6）角度的标注如图 1-16a 所示，弦长的标注如图 1-16b 所示，弧长的标注如图 1-16c 所示。

3. 标注尺寸的符号及应用

为了更准确地表达工件的某些结构，便于识图，常在尺寸数字前面加注符号，常用的结构符号及其应用见表 1-4。

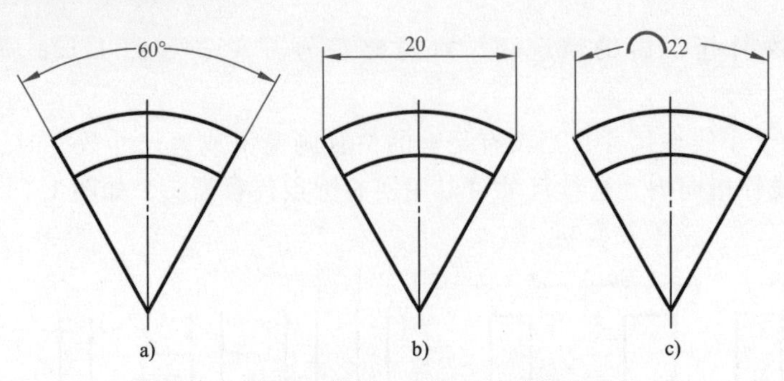

图 1-16　角度、弦长、弧长尺寸的标注示例

表 1-4　常用的结构符号及其应用

名称	符号	应用示例	名称	符号	应用示例
直径	ϕ	ϕ14　ϕ10	半径	R	R16
球面直径	$S\phi$	$S\phi$30	球面半径	SR	SR30
斜度	∠	∠1:100	厚度	δ	δ2
弧长	⌒	⌒39.17	锥度	▷	▷1:5
方形	□	□14	参考尺寸	(　)	10　4×10(=40)

1.3　正投影和三视图

1.3.1　投影的基本知识

物体在灯光或日光的照射下，在墙面或地面上就会产生该物体的影子。但是，影子只能反映该物体的外轮廓形状，不能反映其完整的形象。如果假设光线

能够穿透物体，就可以完整地反映物体的形象。投影法就是人们根据这种假想的现象抽象出来的。

通常将光源的中心称为投射中心，墙面或地面称为投影面，光线称为投射线，物体的影子称为投影，如图 1-17 所示。

1. 中心投影法

如图 1-17a 所示，投射线从投射中心出发，在投影面上作出物体投影的方法，称为中心投影法。

2. 平行投影法

如图 1-17b 所示，当投影中心距离投影面无限远时（如阳光的光线），则投射线近于互相平行。这种用互相平行的投射线投影，在投影面上作出物体投影的方法称为平行投影法。

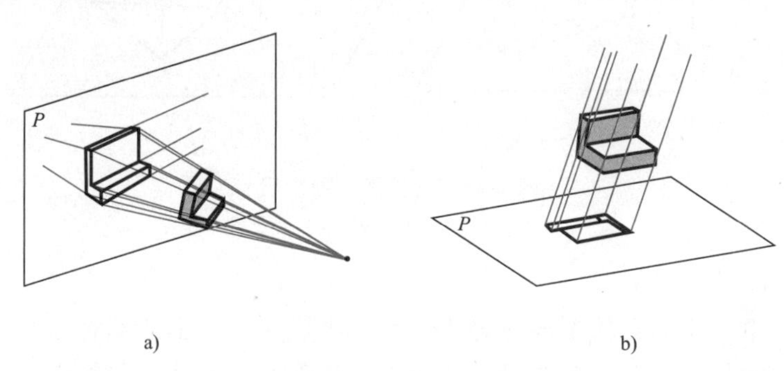

图 1-17　物体的投影

a）中心投影法　b）平行投影法

3. 正投影法

在平行投影法中，当投射线与投影面垂直时称为正投影。如图 1-18 所示，正投影法具有真实性、积聚性和类似性三种性质。正投影能反映物体的真实形状和大小，且作图简便，因此，正投影法是绘制图样的基本方法。

当直线或平面平行于投影面时，其投影具有真实性（投影反映真长或真形）；当直线或平面垂直于投影面时，其投影具有积聚性（投影积聚为点或直线）；当直线或平面倾斜于投影面时，其投影具有类似性（投影为直线或平面的类似形状）。

1.3.2　三视图

由图 1-19 所示可见，用一个投影面得到的投影只能反映物体一个方向的形状，不能反映物体多个方向的形状。因此，要反映物体的完整形状，必须增加由不同投射方向所得到的几个视图。通常工程图样均采用多面投影。

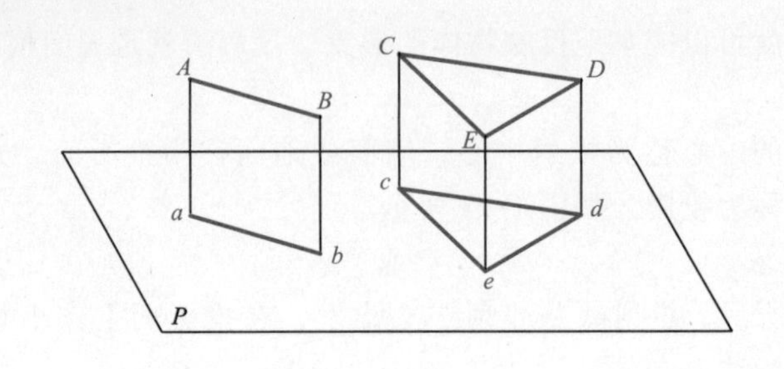

a)

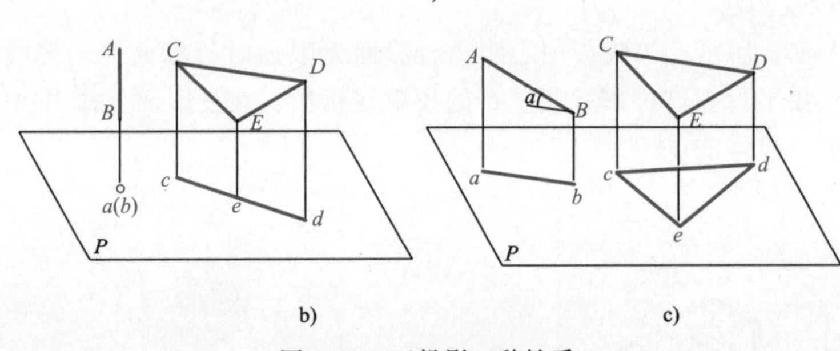

b)　　c)

图 1-18　正投影三种性质

a）真实性　b）积聚性　c）类似性

1. 三面投影体系

建立三个互相垂直的平面作为投影面，组成一个三面投影体系，如图 1-20 所示。三个投影面分别为正立面（*V* 面）、水平面（*H* 面）和侧立面（*W* 面）。三个投影面的交线为 *X*、*Y*、*Z* 轴，三个轴的交点为原点 *O*。

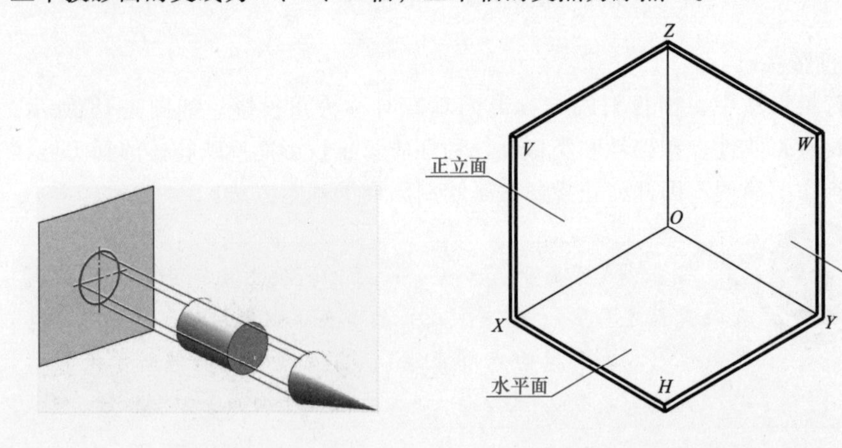

图 1-19　不同形体的单面投影　　图 1-20　三面投影体系

2. 物体的三面投影及三视图

将物体放在三面投影体系中，放置时，要尽量使物体上各表面平行或垂直于三个投影面。然后用正投影（投射线垂直于投影面）的方法分别向三个投影面投射，即可得到三个方向的正投影图，如图 1-21 所示。

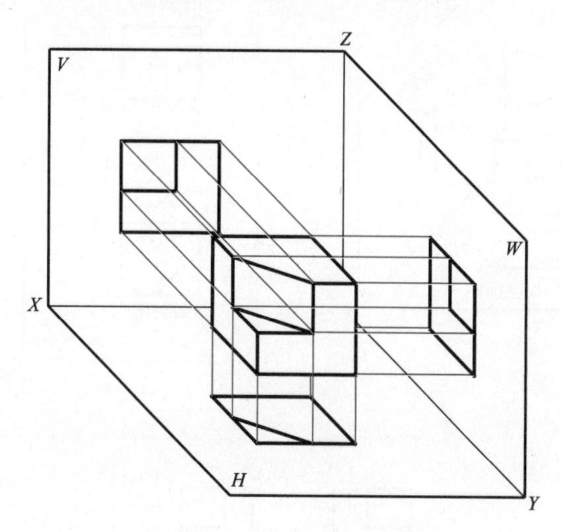

图 1-21　物体的三面投影

工程上把正面投影图称为主视图、水平投影图称为俯视图、侧面投影图称为左视图，把物体的三面投影图称为三视图。

为了把互相垂直的三个投影图画在一张图纸上，必须把投影面展开。其展开方法是：正立面（*V* 面）不动，水平面（*H* 面）绕 *X* 轴向下旋转 90°；侧立面（*W* 面）绕 *Z* 轴向后旋转 90°，使三个投影面处于同一个平面内，如图 1-22a、b 所示。实际绘图时，投影面的边框不画，投影面的代号不写，如图 1-22c 所示。

3. 物体三视图的投影关系

在三面投影体系中，物体的 *X* 轴方向尺寸称为长度，*Y* 轴方向尺寸称为宽度，*Z* 轴方向尺寸称为高度，如图 1-23a 所示。在物体的三视图中，主视图与俯视图在 *X* 轴方向都反映物体的长度，它们的位置左右应对正，称为“长对正”，如图 1-23b 所示。主视图与左视图在 *Z* 轴方向都反映物体的高度，它们的位置上下应对齐，称为“高平齐”。俯视图与左视图在 *Y* 轴方向都反映物体的宽度，这两个宽度一定要相等，称为“宽相等”。

三视图的投影规律：

主、俯视图“长对正”
主、左视图“高平齐”
俯、左视图“宽相等”

4. 物体三视图的方位关系

物体在三面投影体系中的位置确定之后，相对于观察者，它在空间就有上、

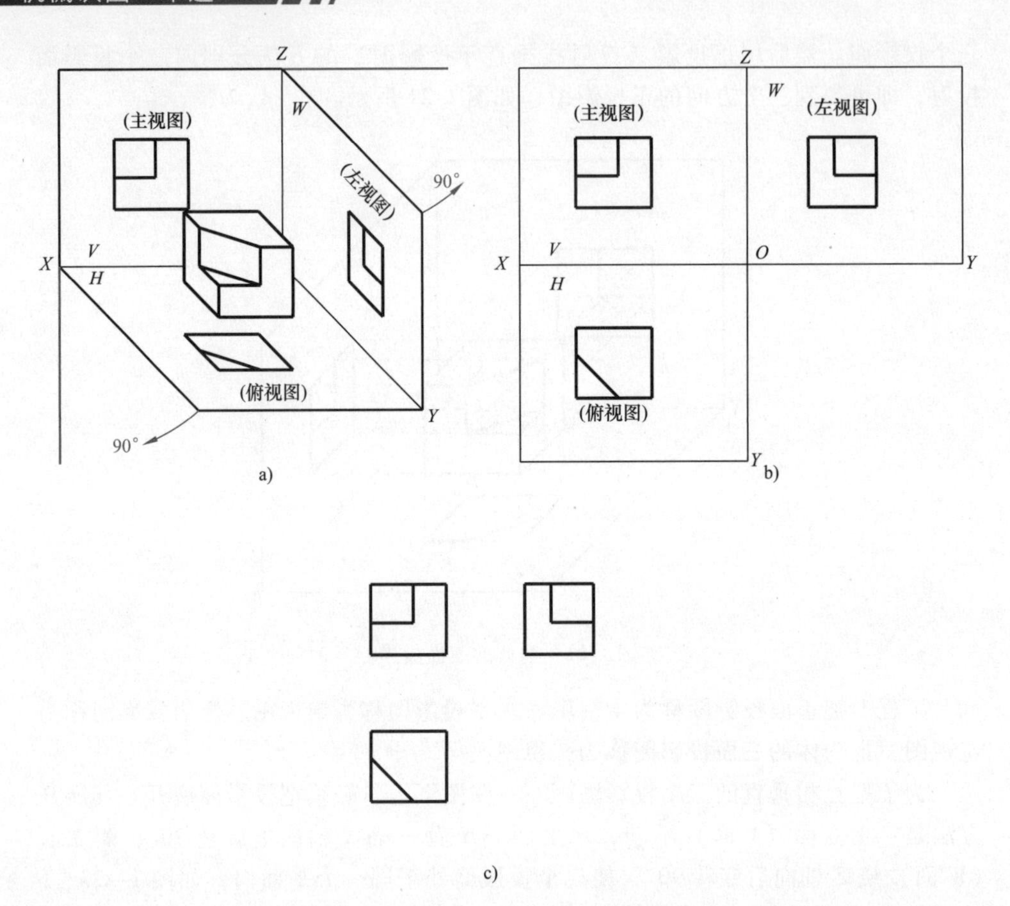

图 1-22　投影面的展开与三视图

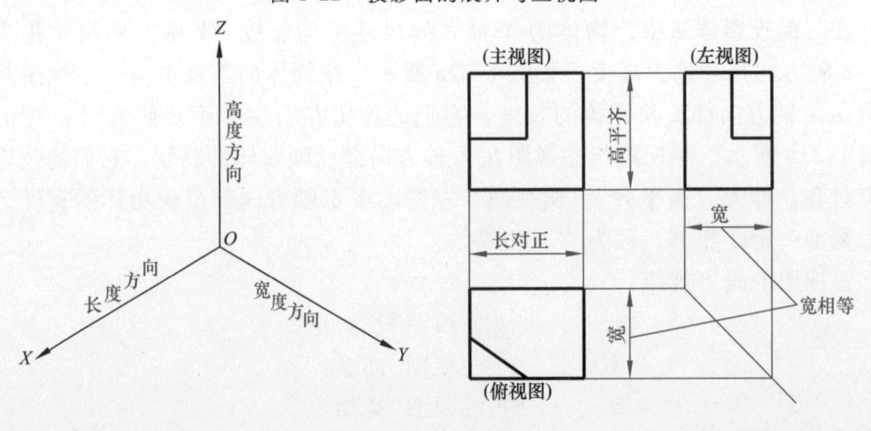

图 1-23　物体三视图的投影关系

下、左、右、前、后六个方位，如图 1-24a 所示。在三视图中，每一个视图都可以反映四个方位，如图 1-24b 所示。即主视图反映物体的左右、上下关系，左视图反映物体的前后、上下关系，俯视图反映物体的左右、前后关系。

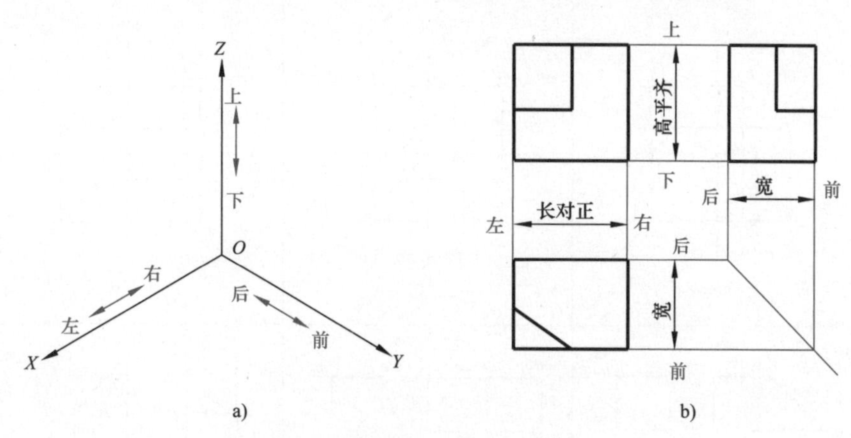

图 1-24　物体三视图的方位关系

1.3.3　物体上点、线、面的三视图

每个几何形体都是由点、线、面等几何元素组成的，因此，了解线、面的三视图投影规律对识读形体的三视图非常重要。

1. 直线对投影面的相对位置

一条直线对投影面的相对位置有平行、垂直和倾斜三种情况。

（1）投影面的平行线　平行于一个投影面，而倾斜于另两个投影面的直线，称为投影面的平行线。平行于水平投影面的直线称为水平线，平行于正立投影面的直线称为正平线，平行于侧立投影面的直线称为侧平线。

表 1-5 中分别列出了正平线、水平线和侧平线的立体图、三视图及应用举例。

表 1-5　投影面平行线的三视图

名称	正平线（平行于 V、倾斜于 H 和 W）	水平线（平行于 H、倾斜于 V 和 W）	侧平线（平行于 W、倾斜于 H 和 V）
立体图	Z V b′ a′ B b″ W X A O a″ a b H Y	Z V a′ b′ a″ A b″ W X O B a b H Y	Z V a′ a″ A b′ W X B O b″ a b H Y

（续）

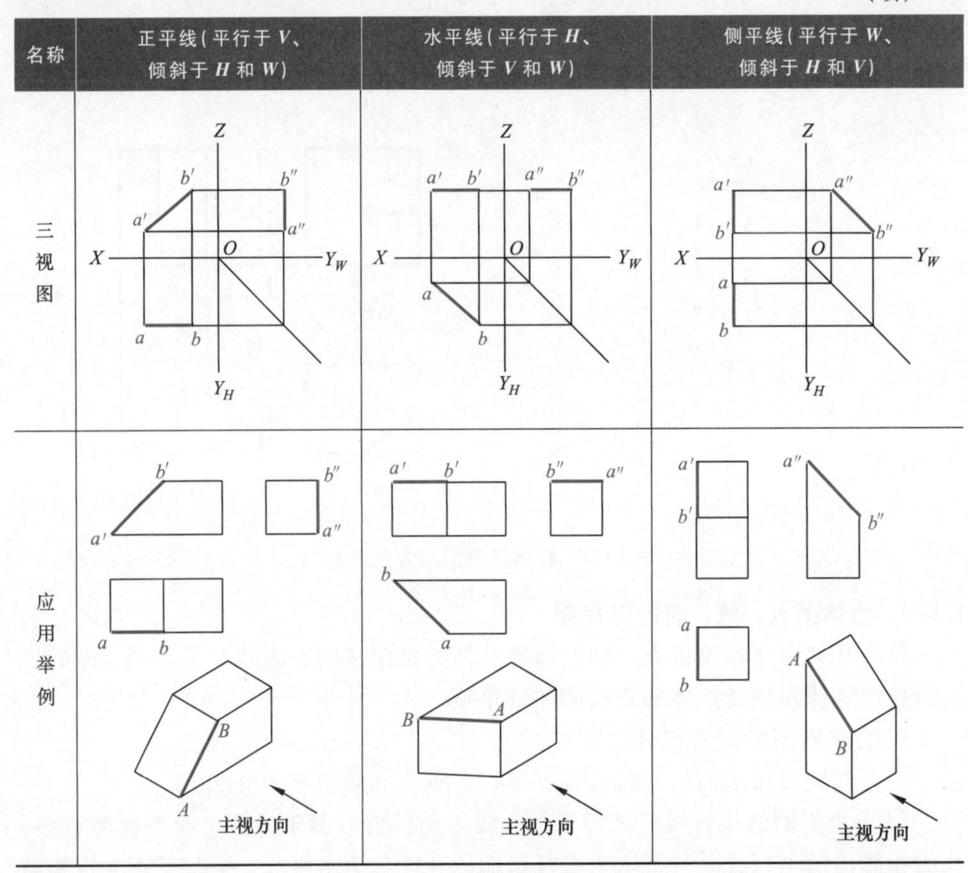

（2）投影面的垂直线　垂直于一个投影面，平行于另外两个投影面的直线，称为投影面的垂直线。垂直于水平投影面的直线称为铅垂线，垂直于正立投影面的直线称为正垂线，垂直于侧立投影面的直线称为侧垂线。

表 1-6 中分别列出了铅垂线、正垂线、侧垂线的立体图、三视图及应用举例。

（3）投影面的倾斜线　与三个投影面都倾斜的直线称为投影面的倾斜线。

如图 1-25 所示，直线 AB 与三个投影面倾斜，其三个视图均与投影轴倾斜。

2. 空间平面与投影面的相对位置

空间平面与投影面的相对位置可以分为三种：投影面的垂直面、投影面的平行面、投影面的倾斜面（一般位置平面）。

（1）投影面的垂直面　垂直于一个投影面，倾斜于另外两个投影面的平面称为投影面的垂直面。垂直于水平投影面的平面称为铅垂面，垂直于正立投影面的平面称为正垂面，垂直于侧立投影面的平面称为侧垂面。

表 1-6 投影面垂直线的三视图

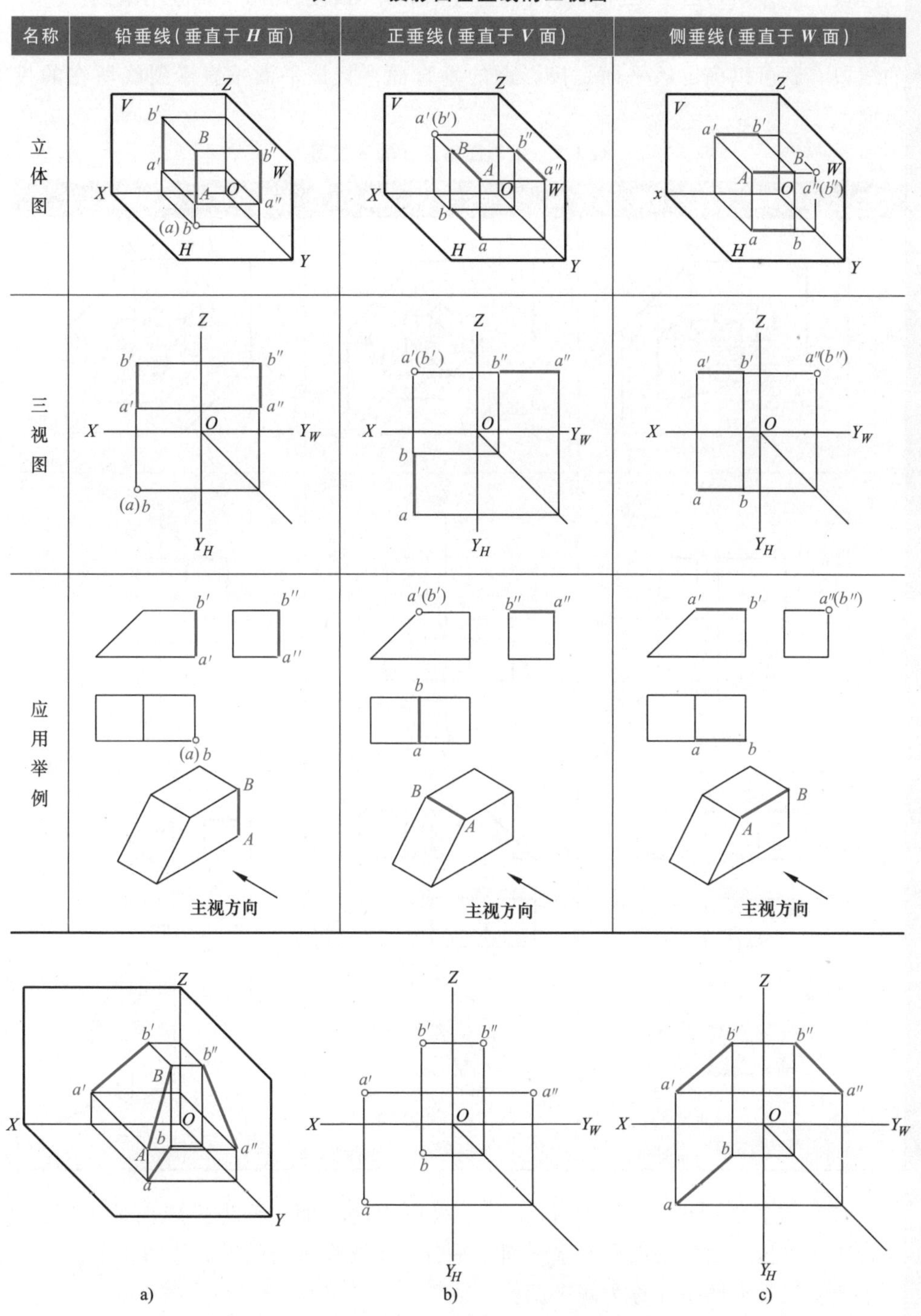

图 1-25 投影面倾斜线的三视图形成

表 1-7 分别列出了三种投影面的垂直面立体图、三视图及其应用举例。

读图时，只要两投影中，一个投影为多边形线框，对应的另一个投影为倾斜的线段，就可以确定该平面是投影面的垂直面，且该平面垂直于斜线所在的投影面。

表 1-7　投影面垂直面的三视图

名称	铅垂面(垂直于 H 面)	正垂面(垂直于 V 面)	侧垂面(垂直于 W 面)
立体图	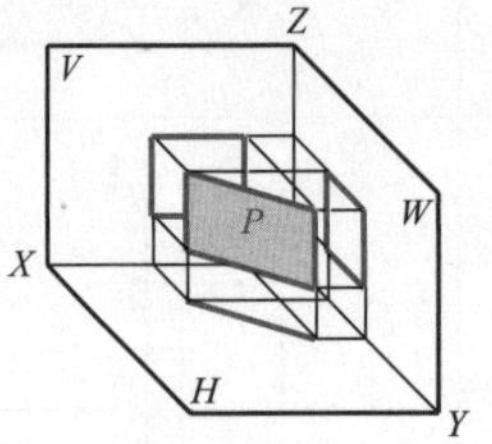 Z, V, W, X, P, H, Y	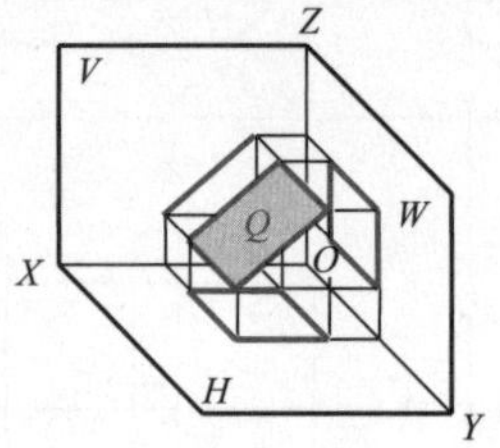 Z, V, W, X, Q, O, H, Y	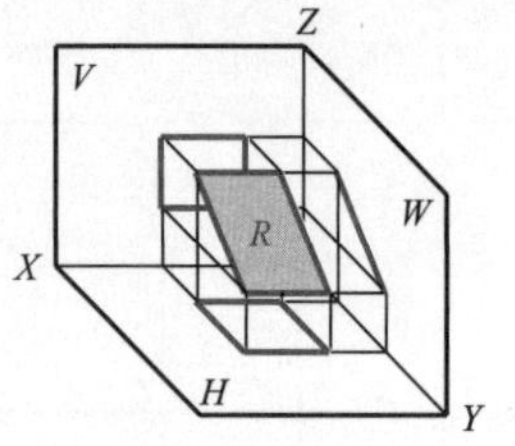 Z, V, W, X, R, H, Y
三视图	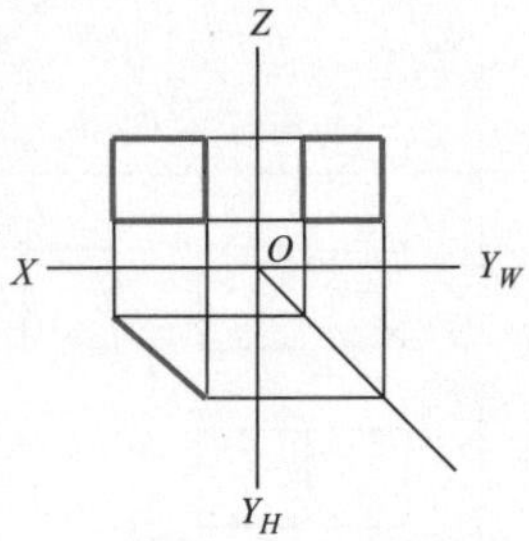 Z, X, O, Y_W, Y_H	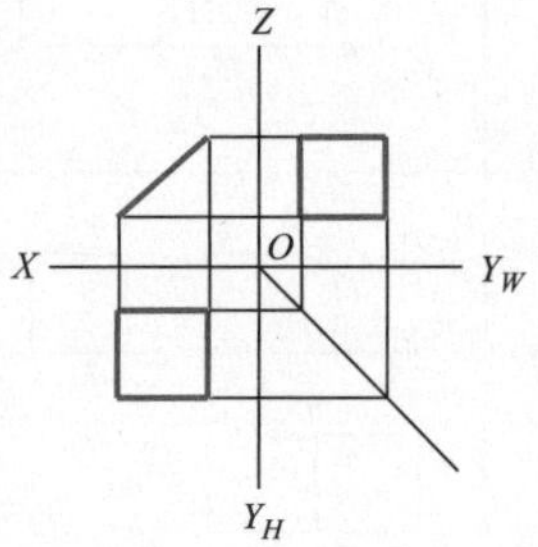 Z, X, O, Y_W, Y_H	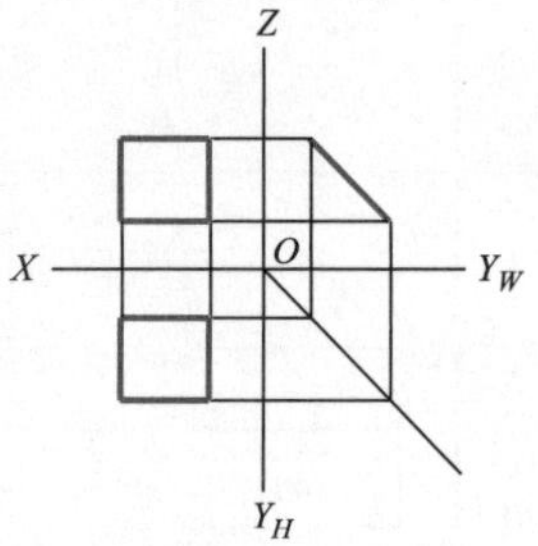 Z, X, O, Y_W, Y_H
应用举例	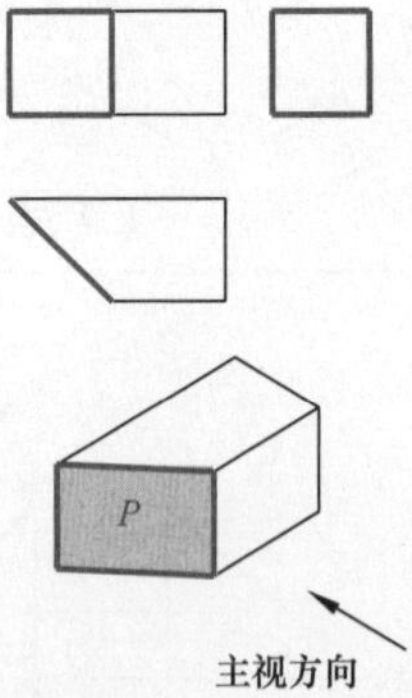 P 主视方向	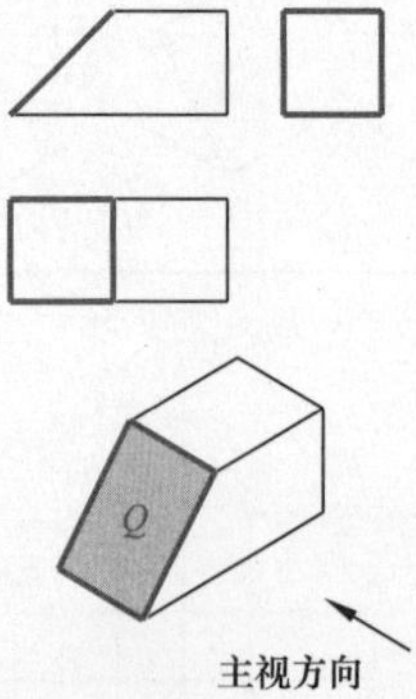 Q 主视方向	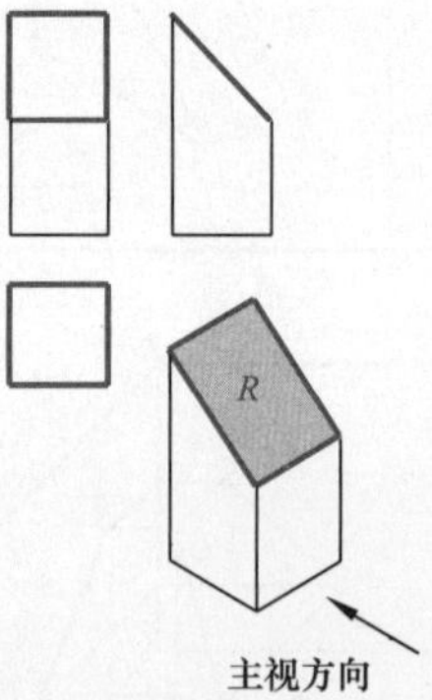 R 主视方向

（2）投影面的平行面　平行于一个投影面的平面，称为投影面的平行面。平行于水平投影面的平面称为水平面，平行于正立投影面的平面称为正平面，平行于侧立投影面的平面称为侧平面。

表 1-8 列出了三种平行面的立体图、三视图及其应用举例。

读图时，只要给出平面图形的一个投影为线框，另一个投影积聚为平行于投影轴的线段，就可以确定它是投影面的平行面，且该平面平行于线框所在的投影面。

表 1-8　投影面平行面的三视图

名称	水平面（平行于 *H* 面）	正平面（平行于 *V* 面）	侧平面（平行于 *W* 面）
立体图	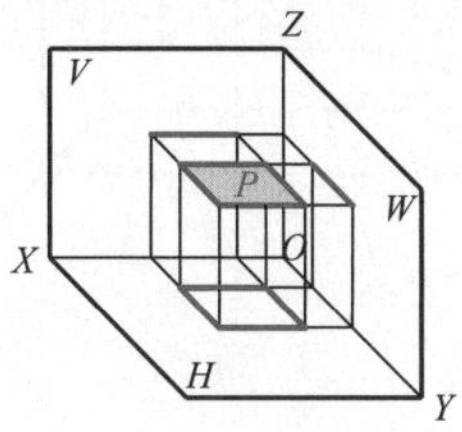	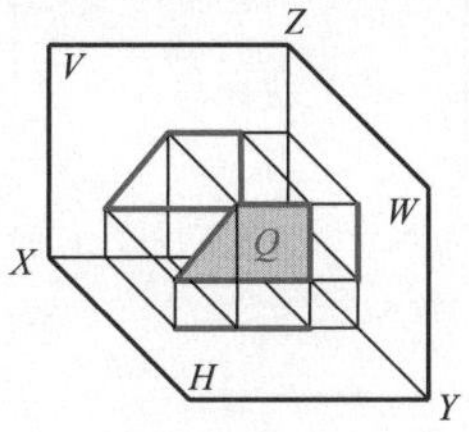	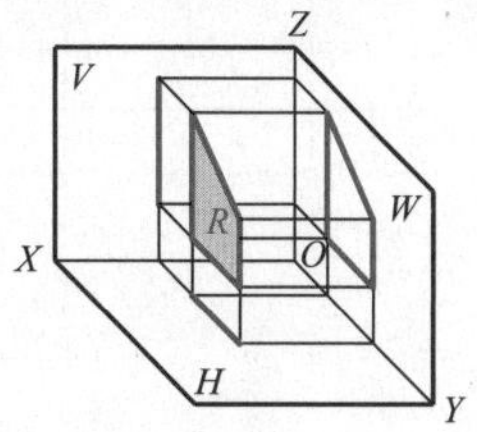
三视图	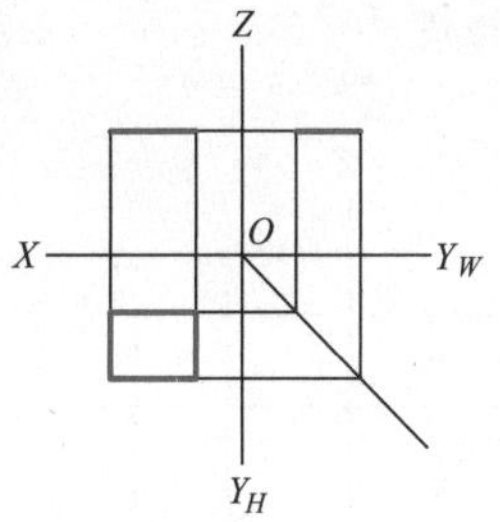	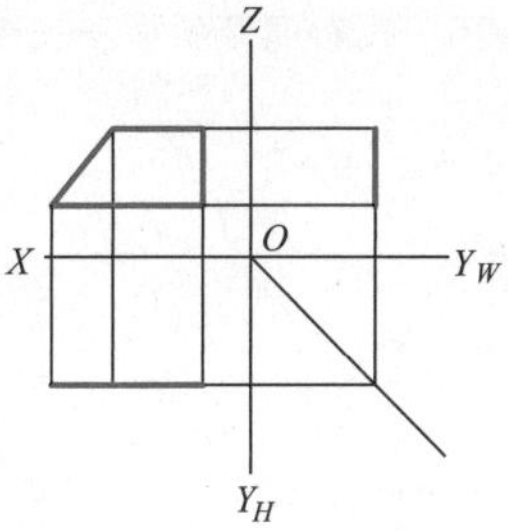	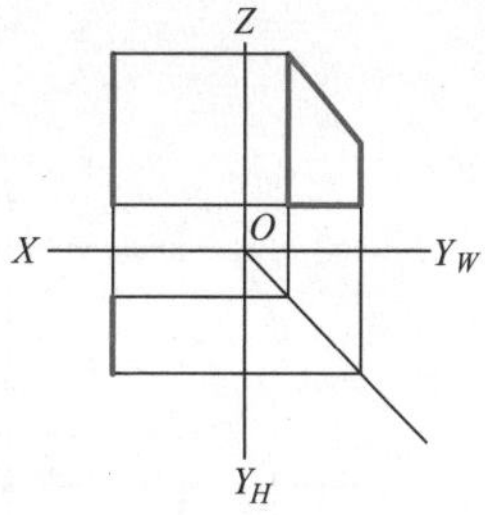
应用举例	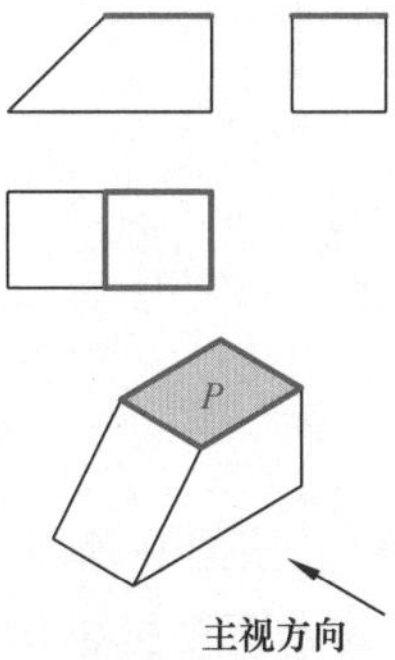 主视方向	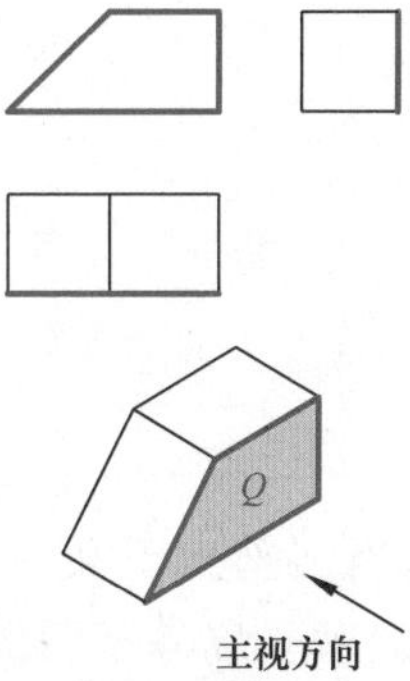 主视方向	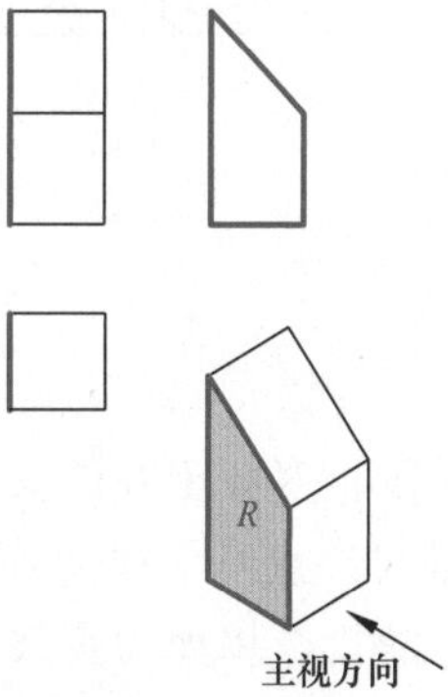 主视方向

（3）投影面的倾斜面　与三个投影面都倾斜的平面，称为投影面的倾斜面。其投影特点是：三个投影均为空间形状的类似形，如图 1-26 所示。

读图时，只要对应的三面投影没有积聚性，是三个类似形状，就可以确定它是倾斜于投影面的平面，空间形状可根据类似性想象出来。

3. 特殊位置圆的投影

（1）平行于投影面的圆　如图 1-27 所示，当圆平行于某一投影面时，圆在该投影面上的投影为圆（真形），其余两投影均积聚为平行于投影轴的直线段，

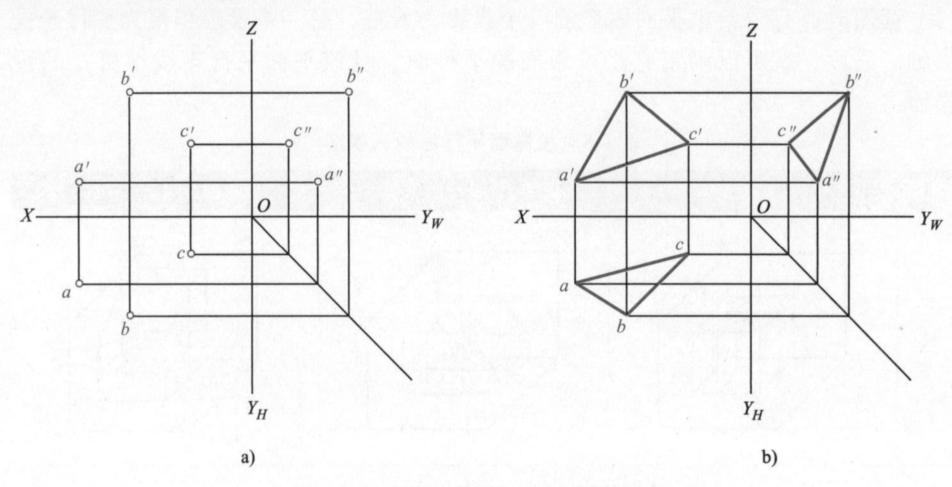

图 1-26　投影面倾斜面三视图的形成

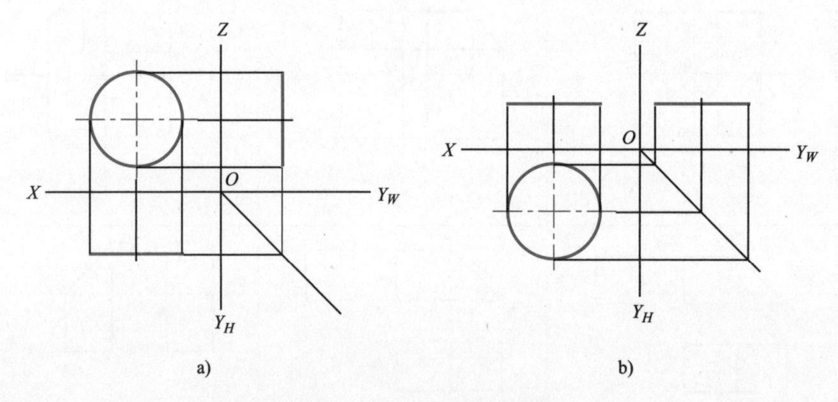

图 1-27　平行于投影面的圆

其线段长度等于圆的直径。

（2）垂直于投影面的圆　当圆垂直于某一投影面时，该圆在所垂直的投影面上的投影积聚为直线段，线段的长度等于圆的直径，其余两个投影均为椭圆。

如图 1-28a 所示，圆心为 O 的圆与正立投影面垂直，圆的正面投影积聚为直线段，其长度等于圆的直径，且倾斜于投影轴，它的水平投影为椭圆。椭圆的长短轴互相垂直，如图 1-28b 所示。即水平投影中的椭圆长轴为圆的直径长度，短轴长度根据正面投影作出。

求得椭圆的长短轴，即可以用四心法画出椭圆。

4. 四心法作椭圆的方法

四心法作椭圆的画图步骤如图 1-29 所示。

1）如图 1-29a 所示，画中心线，定出椭圆长轴 AB 和短轴 CD。连接 AD，以

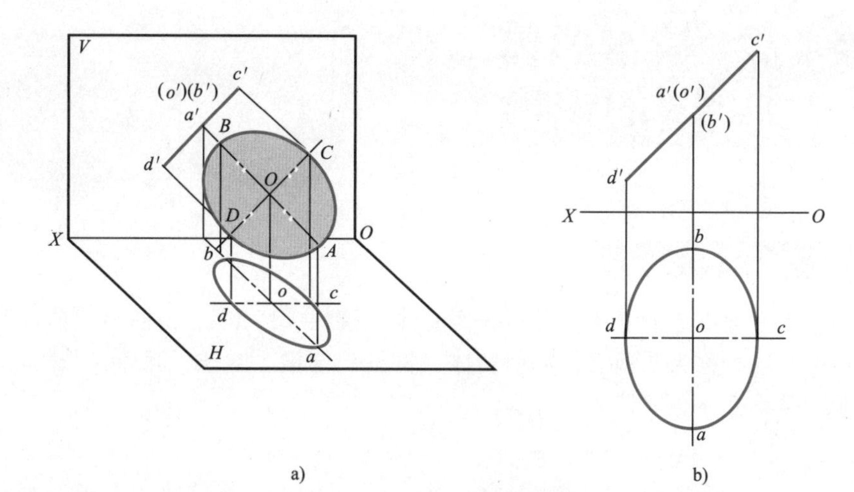

a)　　　　　　　　　　b)

图 1-28　垂直于投影面的圆

O 点为圆心、AD 为半径画圆弧，交 OD 延长线于 E 点。以 D 点为圆心、DE 为半径作圆弧交，AD 线于 F 点。

2）如图 1-29b 所示，作 AF 的中垂线，与 OA（长半轴）交于 O_1 点，与 OC（短半轴）的延长线交于 O_3 点。

3）如图 1-29c 所示，由于图形有对称性，分别作出 O_1 和 O_3 点的对称点，即 O_2 和 O_4 点。O_1、O_2、O_3、O_4 是椭圆上四段圆弧的圆心。分别连接 O_1O_3、O_2O_3、O_1O_4、O_2O_4 并延长，确定四段圆弧的分界线。

4）如图 1-29d 所示，分别以 O_1、O_2 点为圆心，O_1A（或 O_2B）为半径画圆弧 $\overset{\frown}{GH}$ 和 $\overset{\frown}{JK}$。分别以 O_3、O_4 为圆心，O_3D（或 O_4C）为半径画圆弧 $\overset{\frown}{HJ}$ 和 $\overset{\frown}{GK}$。

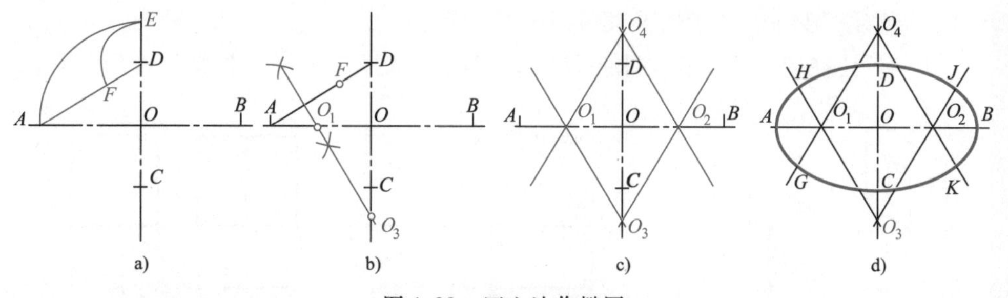

a)　　　　b)　　　　c)　　　　d)

图 1-29　四心法作椭圆

提示:

四心法画椭圆主要是定出四段圆弧的圆心，椭圆由四段圆弧组成。四心法画椭圆是近似画法。

第2章 基本形体三视图的识读

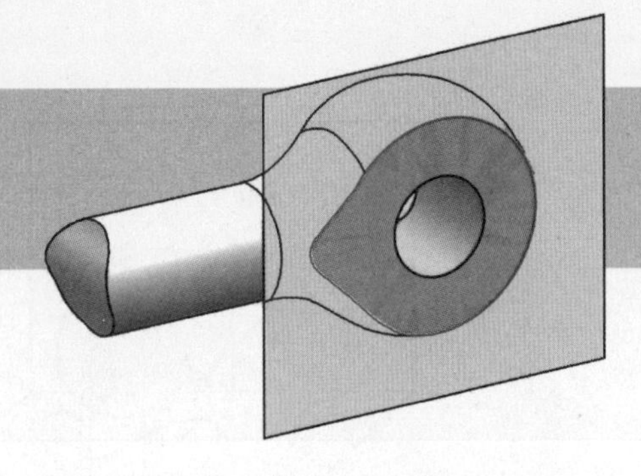

2.1 基本形体的三视图

由若干平面围成的立体，称为平面立体（棱柱、棱锥）。由曲面或曲面和平面围成的立体，称为曲面立体或回转体（圆柱、圆锥、圆球、圆环）。通常上述立体称为基本立体，如图 2-1 所示。

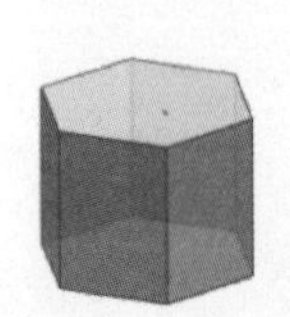 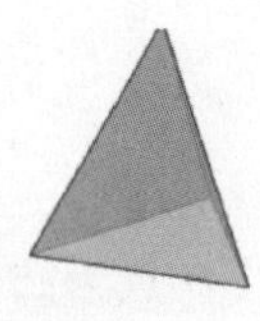    

图 2-1 基本立体

2.1.1 正棱柱体

常见正棱柱体是由互相平行的上下底面和与其垂直的侧面围成的。因此，侧面各棱线互相平行。常见的正棱柱有三棱柱、四棱柱、五棱柱、六棱柱等。棱柱在投影体系中的位置，一般是将棱柱的上下底面平行于投影面，侧面及其棱线垂直于投影面。

1. 三棱柱

图 2-2a 所示为三棱柱的投影，它由三个矩形的侧面和上下两个三角形底面组成。现对三棱柱的各表面及其棱线分析如下：

1）三棱柱的上下底面是水平面，它们的水平投影重合，并反映真形；它们

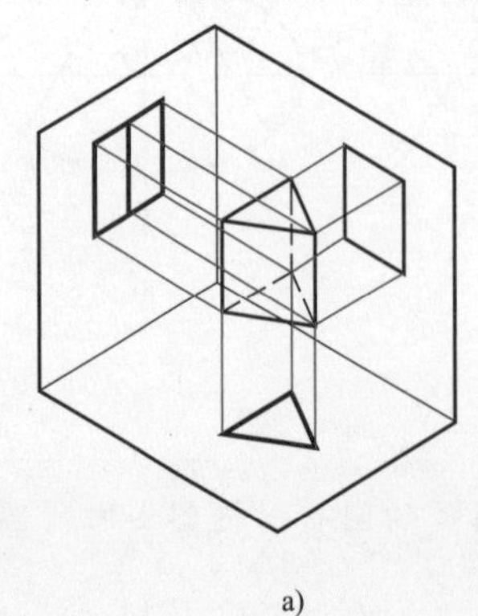

a)

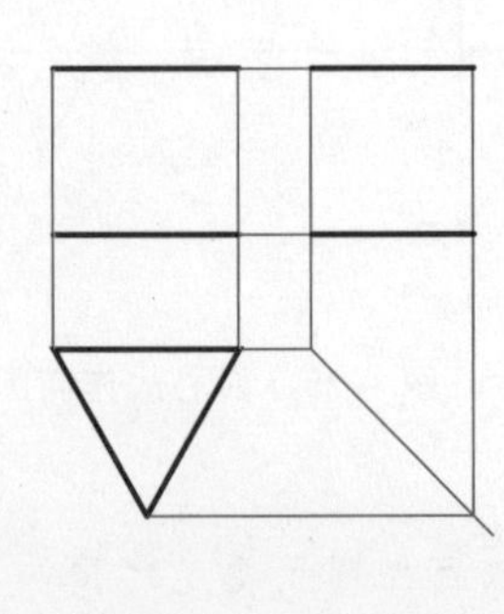

b)

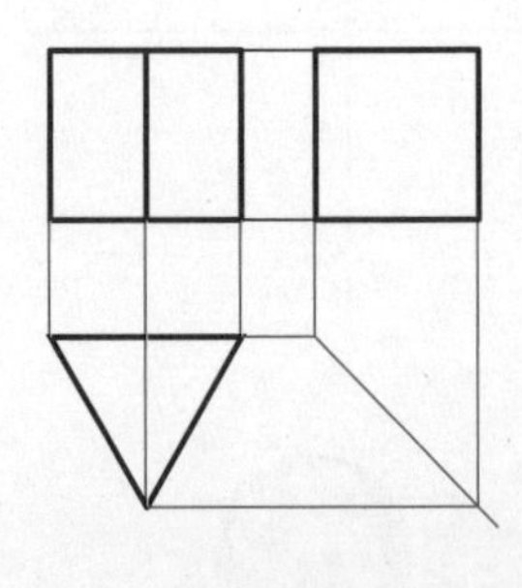

c)

图 2-2 三棱柱的投影及三视图

的正面投影积聚成水平的直线段，侧面投影也积聚成水平的直线段。水平投影的三边形，其形状是上下底面的真形；其三条边分别是三个侧面积聚的直线；其三个顶点分别是三条棱线积聚为点。

2）三棱柱的前面两个立面为铅垂面，所以它们的水平投影积聚为直线段，正面投影及侧面投影均为矩形。三棱柱后面的立面是一个正平面，所以正面投影反映真形，其水平投影积聚为直线段，其侧面投影积聚为直线段。

3）三棱柱的三根棱线均为铅垂线，水平投影积聚为点（三边形的交点），正面投影和侧面投影反映真长且垂直于投影轴。

图 2-2b 表示三棱柱上下底面的三视图，图 2-2c 表示三棱柱的三视图。

2. 六棱柱

图 2-3 所示为六棱柱的投影，六棱柱由六个矩形的侧面和上下两个六边形底面组成。现对六棱柱的各表面及其棱线分析如下：

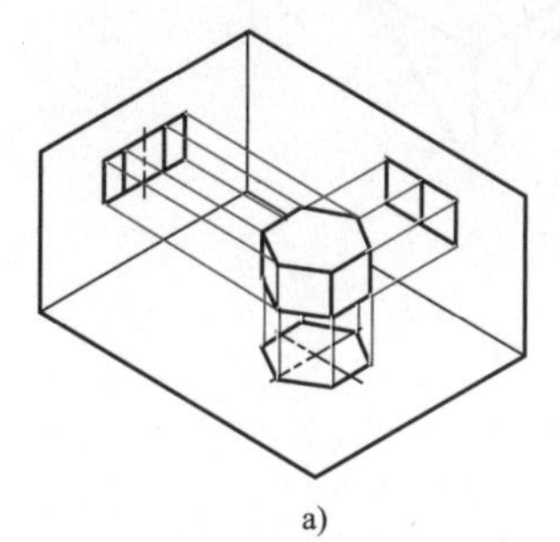

a)

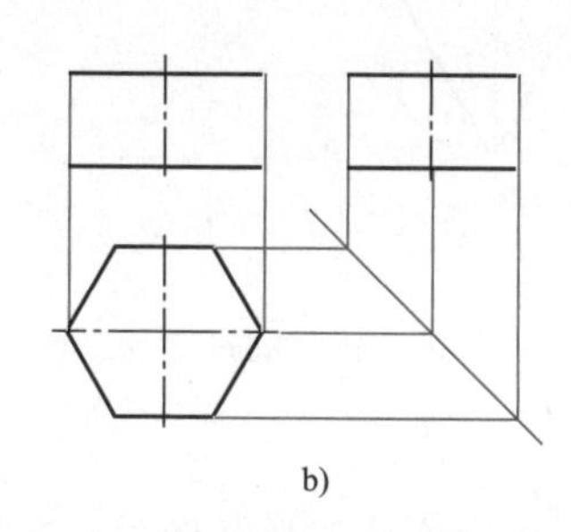

b)

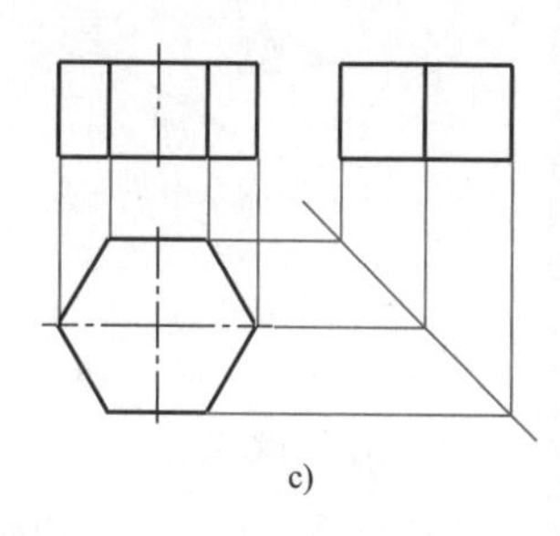

c)

图 2-3　六棱柱的投影及三视图

1）六棱柱的上下底面是水平面，它们的水平投影重合，并反映真形；它们的正面投影积聚成水平的直线段，侧面投影也积聚成水平的直线段。水平投影的六边形，其形状是上下底面的真形；其六条边分别是六个侧面积聚的直线；其六个顶点分别是六条棱线积聚为点。

2）六棱柱的前、后两个立面为正平面，它们的水平投影和侧面投影积聚为直线段，正面投影反映真形。

3）六棱柱的六条棱线均为铅垂线，水平投影积聚为点（六边形的交点），正面投影和侧面投影反映真长且垂直于投影轴。

图 2-3b 所示为六棱柱上下底面的三视图，图 2-3c 所示为六棱柱的三视图。

2.1.2　正棱锥体

1. 正三棱锥

如图 2-4a 所示为三棱锥体的投影，三棱锥是由底面和三个侧面组成的。

如图 2-4b 所示为三棱锥底面的三视图，三棱锥底面为水平面，它的水平投影 abc 反映三角形真形；正面投影 $a'b'c'$ 和侧面投影 $a''b''(c'')$ 积聚为水平的直线。

如图2-4c所示为三棱锥的三视图，棱锥的后面三角形为侧垂面，其侧面投影积聚为直线$s''b''(c'')$；水平投影sbc和正面投影$s'b''c'$均为类似形；棱锥的左侧面和右侧面为倾斜平面，左侧面的水平投影为sab、正面投影为$s'a'b'$、侧面投影为$s''a''b''$；右侧面的水平投影为sac、正面投影为$s'a'c'$、侧面投影与左侧面投影重合为$s''a''(c'')$。

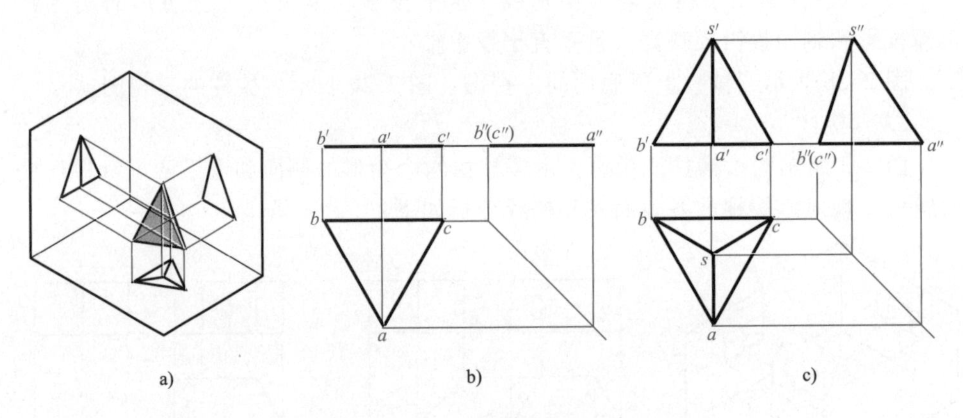

a)　b)　c)

图2-4　正三棱锥的投影及三视图

2. 正四棱锥

如图2-5a所示，四棱锥由底面四边形和四个三角形的侧面组成。

如图2-5b所示，四棱锥底面的水平投影$abcd$反映四边形真形，正面投影$a'b'(c')(d')$积聚为水平的直线，侧面投影$a''(b'')(c'')d''$积聚为水平的直线。

如图2-5c所示，左、右两个侧面的正面投影积聚为直线$s'a'(d')$和$s'b'(c')$，水平投影为三角形sad和sbc，侧面投影为三角形$s''a''d''$；前、后两个侧面为侧垂面，其侧面投影积聚为直线$s''a''(b'')$和$s''d''(c'')$，水平投影为三角形sab和sdc。

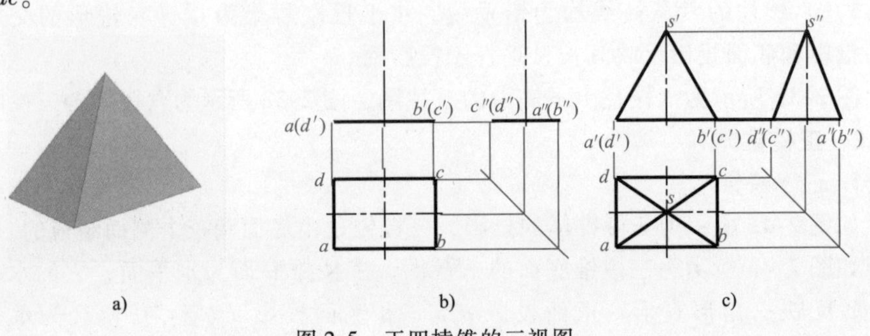

a)　b)　c)

图2-5　正四棱锥的三视图

2.1.3 圆柱

如图 2-6a 所示，一条母线（红线）绕与它平行的回转轴（单点画线）旋转，形成圆柱面。圆柱体是圆柱面和上、下底面所围成的。母线在圆柱面上任意位置称为圆柱面的素线，如图 2-6a 中细双点画线所示。

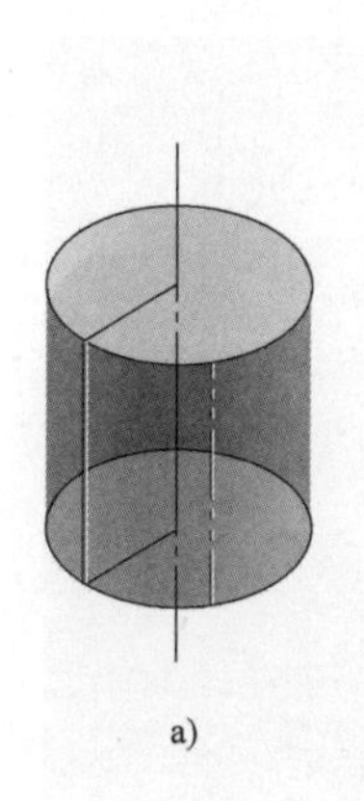

a)

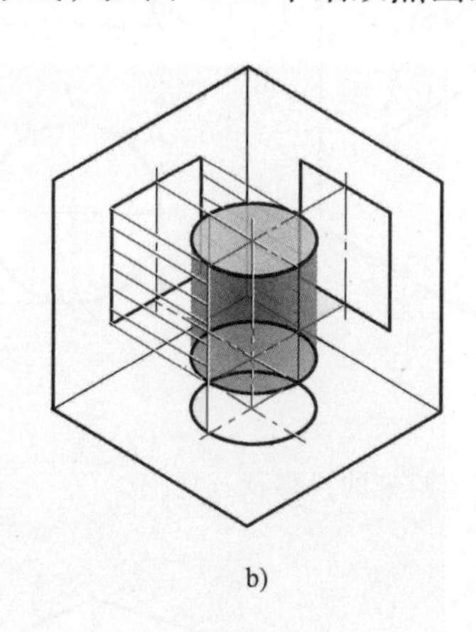

b)

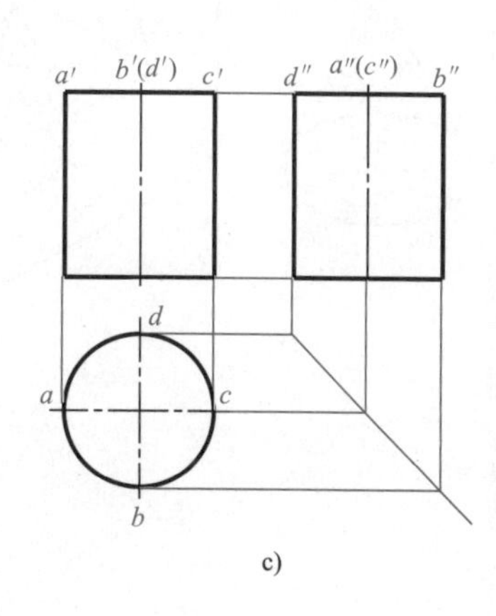

c)

图 2-6 圆柱的投影及三视图

圆柱体的投影如图 2-6b 所示。圆柱体的三视图如图 2-6c 所示，为一个圆，两个相等的矩形。其中，圆柱上底面的三面投影分别为 *abcd*、*a′b′c′*(*d′*) 和 *a″b″*(*c″*)*d″*；下底面与上底面投影类同（没标注字母）。

注意： 俯视图中的点画线表示圆的中心，主、左视图的点画线表示圆柱的回转轴线。

2.1.4 圆锥

如图 2-7a 所示，直线 *SA* 绕着与其相交的轴线 *SO* 回转，形成圆锥面。圆锥由圆锥面和底面围成，圆锥面上通过锥顶 *S* 的任一直线称为圆锥面的素线。圆锥体的投影如图 2-7b 所示。

圆锥体的三视图如图 2-7c 所示，为一个圆，两个相等的等腰三角形。其中俯视图为圆 *sabcd*，反映圆锥面和底圆面的形状；主视图为三角形 *s′a′b′c′*(*d′*) 和左视图为三角形 *s″a″*(*b″*)*c″d″*反映圆锥面的投影。

2.1.5 圆球

如图 2-8a 所示，一个圆绕其直径旋转，形成圆球面。

如图 2-8b 所示，圆球的三面投影均为圆，其直径都等于球的直径。

如图 2-8c 所示，球的三视图均为圆。

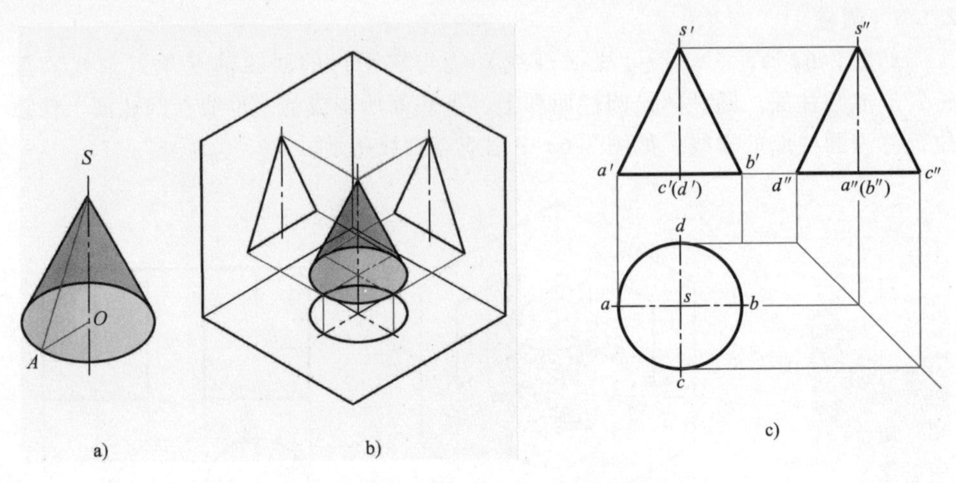

图 2-7　圆锥的投影及三视图

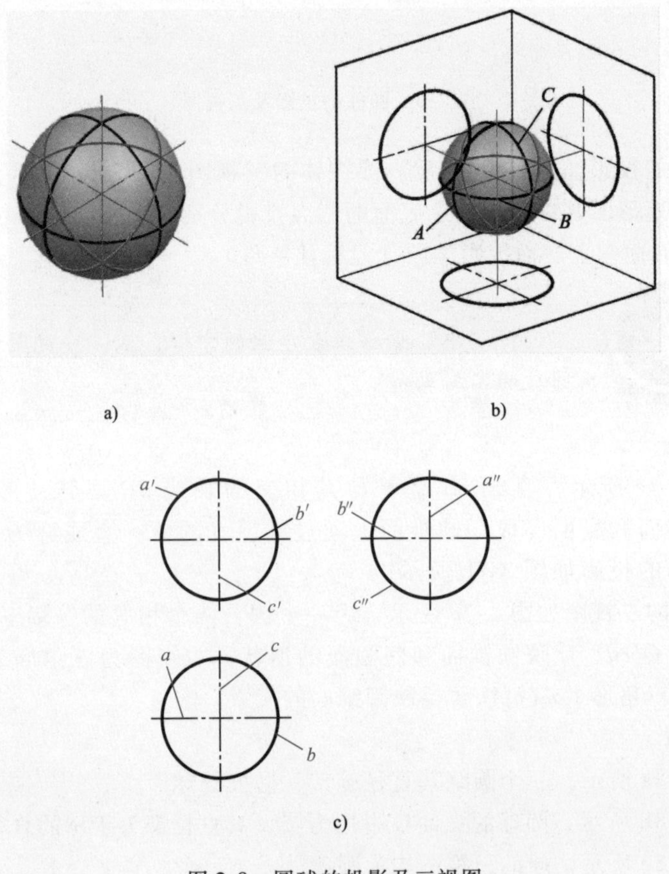

图 2-8　圆球的投影及三视图

注意：三视图中三个圆不是球上的同一个圆。分别为球面上轮廓线 A、轮廓线 B 和轮廓线 C 的投影。

2.1.6 圆环

圆环的投影如图 2-9a 所示。

圆环的三视图如图 2-9b 所示：

1）圆环的水平投影为三个同心圆，中间点画线圆是母线圆心旋转轨迹的水平投影，该圆外部是外环面，该圆内部是内环面。最大圆是外环面的转向轮廓线；最小圆是内环面上的转向轮廓线。这三个同心圆的正面投影重合在两母线圆的圆心连线上，其投影与单点画线重合，不必画出。主、左视图中水平点画线是上半圆环和下半圆环的分界线，即上半圆环面上的点、线，水平投影可见，下半圆环面上的点、线，水平投影不可见。

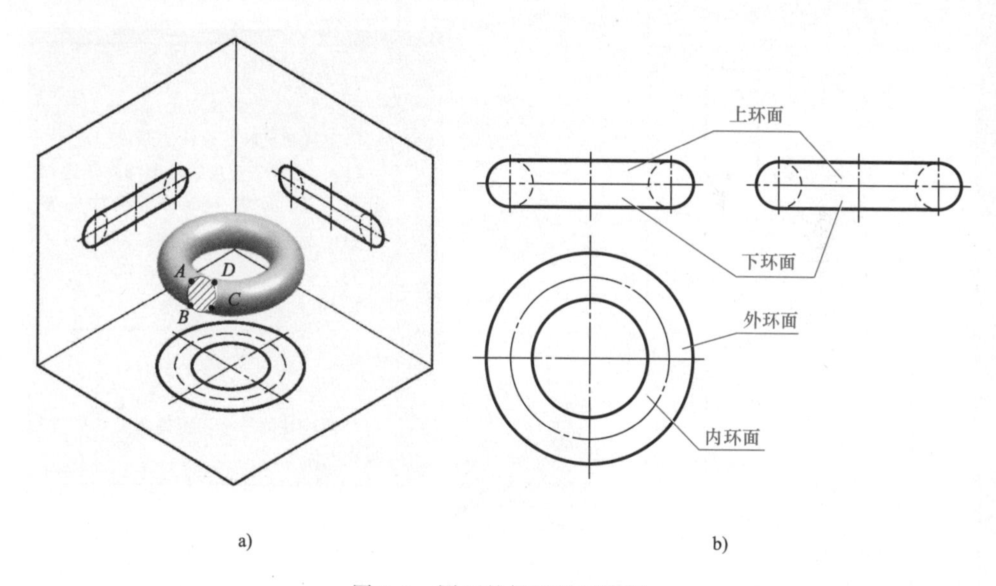

图 2-9　圆环的投影及三视图

2）圆环的正面投影和侧面投影为相同的图形，但表示环面不同方向的投影。正面投影、侧面投影的两个圆分别表示母线圆旋转至平行于正面和侧面的投影，也就是最左、最右和最前、最后两个素线圆的投影。靠近轴线的半个虚线圆处于内环面，为不可见，故画成虚线。两圆的公切线为内环面与外环面的分界线，即是最上和最下两个转向圆的投影。

2.1.7 识读基本形体

1. 识读棱柱体三视图及尺寸标注（表 2-1）

表 2-1 棱柱体三视图及尺寸标注

三视图及尺寸标注	立体图	说明
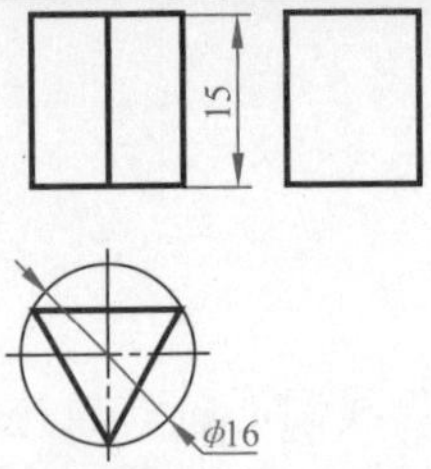	 三棱柱	1)俯视图三角形由外接圆确定 2)尺寸标注:外接圆直径 ϕ16mm、高度 15mm
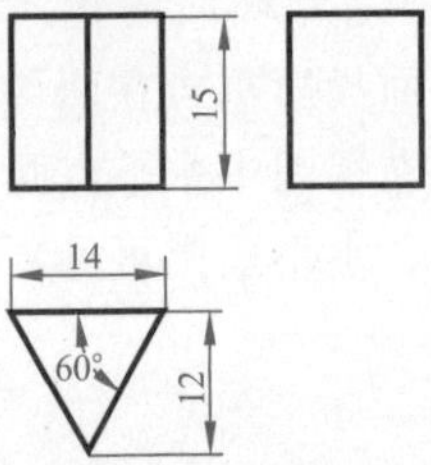		1)俯视图三角形由边长和角度确定 2)尺寸标注:边长 14mm 和角度 60°,三角形顶点定位 12mm
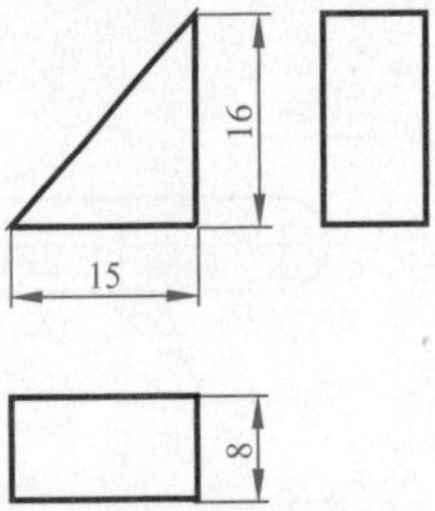	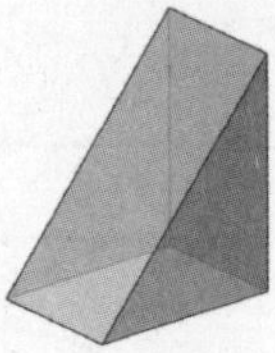 三棱柱	1)主视图反映三棱柱的形状 2)尺寸标注:直角三角形的直角边长分别为 15mm 和 16mm、三棱柱的宽度 8mm
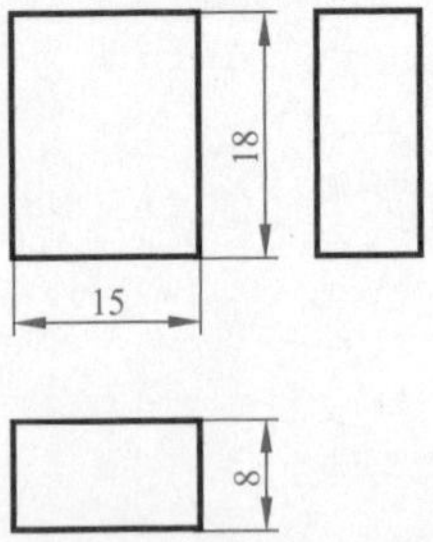	 四棱柱	1)四棱柱的三个视图均为长方形,即为长方体 2)尺寸标注:长 15mm、高 18mm、宽 8mm
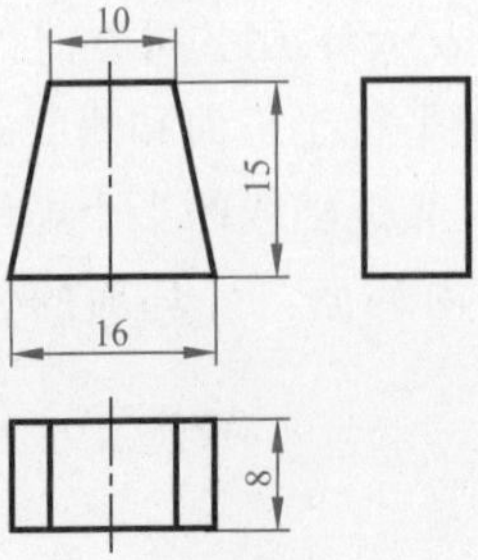	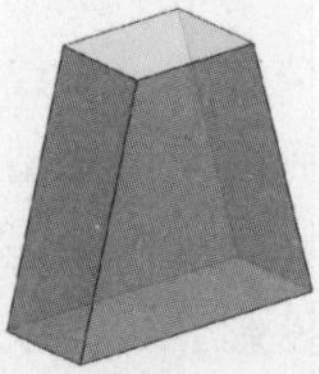 四棱柱	1)主视图反映四棱柱的形状为等腰梯形 2)尺寸标注:长度尺寸 10mm 和 16mm、高度尺寸 15mm、宽度尺寸 8mm

（续）

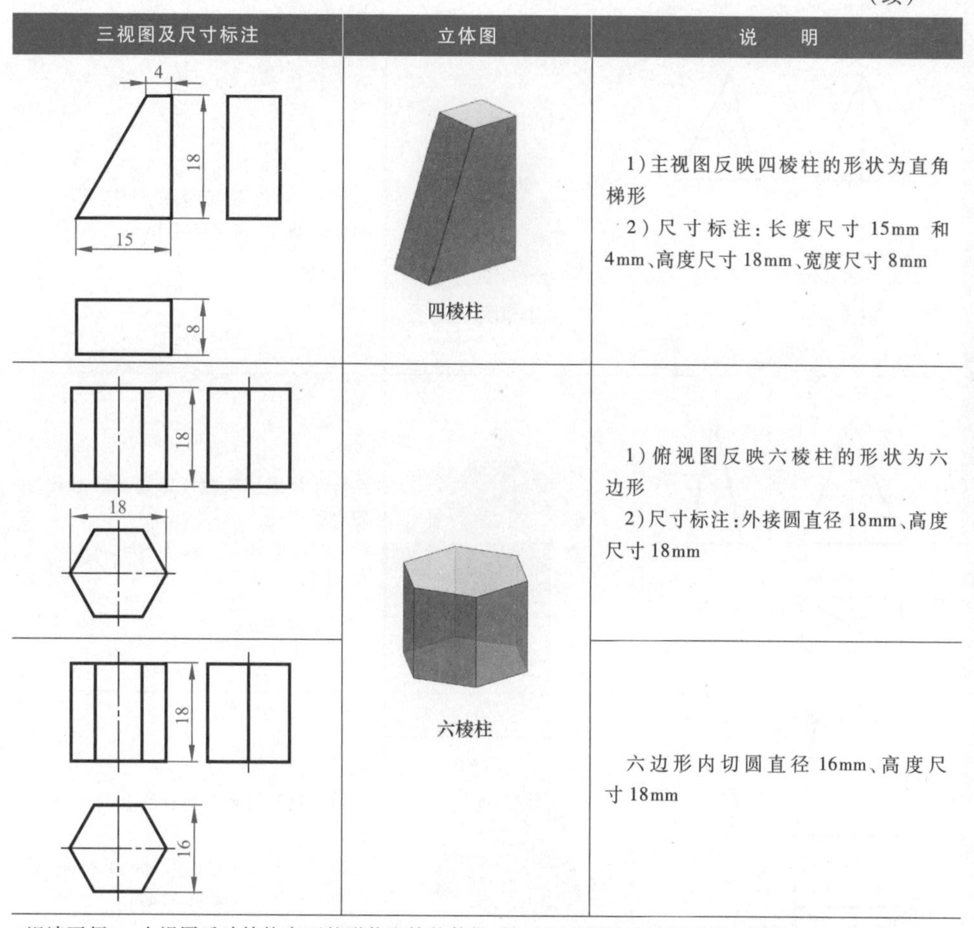

三视图及尺寸标注	立体图	说明
4, 18, 15, 8	四棱柱	1）主视图反映四棱柱的形状为直角梯形 2）尺寸标注：长度尺寸 15mm 和 4mm、高度尺寸 18mm、宽度尺寸 8mm
18, 18	六棱柱	1）俯视图反映六棱柱的形状为六边形 2）尺寸标注：外接圆直径 18mm、高度尺寸 18mm
18, 16		六边形内切圆直径 16mm、高度尺寸 18mm
识读要领：一个视图反映棱柱底面的形状和棱的数量，另两个视图反映棱柱的侧面形状，一般为四边形		

2. 识读棱锥和棱台三视图及尺寸标注（表 2-2）

表 2-2　棱锥和棱台三视图及尺寸标注

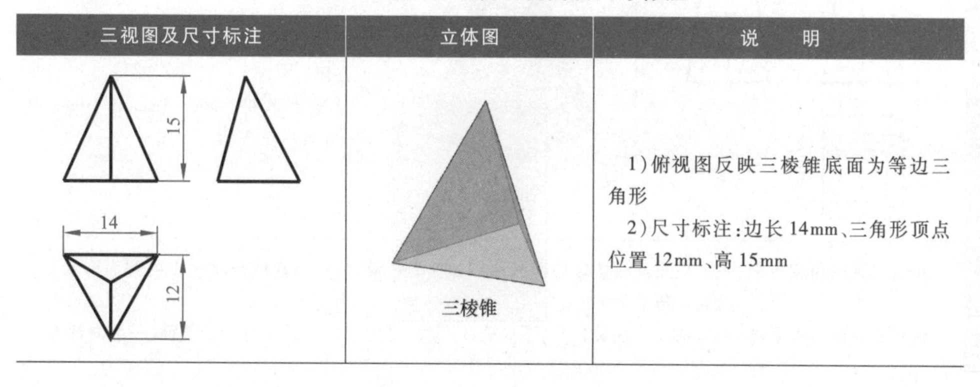

三视图及尺寸标注	立体图	说明
15, 14, 12	三棱锥	1）俯视图反映三棱锥底面为等边三角形 2）尺寸标注：边长 14mm、三角形顶点位置 12mm、高 15mm

（续）

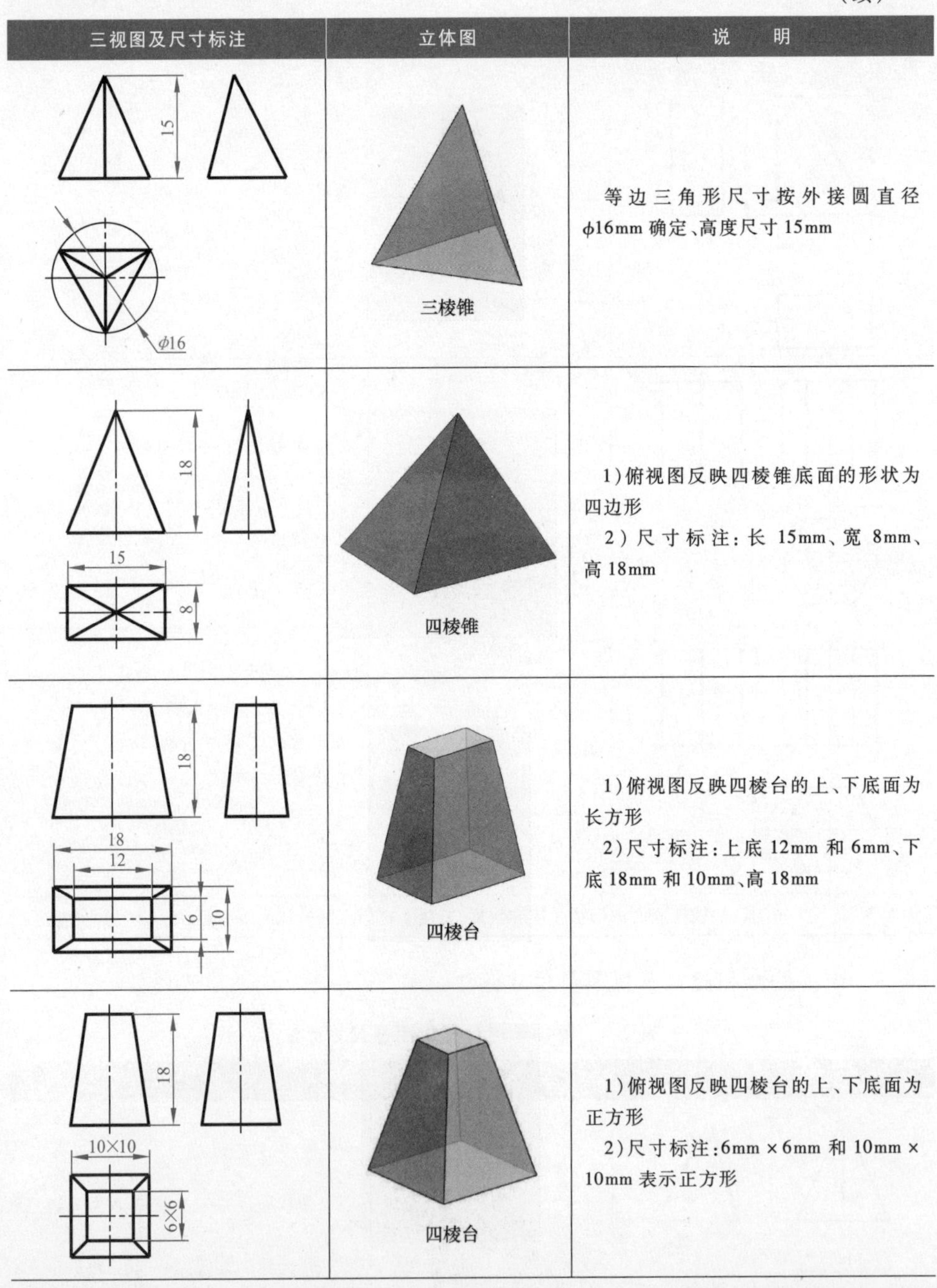

三视图及尺寸标注	立体图	说　明
15　$\phi16$	三棱锥	等边三角形尺寸按外接圆直径$\phi16$mm 确定、高度尺寸 15mm
18　15　8	四棱锥	1）俯视图反映四棱锥底面的形状为四边形 2）尺寸标注：长 15mm、宽 8mm、高 18mm
18　18　12　6　10	四棱台	1）俯视图反映四棱台的上、下底面为长方形 2）尺寸标注：上底 12mm 和 6mm、下底 18mm 和 10mm、高 18mm
18　10×10　6×6	四棱台	1）俯视图反映四棱台的上、下底面为正方形 2）尺寸标注：6mm×6mm 和 10mm×10mm 表示正方形

棱锥三视图识读要领：一个视图反映棱锥底面的形状和棱的数量，另两个视图反映棱锥的侧面形状，一般为三角形

棱台三视图识读要领：一个视图反映棱台上、下底面的形状，另两个视图反映棱台的侧面，一般为梯形

3. 识读圆柱三视图及尺寸标注（表 2-3）

表 2-3 圆柱三视图及尺寸标注

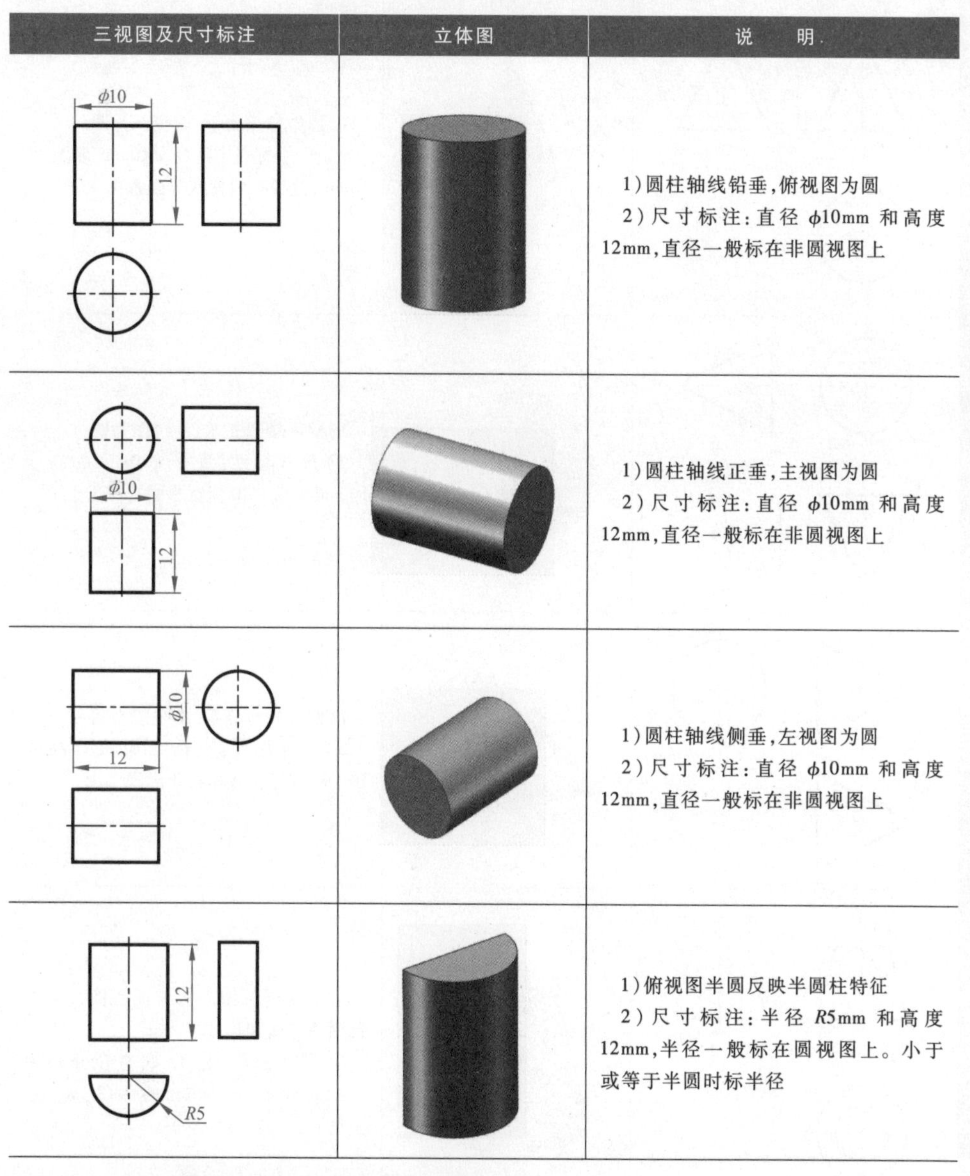

三视图及尺寸标注	立体图	说　明
$\phi10$, 12		1）圆柱轴线铅垂，俯视图为圆 2）尺寸标注：直径 $\phi10$mm 和高度 12mm，直径一般标在非圆视图上
$\phi10$, 12		1）圆柱轴线正垂，主视图为圆 2）尺寸标注：直径 $\phi10$mm 和高度 12mm，直径一般标在非圆视图上
$\phi10$, 12		1）圆柱轴线侧垂，左视图为圆 2）尺寸标注：直径 $\phi10$mm 和高度 12mm，直径一般标在非圆视图上
12, $R5$		1）俯视图半圆反映半圆柱特征 2）尺寸标注：半径 $R5$mm 和高度 12mm，半径一般标在圆视图上。小于或等于半圆时标半径

识读要领：1）一个视图为圆，另两个视图为相等的矩形
2）哪一个视图为圆，圆柱的轴线垂直于哪一个投影面

4. 识读圆锥和圆台三视图及尺寸标注（表 2-4）

5. 识读圆球和圆环三视图及尺寸标注（表 2-5）

表 2-4　圆锥和圆台三视图及尺寸标注

三视图及尺寸标注	立体图	说　明
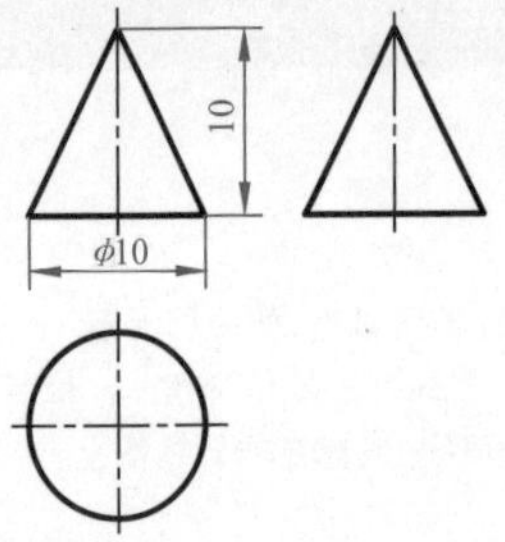 10 $\phi10$	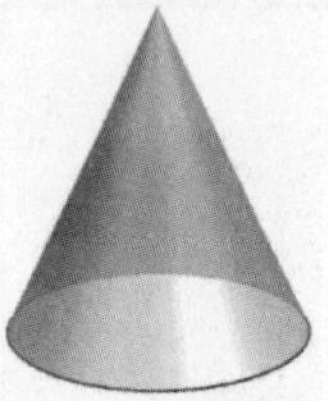	1)圆锥轴线铅垂,俯视图为圆 2)尺寸标注:直径 $\phi10$mm 和高度 10mm,直径一般标在非圆视图上
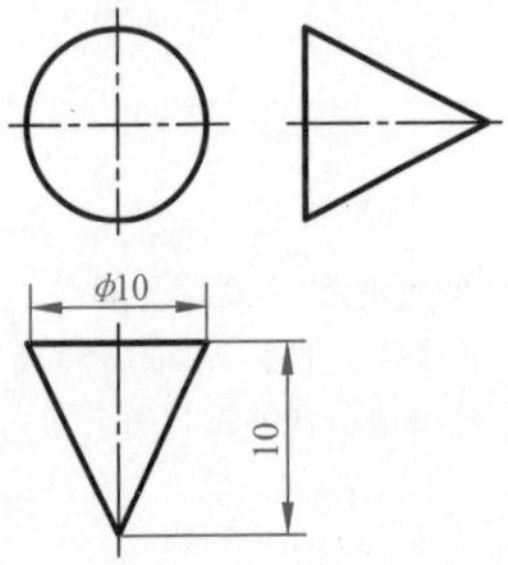 $\phi10$ 10	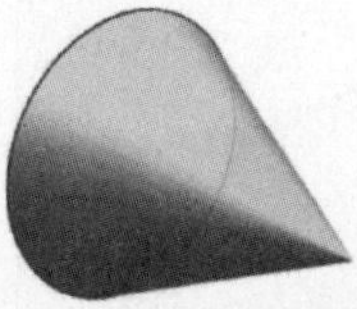	1)圆锥轴线正垂,主视图为圆 2)尺寸标注:直径 $\phi10$mm 和高度 10mm,直径一般标在非圆视图上
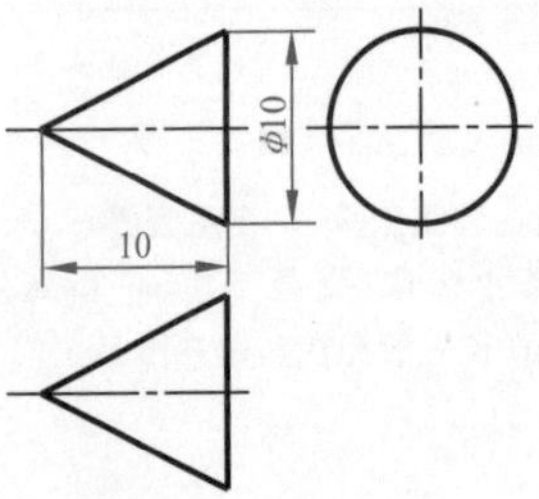 $\phi10$ 10	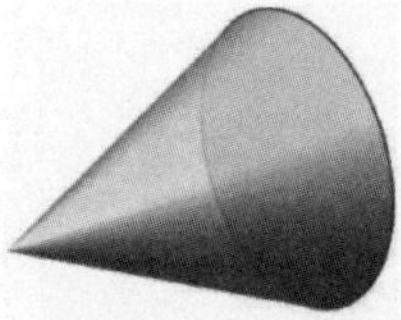	1)圆锥轴线侧垂,左视图为圆 2)尺寸标注:直径 $\phi10$mm 和高度 10mm,直径一般标在非圆视图上
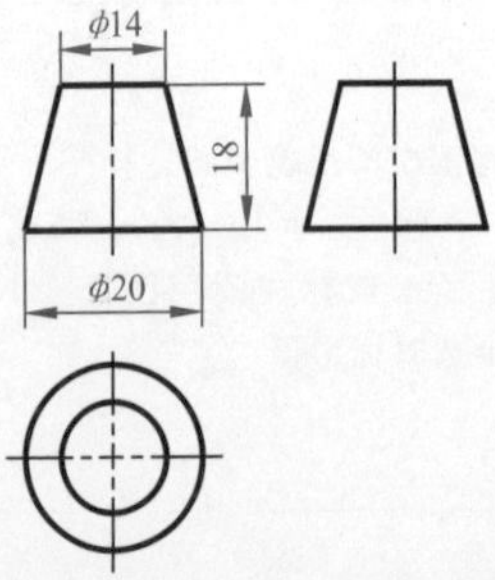 $\phi14$ 18 $\phi20$	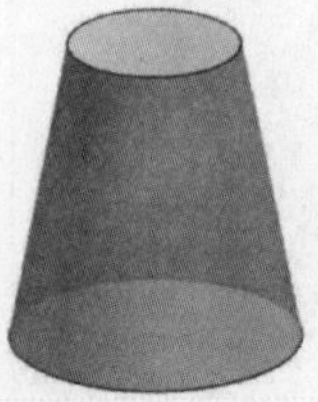	1)圆台俯视图为两个同心圆,主、左视图为等腰梯形 2)尺寸标注:上、下底直径分别为 $\phi14$mm 和 $\phi20$mm,圆台的高 18mm

圆锥三视图识读要领:1)一个视图为圆,另两个视图为相等的等腰三角形

2)哪一个视图为圆,圆锥的轴线垂直于哪一个投影面

圆台三视图识读要领:1)一个视图为两个同心圆,另两个视图为相等的等腰梯形

2)哪一个视图为圆,圆台的轴线垂直于哪一个投影面

表 2-5 圆球和圆环三视图及尺寸标注

三视图及尺寸标注	立体图	说 明
Sϕ18		1)圆球的三个视图为圆 2)尺寸标注:直径 ϕ18mm,符号 S 表示球面 3)标注符号 S 可以只用一个视图表示
SR9		1)半球的一个视图为圆,另两个视图为半圆 2)尺寸标注:半径 SR9mm 3)标注符号 S 可以只用一个视图表示
ϕ9 ϕ20		1)圆环回转轴线铅垂,俯视图为三个圆 2)尺寸标注为素线直径 ϕ9mm 和回转直径 ϕ20mm

圆球三视图识读要领:三个视图为相等的圆。若标注球的代号时,可以省略视图

圆环三视图识读要领:哪一个视图为三个同心圆,圆环的轴线垂直于哪一个投影面

圆环标注尺寸后也可以省略视图

2.2 切割体的三视图

为了满足某些机械零件的设计及加工工艺的要求，需要将构成零件的基本形体截切，如图 2-10 所示，切割立体的平面称为截平面；截平面与立体相交，在立体表面产生的交线称为截交线；截交线围成的平面图形称为截断面。

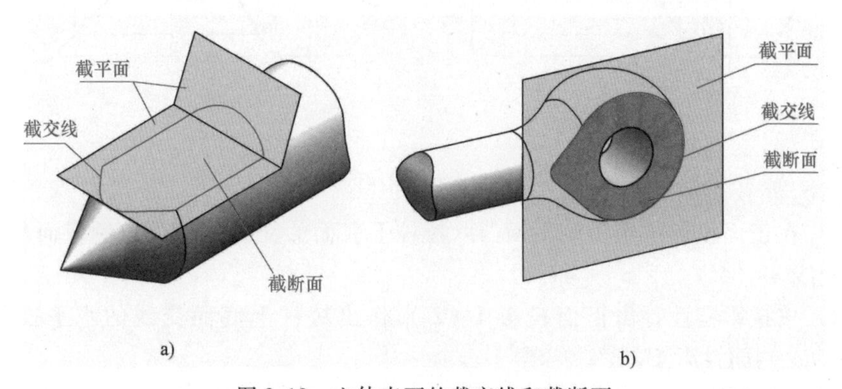

图 2-10 立体表面的截交线和截断面

2.2.1 棱柱切割体

如图 2-11a、b 所示，六棱柱被正垂面和侧平面截切（由正面投影表示），截断面的形状为四边形和七边形。截交线一般根据已知的视图，先画出截断面多边形中各点的投影，然后判别可见性，各点依次连线，如图 2-11c、d 所示。

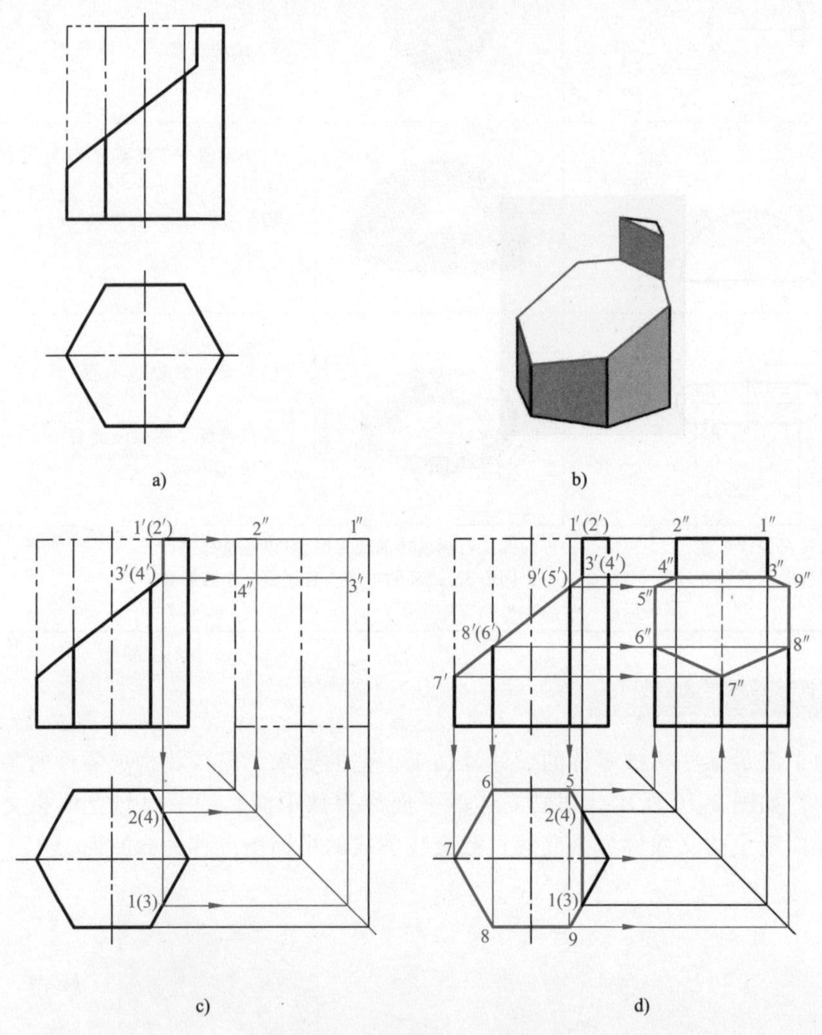

图 2-11　六棱柱表面的截交线

1）在正面投影中定出侧平面与六棱柱上底面的交线 1′(2′)；侧平面与正垂面的交线 3′（4′）。

2）按投影特性，由正面投影 1′(2′) 作出棱柱上底面交线的水平投影 12(3)(4)；侧面投影 1″2″3″4″。

3）由正面投影中各点定出水平投影 (3)、(4)、5、6、7、8、9。

4）由正投影和水平投影作出各点的侧面投影 3″、4″、5″、6″、7″、8″、9″。

5）判别可见性，依次连线，即侧面投影矩形 1″2″4″3″；七边形 3″4″5″6″7″8″9″。

6）整理轮廓线，侧面投影中 5″6″、8″9″上边轮廓线被切掉，不必画出，其余投影存在的线描深。

2.2.2 棱锥切割体

如图 2-12a、b 所示，三棱锥被正垂面截切，所得截断面是三角形。截平面与三棱锥的三条棱线均相交，交点正面投影可直接确定。如图 2-12c、d 所示，由正面投影确定三个棱上的点，依次作出水平投影和侧面投影。

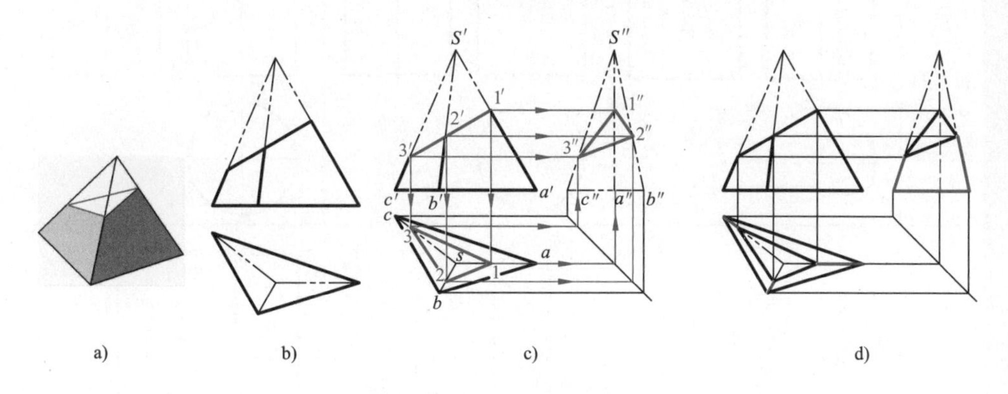

图 2-12 被截三棱锥的投影

1）在正面投影中确定截平面与三条棱线的交点 1′、2′、3′。

2）作水平投影，点 1 在 *sa* 上，点 2 在 *sb* 上；点 3 在 *sc* 上。

3）作侧面投影，点 1″在 *s″a″*上，点 2″在 *s″b″*上，点 3″在 *s″c″*上。

4）水平投影各点依次连线，即 12、23、31。侧面投影各点依次连线，即 1″2″、2″3″、3″1″。水平投影和侧面投影各点、线均为可见。最后整理轮廓线。

2.2.3 圆柱切割体

由于圆柱面的投影具有积聚性，当截平面是特殊位置平面时，一般采用积聚法作图。

根据截平面与圆柱的相对位置不同，圆柱表面截交线的形状有三种情况，见表 2-6。

1）当截平面平行于圆柱的轴线时，截交线为圆柱表面上的两条素线。

2）当截平面垂直于圆柱的轴线时，截交线为圆柱表面平行于底的圆。

3）当截平面倾斜于圆柱的轴线时，截交线为圆柱表面上的椭圆。

如图 2-13a、b 所示，圆柱被正垂面截切，截断面的形状为椭圆。椭圆的侧面投影用截交线上的点确定。

表 2-6　圆柱表面截交线的三种情况

截平面的位置	平行于轴线	垂直于轴线	倾斜于轴线
立体图			
投影图			

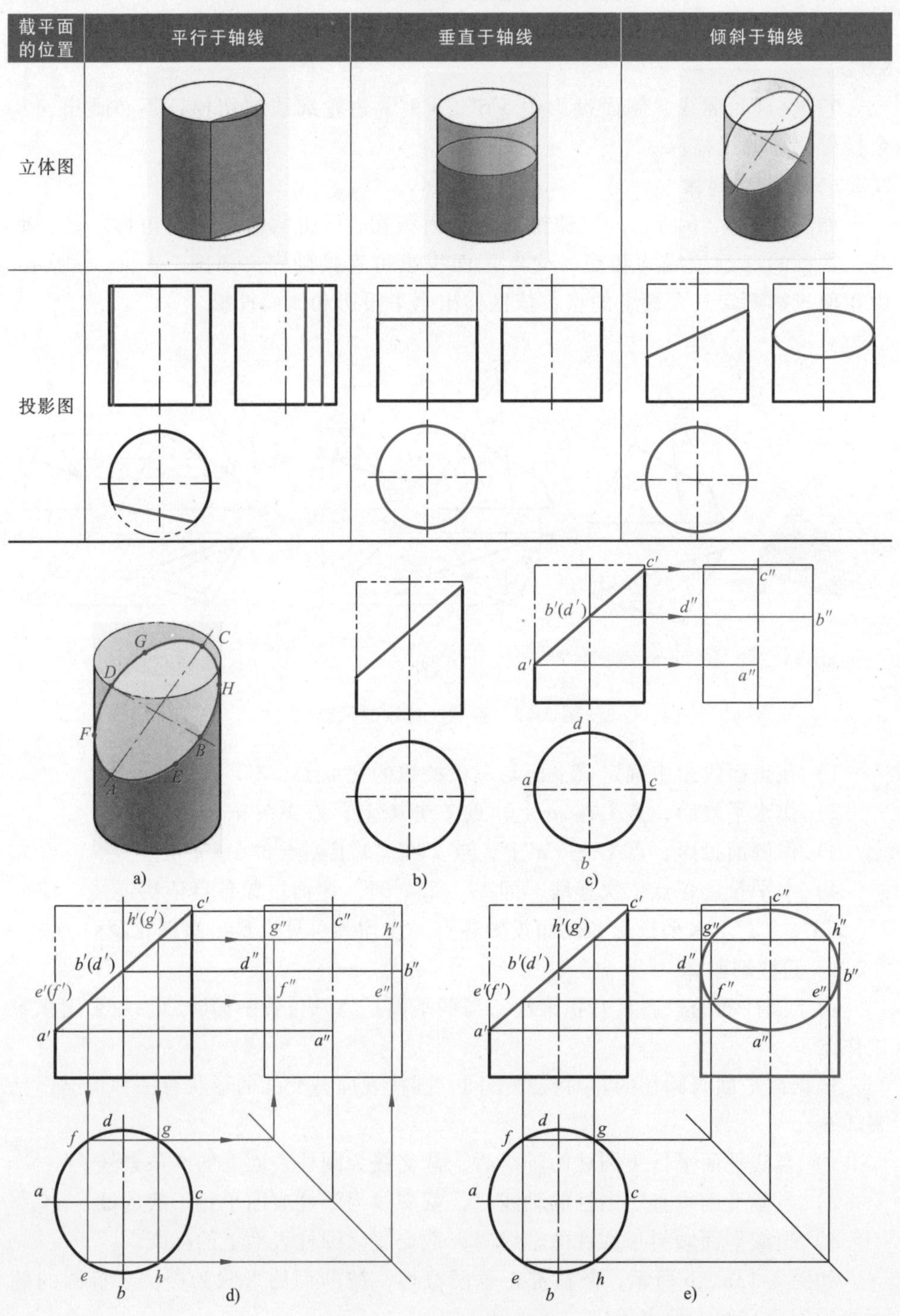

图 2-13　正垂面截切圆柱

1）求特殊点：如图 2-13c 所示，在正面投影中定出特殊点的正面投影 a'、b'、c'、(d')；水平投影 a、b、c、d。由正面投影和水平投影画出其侧面投影 a''、b''、c''、d''。

2）求一般点：如图 2-13d 所示，在正面投影 a'、b'之间任取一对一般点 e'、(f')，因为点 e'、(f') 是圆柱面上的点，所以其水平投影在圆上，画出水平投影 e、f。再由水平投影和正面投影画出侧面投影 e''、f''。同理，作出对称的一般点 H、G 的三面投影。

3）判别可见性，连线，整理轮廓线：如图 2-13e 所示，侧面投影按点的顺序依次连接成光滑的椭圆，将圆柱轮廓线存在部分整理成粗实线，截切掉的部分不必画出。

2.2.4 圆锥切割体

平面切割圆锥体，可根据平面与圆锥体的截切位置和与轴线倾角不同，截断面的形状有五种情况，见表 2-7。

表 2-7 圆锥面截交线的形状

截平面的位置	过锥顶	不过锥顶			
截交线的形状	相交两直线	圆	椭圆	抛物线	双曲线
立体图	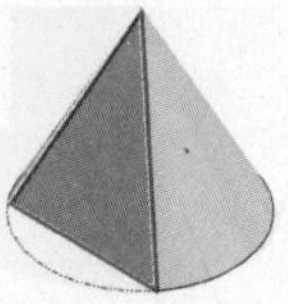	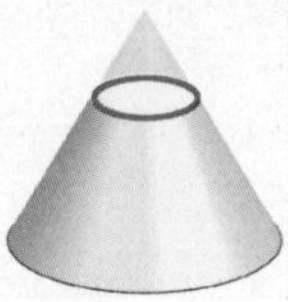	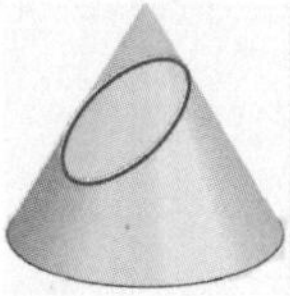	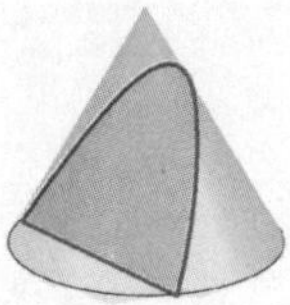	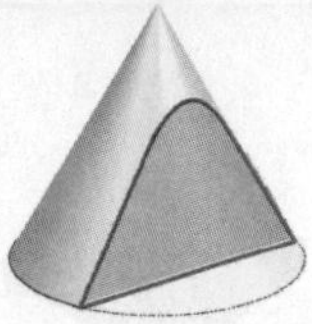
投影图	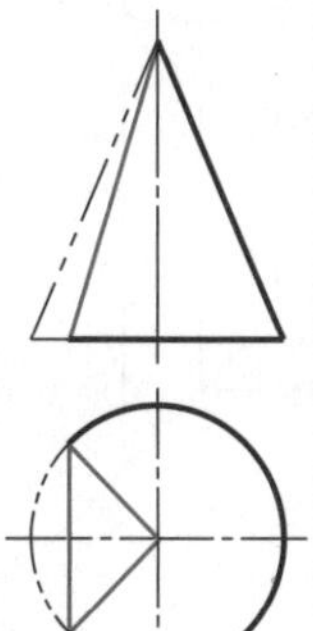	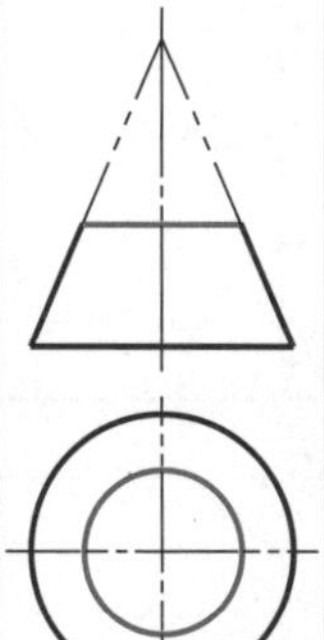	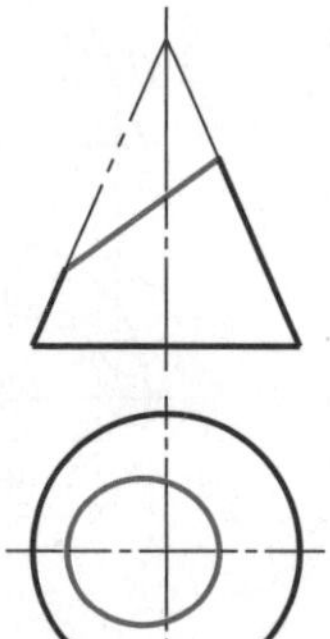	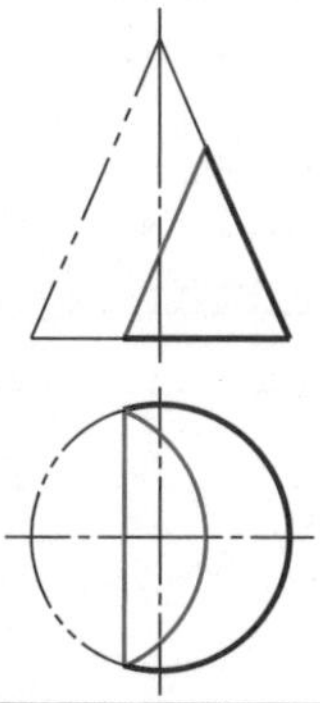	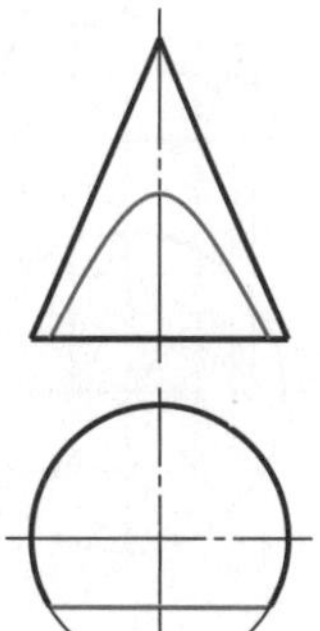

如图 2-14a、b 所示，圆锥体被正垂面截切，由于截平面倾斜于圆锥的轴线，故截断面的形状为椭圆。椭圆的投影可以根据正面投影定点确定。

1）求特殊点：如图 2-14c 所示，在正面投影中定出截交线上的转向轮廓点 1′、2′、3′、(4′)；根据正面投影画出水平投影 1、2、3、4 和侧面投影 1″、2″、3″、4″。

2）求一般点：如图 2-14d 所示，在正面投影 1′、3′之间任取一对一般点 7′、(8′)；用素线法画出水平投影 7、8 和侧面投影 7″、8″。同理，在点 2′、3′之间任取一对一般点 5′、(6′)；用素线法画出水平投影和侧面投影 5″、6″。

3）判别可见性，连线并整理轮廓线：如图 2-14e 所示，水平投影连成可见的椭圆，侧面投影连成可见的椭圆。

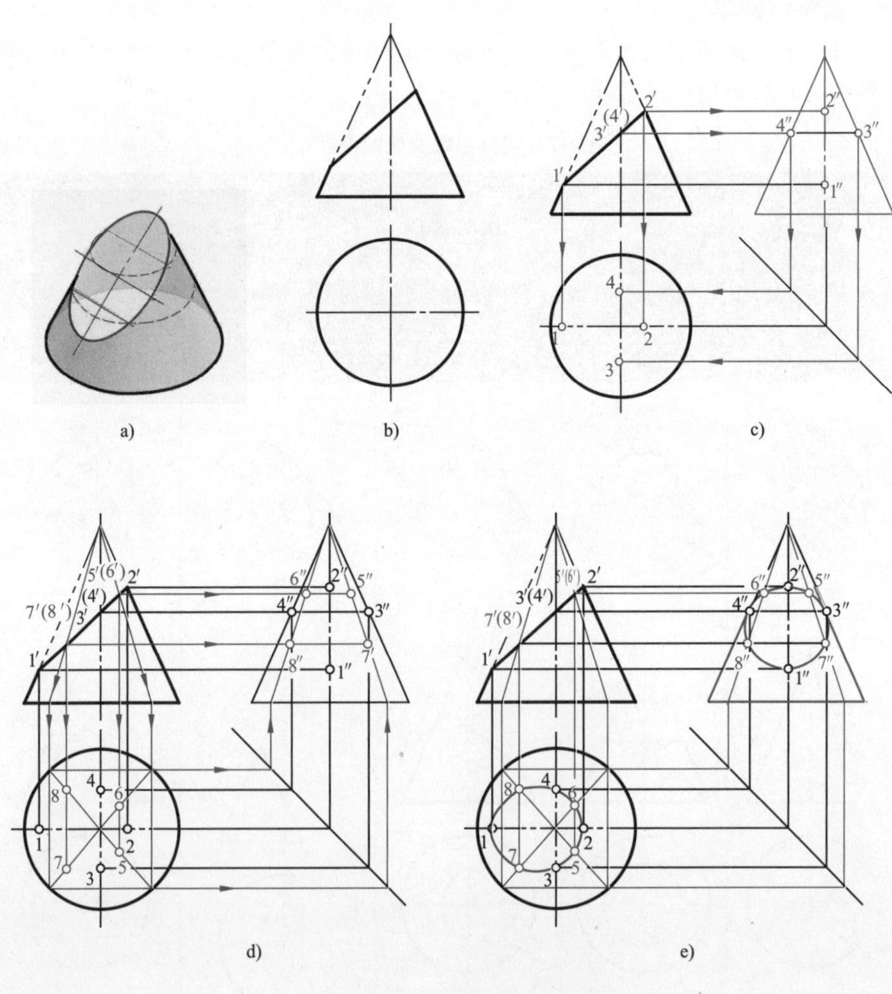

图 2-14　正垂面截切圆锥

2.2.5 圆球切割体

圆球被平面所截，截交线均为圆。由于截平面的位置不同，其截交线的投影可能为直线、圆或椭圆，见表 2-8。

1）当截平面平行于投影面时，截交线在该投影面上的投影反映圆的真形，其他两面投影积聚为平行于投影轴的线段，线段的长度等于圆的直径。

2）当截平面垂直于一个投影面时，截交线在该投影面上的投影积聚为直线段，线段的长度等于圆的直径，其他两面投影为椭圆。

表 2-8 圆球的截交线形状

截平面特点	正平面	水平面	正垂面
投影特点	正面投影为截交线圆的实形	水平投影为截交线圆的实形	截交线圆的水平投影为椭圆
立体图	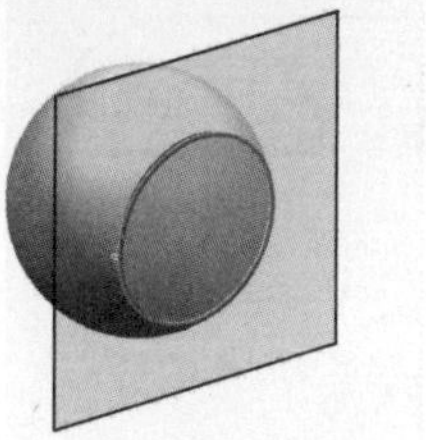	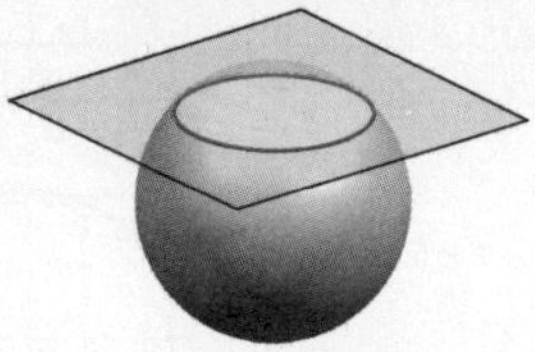	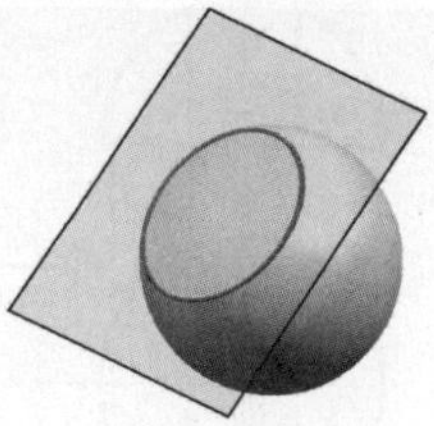
投影图	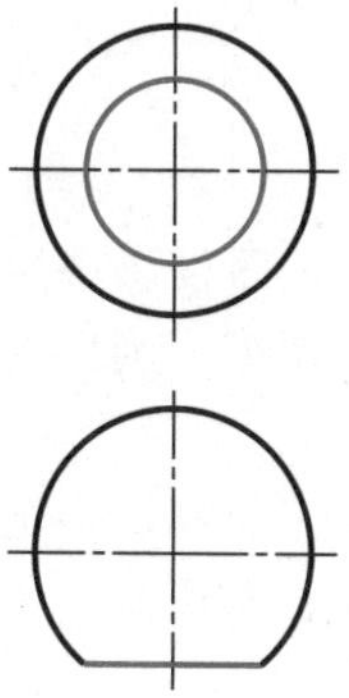	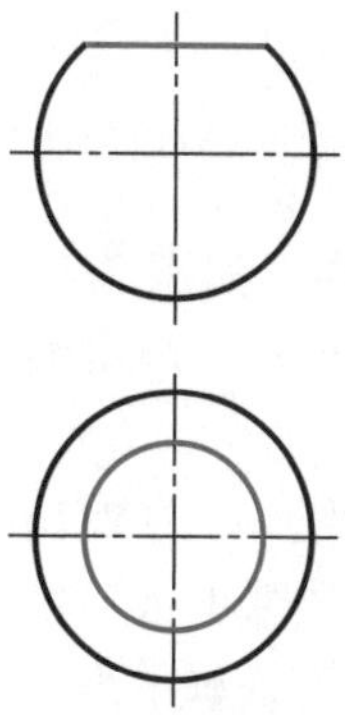	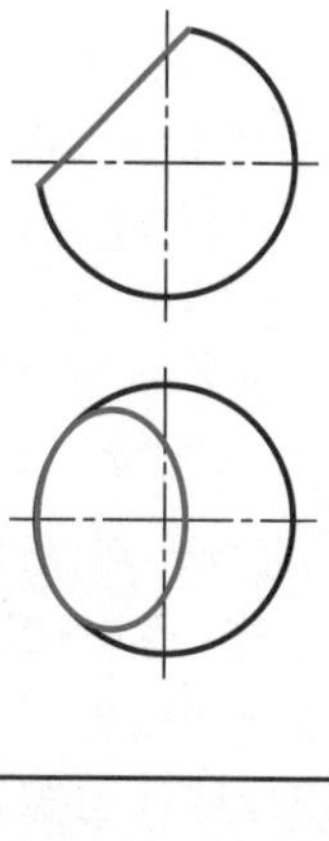

如图 2-15a、b 所示，半球上部切口是由一个水平截面和两个侧平截面对称截切而成。水平截面截得的交线，水平投影为圆弧；侧平截面截得的交线，侧面

投影为圆弧；两截平面之间的交线为直线段。

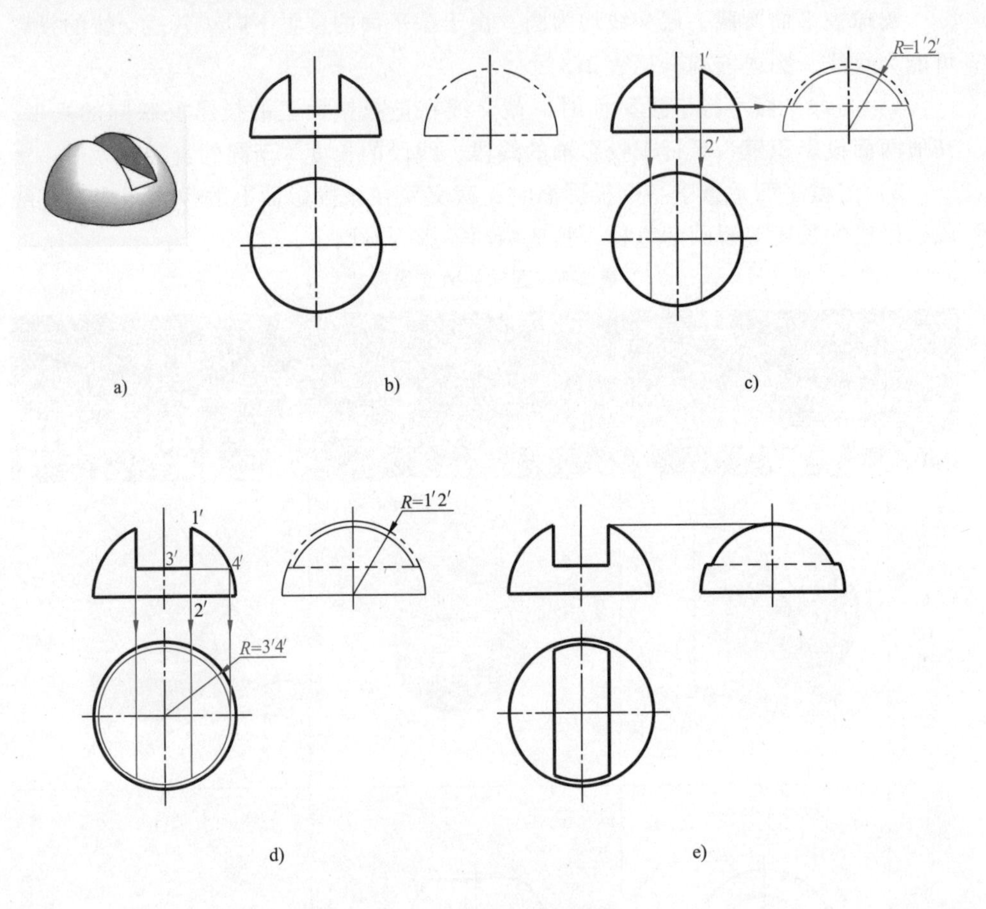

图 2-15　切槽半球的投影

1）作侧平截面的截交线投影：如图 2-15c 所示，在正面投影中定出 1′2′为侧面投影圆弧的半径，以 1′2′为半径，画出侧面投影中的圆弧；画出两截平面的水平投影为直线。

2）作水平截面的截交线投影：如图 2-15d 所示，在正面投影中定出 3′4′为水平投影圆弧半径，以 3′4′为半径画出水平投影中的圆弧；画出截交线的侧面投影为水平直线；圆弧部分为不可见，画成虚线。

3）加深：如图 2-15e 所示，判别可见性，整理并加深轮廓线。

2.2.6　识读切割体

1. 识读棱柱切割体（表 2-9）

2. 识读圆柱切割体（表 2-10）

3. 识读圆球切割体（表 2-11）

表 2-9 棱柱切割体

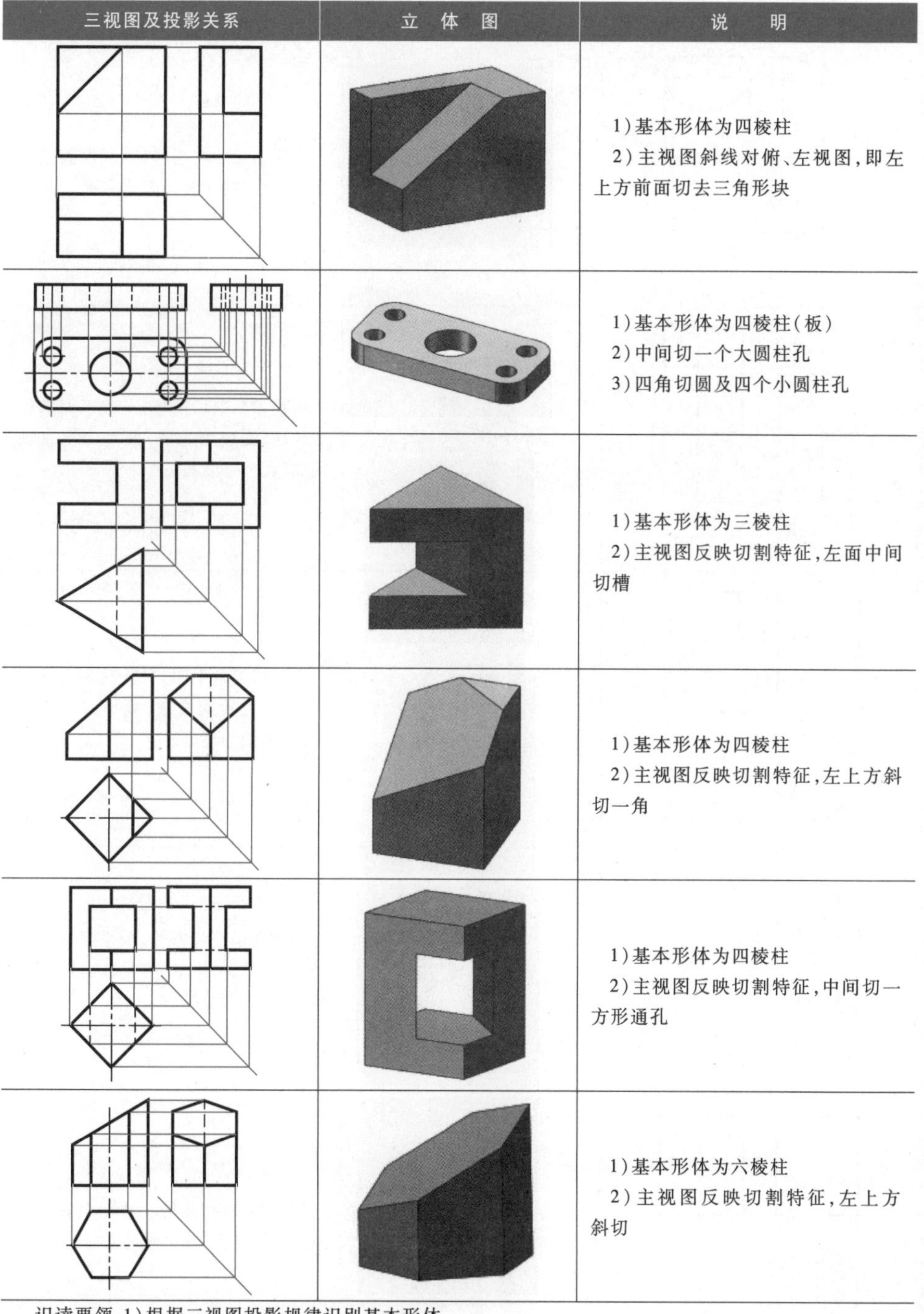

三视图及投影关系	立体图	说明
		1)基本形体为四棱柱 2)主视图斜线对俯、左视图,即左上方前面切去三角形块
		1)基本形体为四棱柱(板) 2)中间切一个大圆柱孔 3)四角切圆及四个小圆柱孔
		1)基本形体为三棱柱 2)主视图反映切割特征,左面中间切槽
		1)基本形体为四棱柱 2)主视图反映切割特征,左上方斜切一角
		1)基本形体为四棱柱 2)主视图反映切割特征,中间切一方形通孔
		1)基本形体为六棱柱 2)主视图反映切割特征,左上方斜切

识读要领:1)根据三视图投影规律识别基本形体

2)识别截平面的截切位置,想象切割体的形状

表 2-10　圆柱切割体

三视图及投影关系	立体图	说明
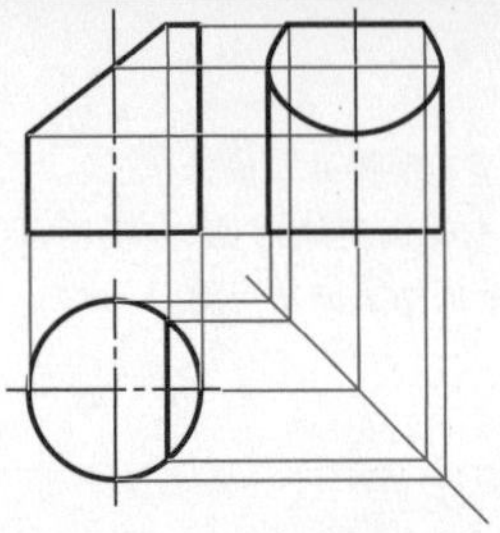	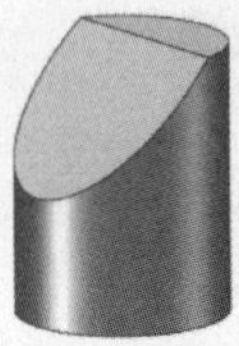	主视图反映切割特征，截平面倾斜圆柱轴线，截交线为部分椭圆
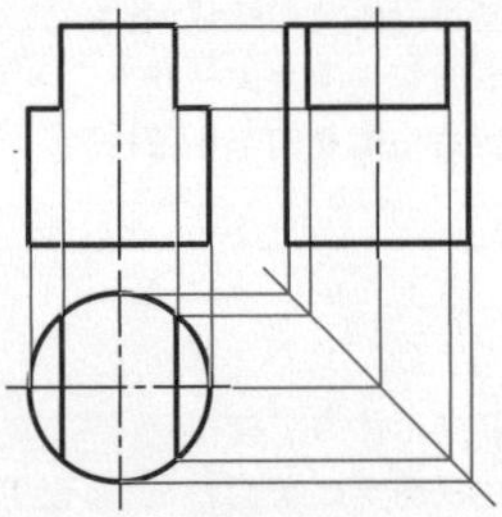		主视图反映切割特征，截平面平行于轴线，交线为直线；截平面垂直轴线，交线为部分圆
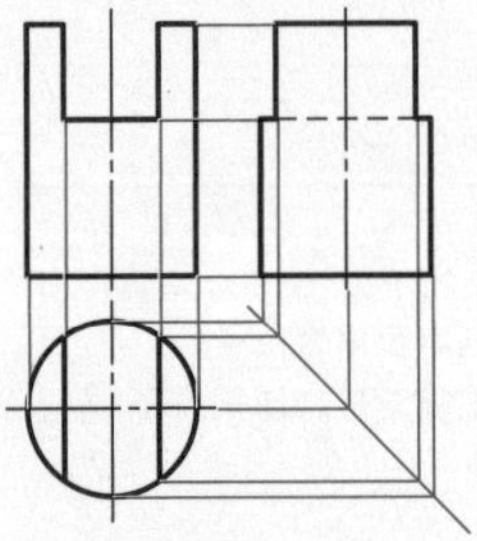	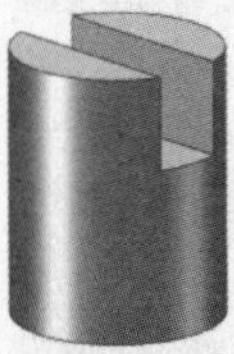	主视图反映中间切槽，截平面平行于轴线，交线为直线；截平面垂直于轴线，交线为部分圆
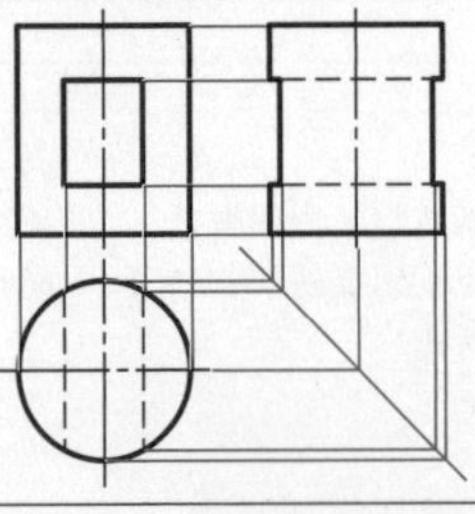		主视图反映切方孔，截平面平行于轴线，交线为直线；截平面垂直于轴线，交线为部分圆
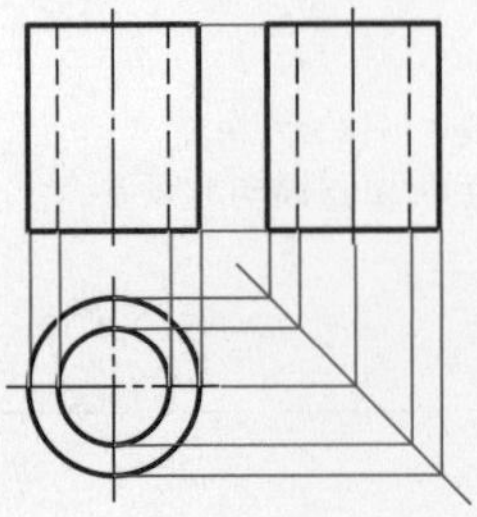		同轴切孔时，孔的三视图中圆所对应的两个矩形，轮廓线是虚线

（续）

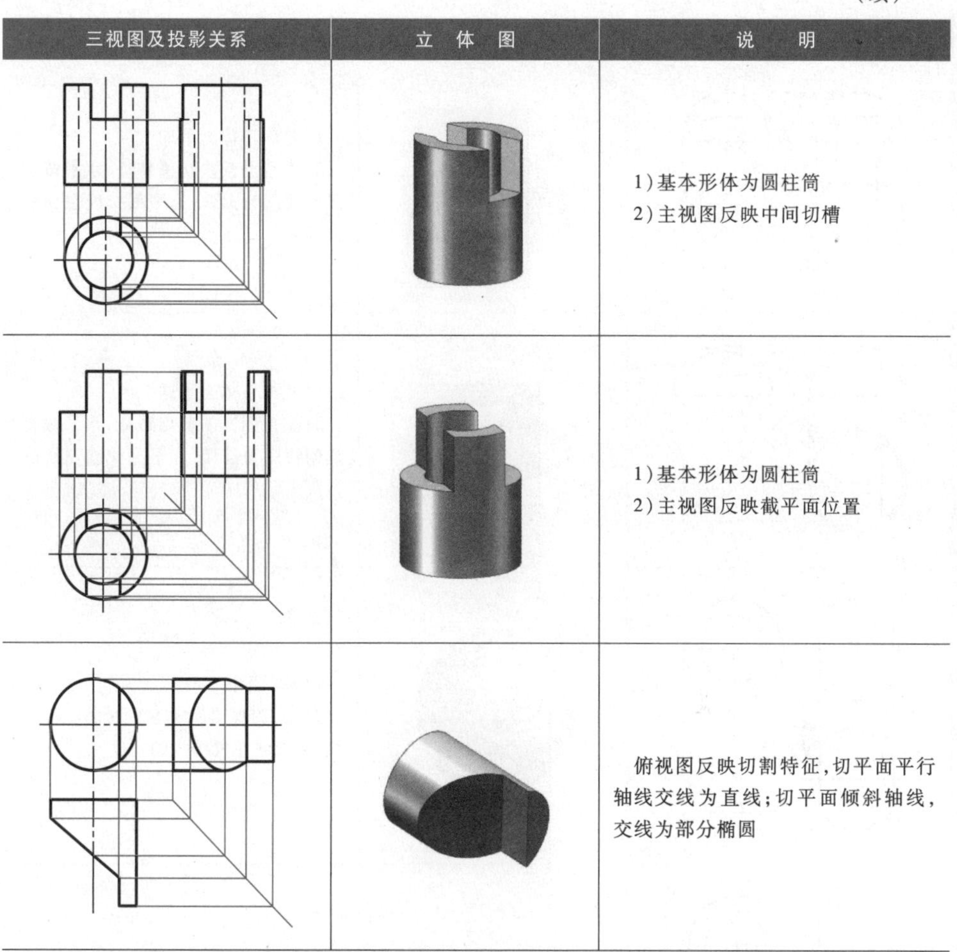

三视图及投影关系	立　体　图	说　　明
		1)基本形体为圆柱筒 2)主视图反映中间切槽
		1)基本形体为圆柱筒 2)主视图反映截平面位置
		俯视图反映切割特征,切平面平行轴线交线为直线;切平面倾斜轴线,交线为部分椭圆

识读要领:1)根据圆柱的投影特点,识别基本圆柱体

2)在三视图中识别切平面的位置,根据截平面与圆柱轴线的相对位置分析截交线和截断面的形状,综合想象切割体的形状

表 2-11　圆球切割体

三视图及投影关系	立　体　图	说　　明
		1)基本形体为半球 2)主视图反映切槽特征,水平截交线俯视图为圆弧,侧平截交线左视图为圆弧

（续）

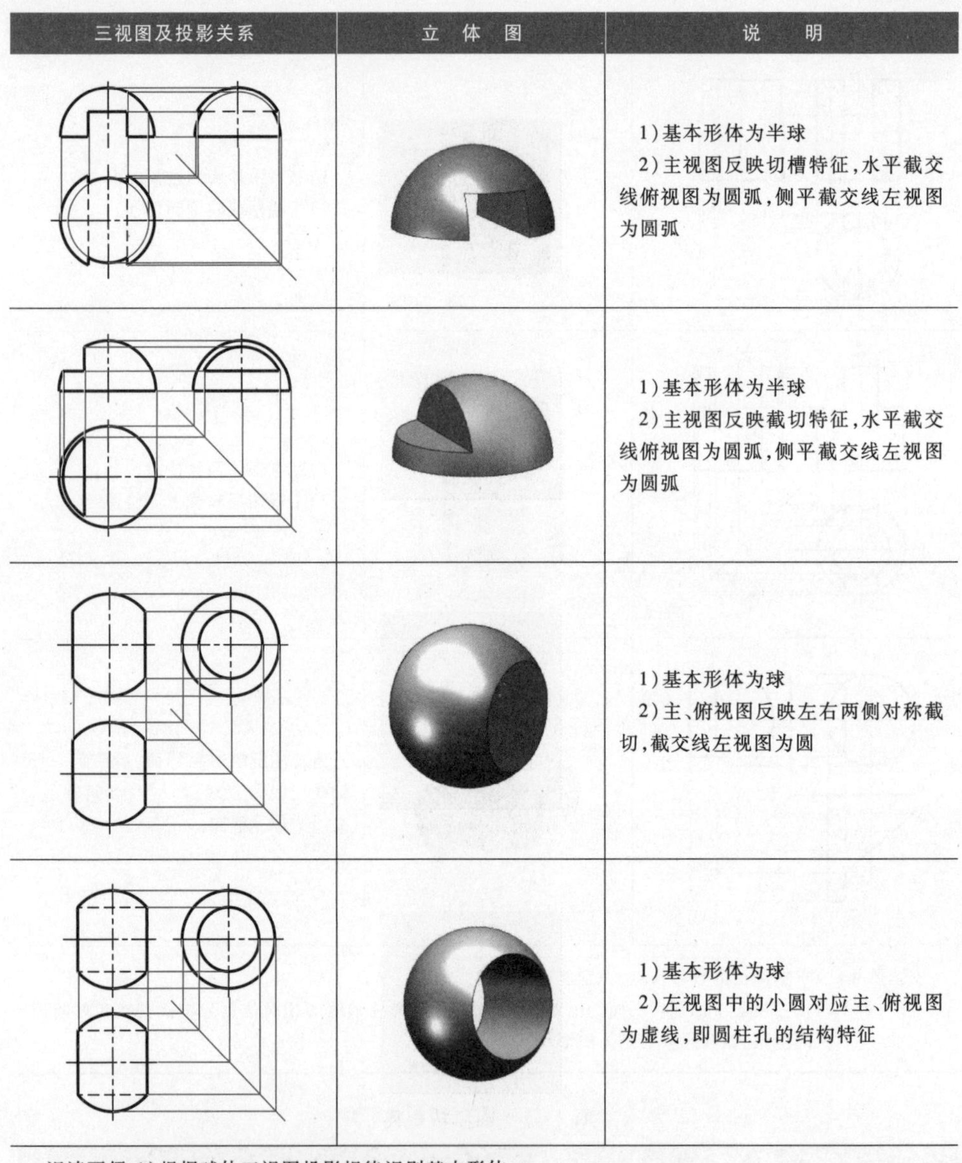

三视图及投影关系	立 体 图	说 明
		1）基本形体为半球 2）主视图反映切槽特征，水平截交线俯视图为圆弧，侧平截交线左视图为圆弧
		1）基本形体为半球 2）主视图反映截切特征，水平截交线俯视图为圆弧，侧平截交线左视图为圆弧
		1）基本形体为球 2）主、俯视图反映左右两侧对称截切，截交线左视图为圆
		1）基本形体为球 2）左视图中的小圆对应主、俯视图为虚线，即圆柱孔的结构特征
识读要领：1）根据球体三视图投影规律识别基本形体 2）识别截平面的截切位置，想象切割体的形状		

2.3 相贯体的三视图

两立体相交，称为两立体相贯，它们的表面交线称为相贯线。由于立体有平面立体与曲面立体两类，故两立体相贯时分为三种情况，见表2-12。

表 2-12 两立体相贯时的三种情况

相贯形式	两平面立体相贯	平面立体与曲面立体相贯	两曲面立体相贯
图示			

2.3.1 两圆柱正交相贯

如图 2-16a、b 所示，两圆柱垂直相交。当两圆柱直径不等相贯时，相贯线是围绕小圆柱的空间曲线。又由于大圆柱的侧面投影积聚为圆，小圆柱的水平投影积聚为圆，因而相贯线的侧面投影和水平投影都与圆重合。

一般情况下，如无特殊要求，主视图中的曲线可以用圆弧代替，作图方法如图 2-16c 所示。

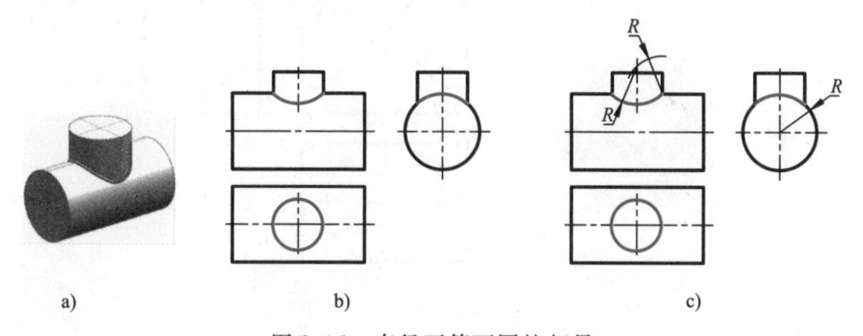

图 2-16 直径不等两圆柱相贯

圆柱与圆柱相贯或在圆柱上作孔，在机械零件中经常会遇到，下面介绍此时的各种相贯线的形状及投影规律。

圆柱体如果有孔时，该立体有内表面和外表面之分，所以圆柱轴线垂直相贯分三种情况，见表 2-13。

当两个圆柱的直径相等时，交线是平面曲线，交线在非圆视图上的投影为两条与轴线成 45°的斜线，如图 2-17 所示。

2.3.2 圆柱与圆锥正交相贯

如图 2-18a、b 所示，圆柱与圆锥轴线正交相贯，交线是空间曲线。因为圆柱的轴线垂直于侧面，交线的左视图与圆柱面的左视图重合，积聚在一个圆上。

由于圆柱与圆锥的交线作图比较复杂，国家标准规定可以采用模糊画法表示，如图 2-18c 所示。

表 2-13　圆柱轴线垂直相贯的三种情况

相贯形式	两圆柱外表面相贯（柱与柱）	外表面与内表面相贯（柱与孔）	两圆柱外表面相贯（柱与柱）
立体图			
三视图			

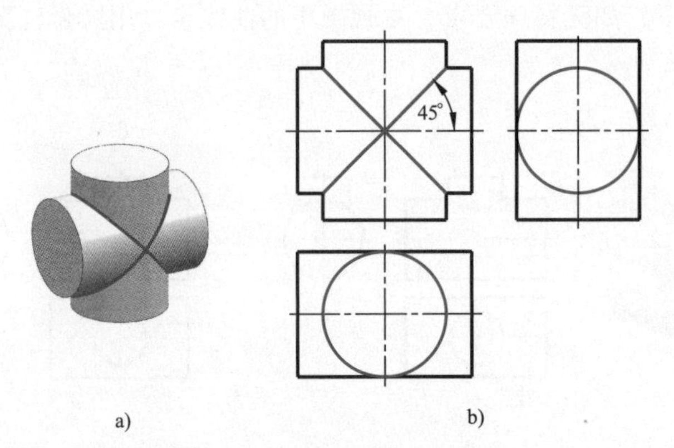

图 2-17　直径相等两圆柱正交相贯

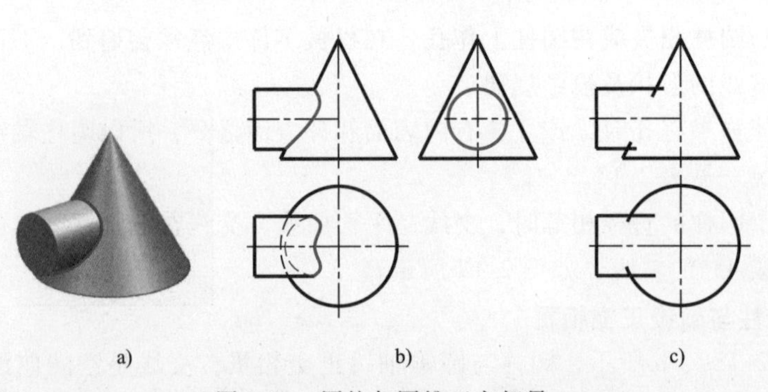

图 2-18　圆柱与圆锥正交相贯

2.3.3　圆柱与圆球正交相贯

如图 2-19 所示，圆柱与圆球正交相贯，交线是圆。因为圆柱的轴线铅垂，所以交线在俯视图中与圆柱的俯视图重合。交线在主视图和左视图上的投影为一条水平实线，长度等于圆柱的直径。

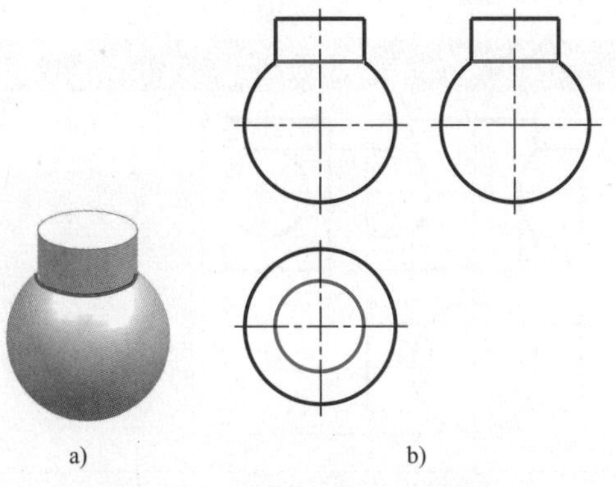

图 2-19 圆柱与圆球正交相贯

2.3.4 过渡线

铸件表面的相交处存在铸造圆角，因此，交线的投影不明显。为了区别不同表面以便于识图，在原来的交线处用过渡线画出，如图 2-20所示。过渡线用细实线绘制，过渡线的两端与轮廓线不相交。

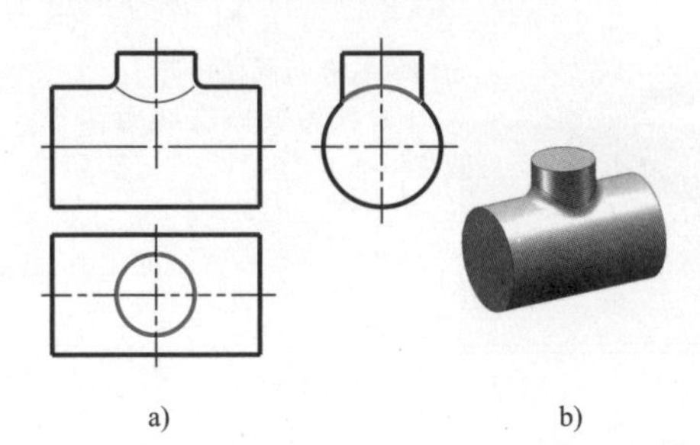

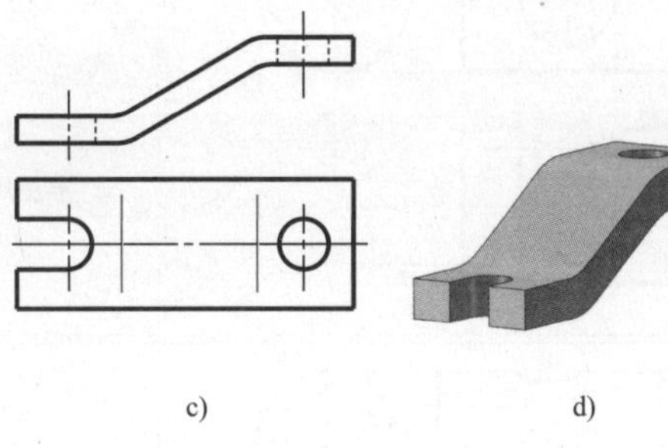

图 2-20 过渡线

2.3.5 识读相贯体（表 2-14）

表 2-14 识读相贯体

三视图及投影关系	立 体 图	说 明
		1)直径不等的圆柱与半圆柱相贯 2)主视图反映交线为圆弧
		1)直径相等的圆柱与半圆柱相贯 2)主视图反映交线为直线

（续）

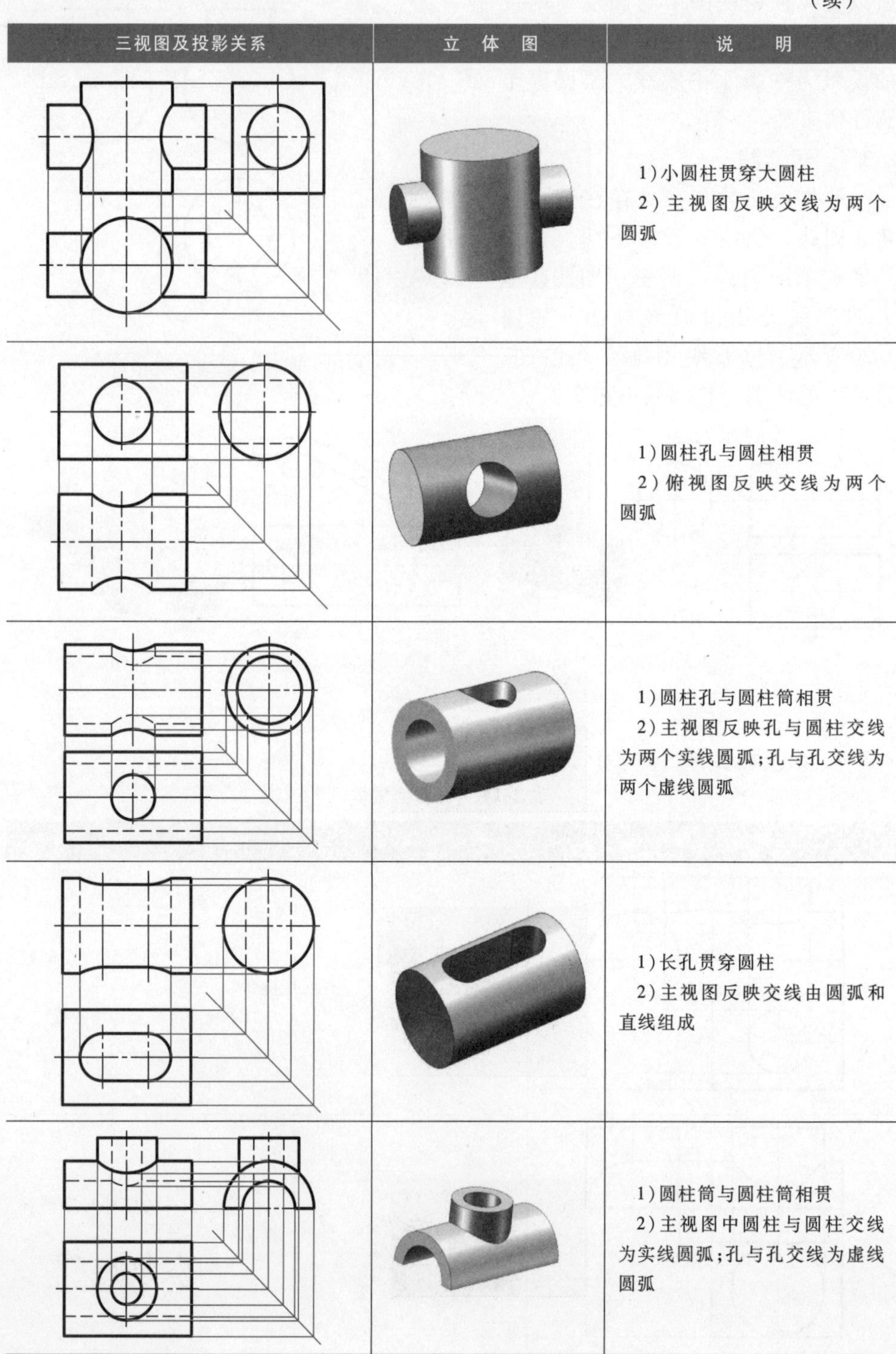

三视图及投影关系	立体图	说明
		1）小圆柱贯穿大圆柱 2）主视图反映交线为两个圆弧
		1）圆柱孔与圆柱相贯 2）俯视图反映交线为两个圆弧
		1）圆柱孔与圆柱筒相贯 2）主视图反映孔与圆柱交线为两个实线圆弧；孔与孔交线为两个虚线圆弧
		1）长孔贯穿圆柱 2）主视图反映交线由圆弧和直线组成
		1）圆柱筒与圆柱筒相贯 2）主视图中圆柱与圆柱交线为实线圆弧；孔与孔交线为虚线圆弧

（续）

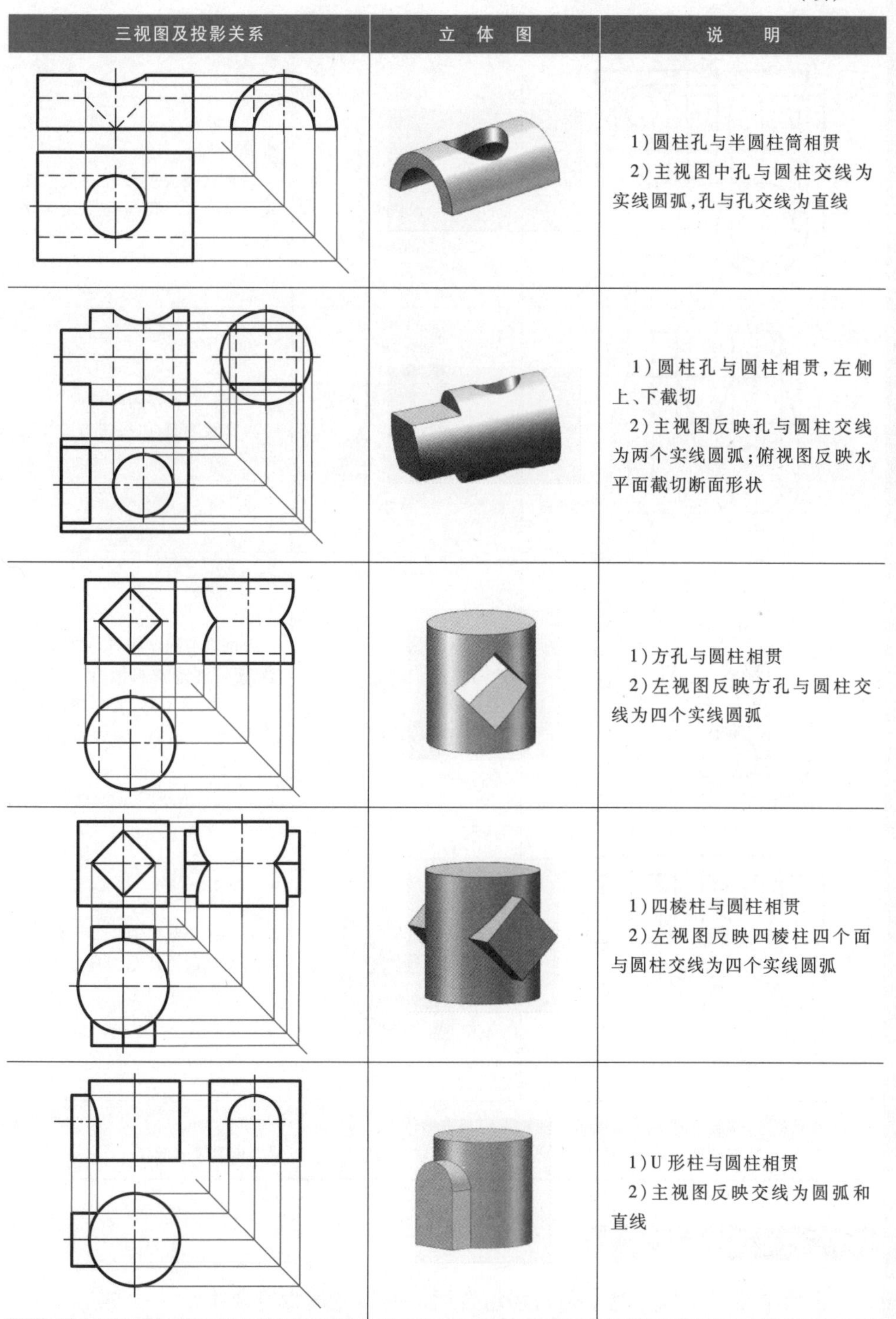

三视图及投影关系	立 体 图	说 明
		1）圆柱孔与半圆柱筒相贯 2）主视图中孔与圆柱交线为实线圆弧，孔与孔交线为直线
		1）圆柱孔与圆柱相贯，左侧上、下截切 2）主视图反映孔与圆柱交线为两个实线圆弧；俯视图反映水平面截切断面形状
		1）方孔与圆柱相贯 2）左视图反映方孔与圆柱交线为四个实线圆弧
		1）四棱柱与圆柱相贯 2）左视图反映四棱柱四个面与圆柱交线为四个实线圆弧
		1）U 形柱与圆柱相贯 2）主视图反映交线为圆弧和直线

（续）

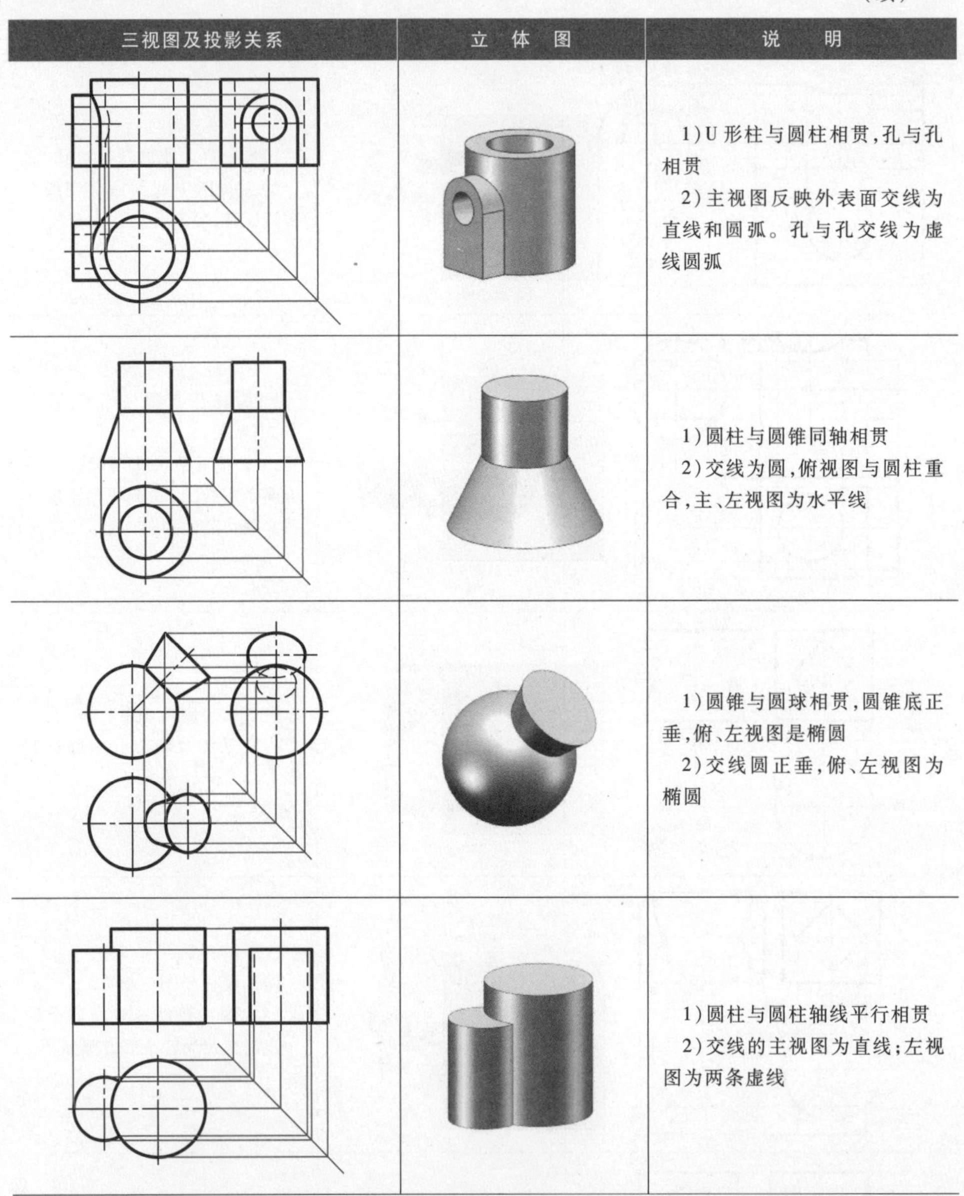

三视图及投影关系	立 体 图	说 明
		1）U形柱与圆柱相贯，孔与孔相贯 2）主视图反映外表面交线为直线和圆弧。孔与孔交线为虚线圆弧
		1）圆柱与圆锥同轴相贯 2）交线为圆，俯视图与圆柱重合，主、左视图为水平线
		1）圆锥与圆球相贯，圆锥底正垂，俯、左视图是椭圆 2）交线圆正垂，俯、左视图为椭圆
		1）圆柱与圆柱轴线平行相贯 2）交线的主视图为直线；左视图为两条虚线

识读要领：1）根据三视图投影规律识别相贯的基本形体

2）根据两形体的相对位置，分析交线的形状及投影特点，想象出相贯体的形状

2.4 组合体的三视图

由两个或两个以上基本几何体组合而成的形体称为组合体。

2.4.1 组合体的类型

组合体有三种组合形式：叠加型、切割型和综合型。

（1）叠加型　如图2-21a所示，它是由圆柱体和四棱柱板叠加而成。

（2）切割型　如图2-21b所示，它是由四棱柱切去两个三棱柱，并挖去一个圆柱体组合而成。

（3）综合型　如图2-21c所示，该组合体属于既有叠加，又有切割组合而成的综合型。

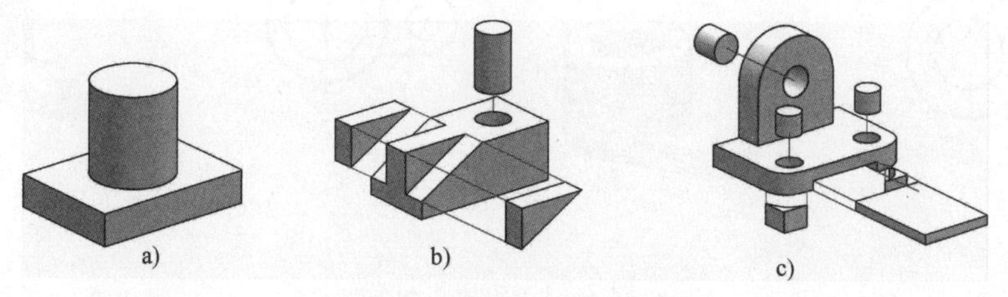

图2-21　组合体的组合类型
a）叠加型　b）切割型　c）综合型

形体叠加和切割是分析形体的基本方法，有时形体属于叠加型或切割型可以有不同的分析，一般组合体都属于综合型。

2.4.2 组合体相邻表面之间的连接关系

各基本形体组合后，其相邻表面存在下面四种关系：

1. 共面与不共面

当两相邻两形体表面共面时，则在它们的结合处没有分界线，如图2-22a所示。

当两相邻两形体表面不共面时，则在它们的结合处要画出分界线，如图2-22b所示。

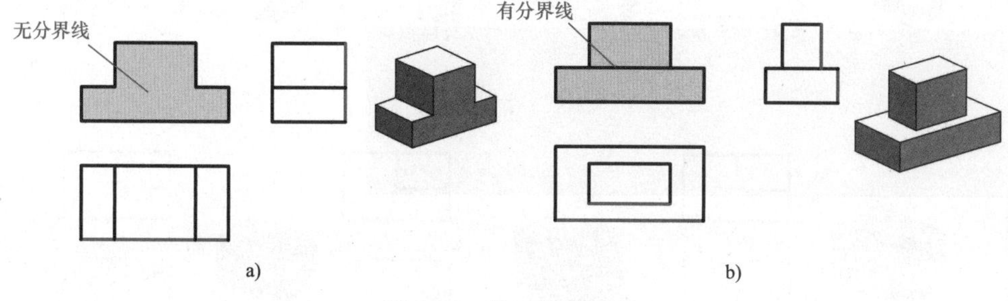

图2-22　共面与不共面

2. 相切与相交

当相邻两形体表面相切时，其两形体表面光滑过渡，则在相切处不画切线。

如图 2-23a 所示，圆柱面与水平板的立面相切处，其主、左视图都不需画出切线。

当相邻两形体表面相交时，相交处必须画出交线。如图 2-23b 所示，圆柱面与水平板的立面相交，则在主视图中必须画出其交线。

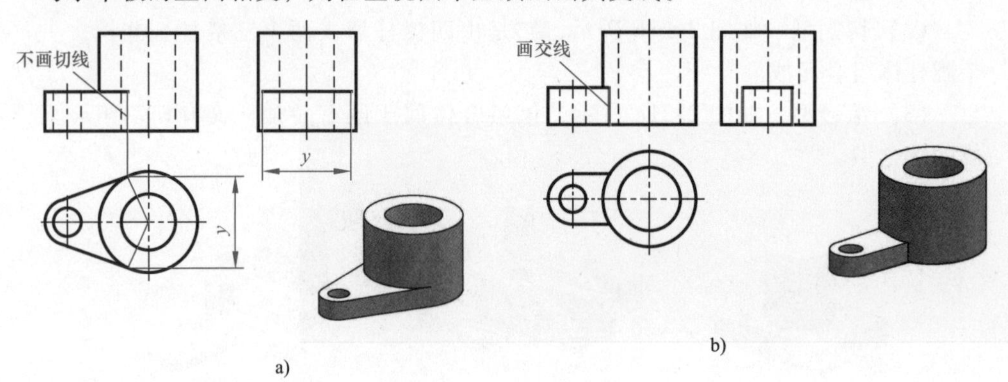

图 2-23 相切与相交

2.4.3 识读三视图的方法

1. 利用投影规律读图

因为三视图存在“三等”规律，读图时要把这一规律具体化。即通过对投影找出各基本体在视图中的位置，并熟练掌握基本体的投影特性，顺利地想象出它们的形状，完成对组合体的分解过程。

2. 几个视图联系起来读图

一个视图不能确切地表达一个物体的空间形状。读图时，不能只读一个视图，而应该把几个视图联系起来读。如图 2-24 所示，长方体被切割的形状不同，

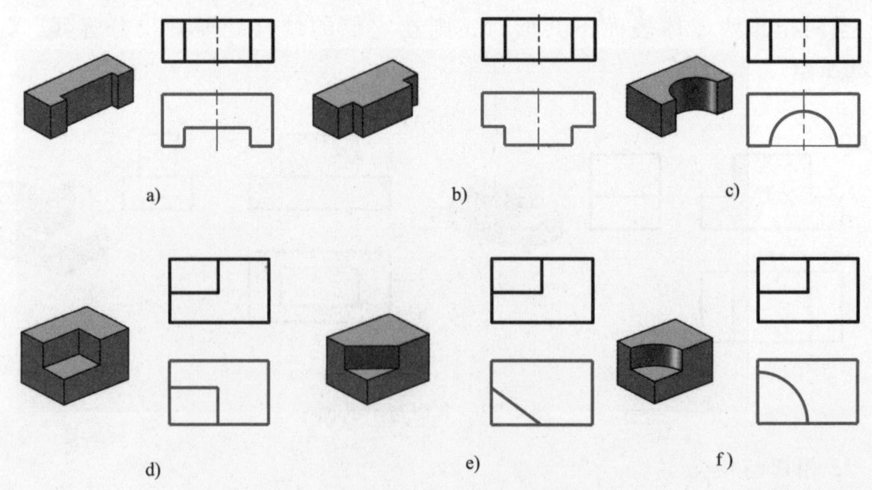

图 2-24 几个视图联系起来读图

主视图相同，但俯视图不同。只有把两个视图联系起来，才能准确地想象出立体形状。

3. 理解视图中图线和线框的含义

视图是由一个个封闭的线框组成的，而线框又是由图线构成的。因此，弄清楚图线和线框的含义十分重要。

（1）图线的含义（图 2-25）

1）粗实线和细虚线（包括直线和曲线）可以表示：

① 具有积聚性的平面或柱面的投影。

② 面与面交线的投影。

③ 曲面转向轮廓素线的投影。

2）细点画线可以表示：

① 回转体的轴线。

② 对称中心线。

③ 圆的对称中心线。

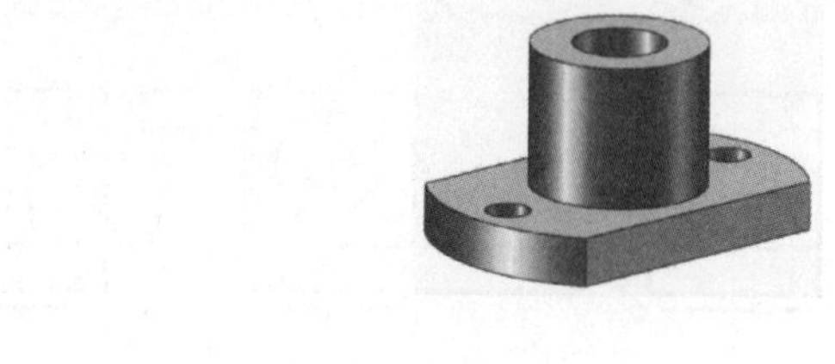

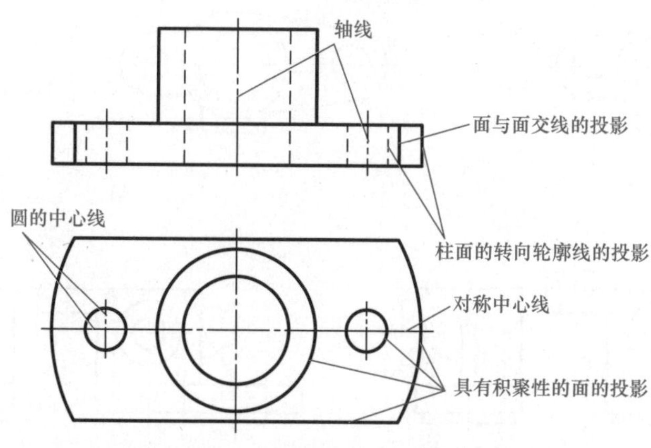

图 2-25 视图中图线的含义

（2）线框的含义（图 2-26）

1）一个封闭线框表示物体的一个平面、曲面、组合面或孔洞。

2）相邻两个封闭线框表示物体上不同位置的两个面。主视图上相邻两线框表示前后不同位置的两个面；俯视图上相邻两线框表示上下不同位置的两个面；

左视图上相邻两线框表示左右不同位置的两个面。

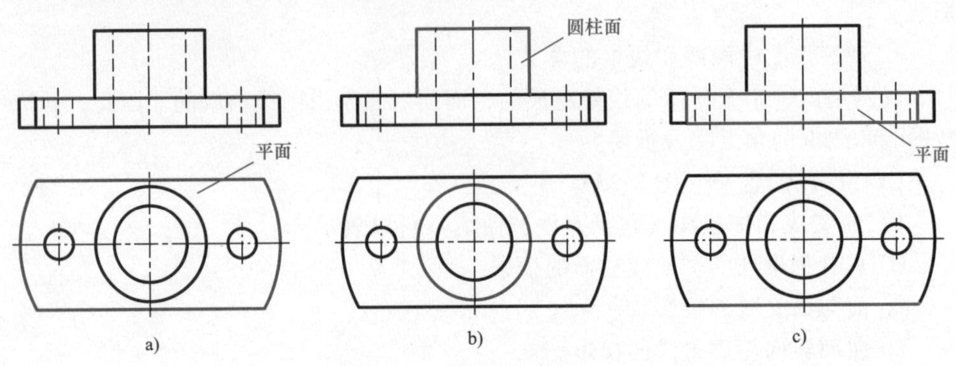

图 2-26　视图中线框的含义

4. 识图实例

1）以图 2-27 所示的支架为例，说明用形体分析法读图的方法步骤。

读图时，一般在较多地反映物体形状特征的视图上（多数情况是主视图），按线框划分出各基本形体的范围，按投影关系在其他视图上找到相应的投影，想

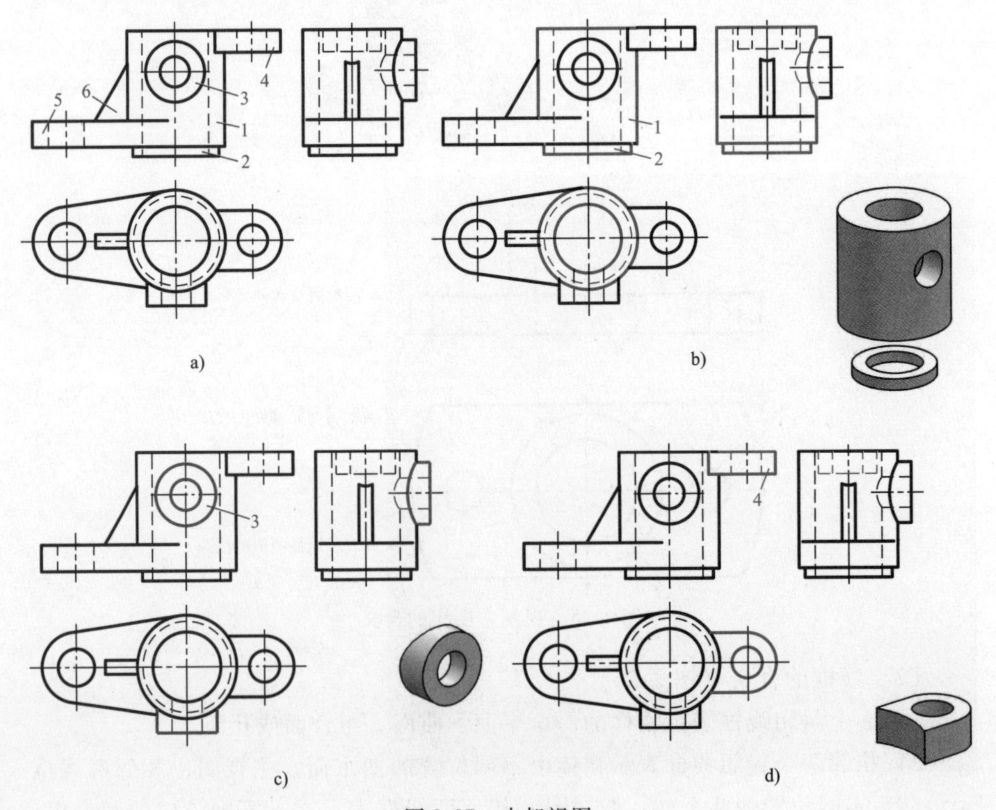

图 2-27　支架视图

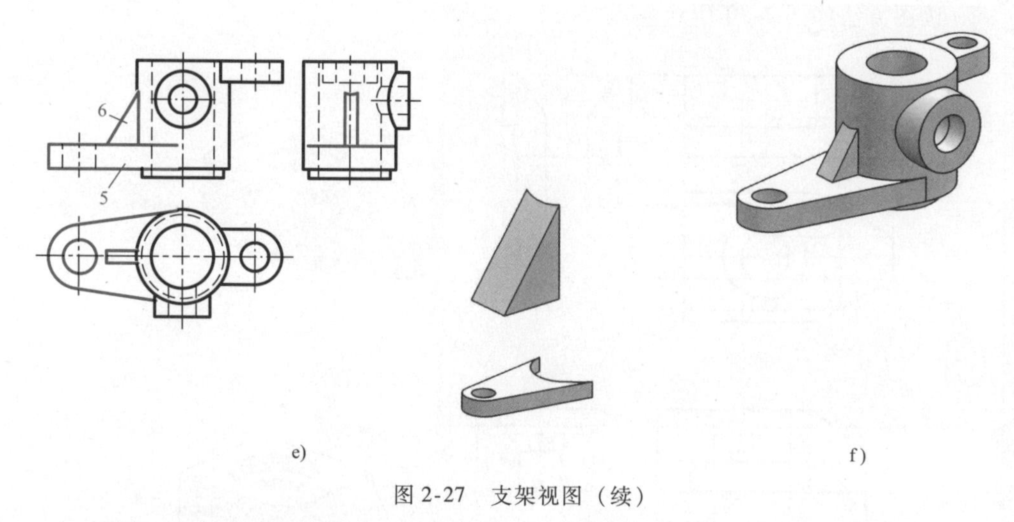

图 2-27 支架视图（续）

象出形体的形状，再按各形体的相对位置，想象出组合体完整的空间形状。

2）以图 2-28 所示的压块三视图为例，说明用线面分析法读图的具体过程。

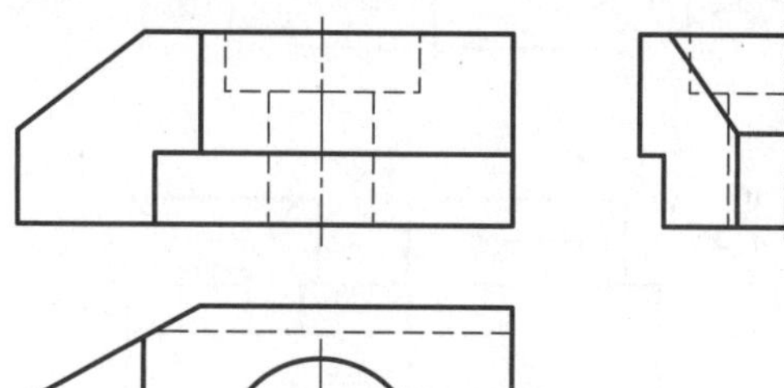
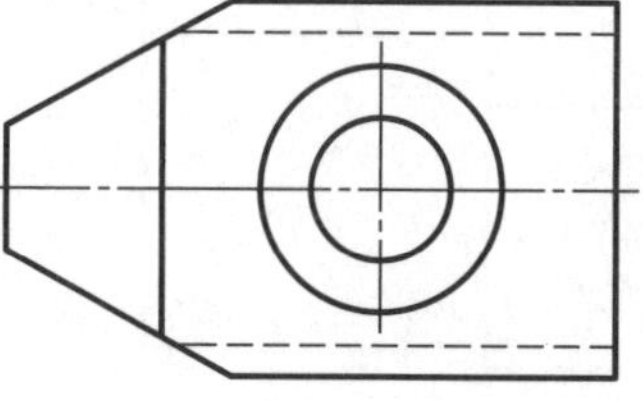

图 2-28 压块的三视图

先分析整体形状：由于压块的三视图轮廓基本上是矩形，所以它的基本形体是一个被切割的长方体，先想象出长方体的形状，如图 2-29a 所示。

进一步分析细节：从主视图可以看出，长方体左上方用正垂面切去一角，如图 2-29b 所示。从俯视图可以看出，长方体左端，前后分别用铅垂面对称地切去两个角，如图 2-29c 所示。从左视图可以看出，长方体下方前后分别用水平和正平面对称地切去两小块，如图 2-29d 所示。

从以上分析说明：该压块是以切割为主的组合体。但是它被切割后的形状有何变化，还需要用线面分析法进一步分析。

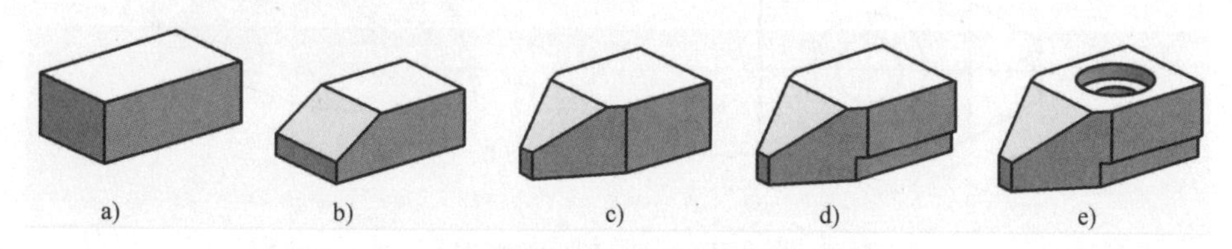

图 2-29 压块的三视图

读图方法如图 2-30 所示。

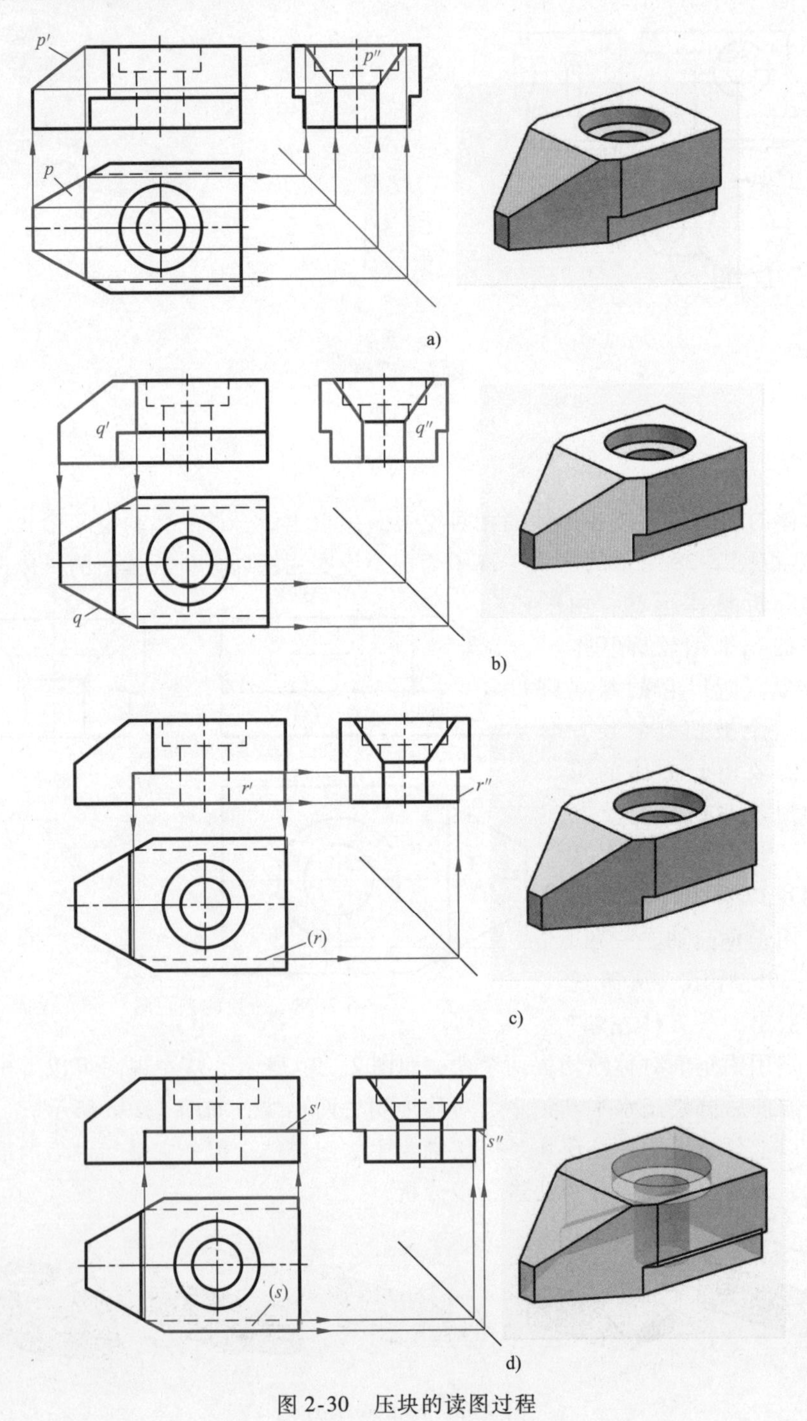

图 2-30　压块的读图过程

1）如图 2-30a 所示，先从俯视图左端的梯形线框 p 出发，在主视图中找出与它对应的投影 p'是一条斜线，根据投影关系找出它的左视图 p''，由此可知形体左上角的 P 面是垂直于正面的梯形平面。

2）如图 2-30b 所示，再从正面投影的七边形线框 q'出发，在水平投影中找出与它对应的投影 q 是两条对称的斜线，根据投影关系找出它的侧面投影 q''为两个类似的七边形。由此可知形体左端前后两 Q 面是铅垂面。

3）如图 2-30c 所示，从主视图上的线框 r'出发，对应出水平投影 r 和侧面投影 r''，是两平行于轴的直线，由此可知 R 面是正平面。

4）如图 2-30d 所示，从俯视图的四边形 s 对应出正面投影 s'和侧面投影 s''，是两平行于轴的直线，由此可知 S 面是前后两个水平面。

其余表面比较简单，不需要作进一步分析。这样我们从形体分析的角度和线面分析的角度上，彻底弄清楚压块的三视图中的线、面投影关系，进而想象出压块的空间形状。

一般情况下，读组合体视图通常是两种方法并用，以形体分析法为主，线面分析法为辅。所以，组合体的读图过程应该是：认识视图抓特征，分析形体对投影，综合起来想整体，线面分析攻难点。

2.4.4 组合体三视图的尺寸分析

视图只能表达组合体的形状和结构，不能反映组合体各部分的形状大小以及相对位置关系，所以要对三视图进行尺寸标注。

组合体尺寸标注的基本要求是：正确、齐全、清晰。正确是指严格遵守国家标准有关规定；齐全是指尺寸不多不少；清晰是指尺寸布置整齐清晰，便于读图和查找尺寸。

1. 组合体尺寸基准

标注尺寸的出发点就是尺寸基准。组合体有长、宽、高三个方向的尺寸，因此，每个方向至少有一个尺寸基准。对于较复杂的形体，在同一方向上除选定一个主要基准外，根据结构特点，还需要选定一些辅助基准，主要基准与辅助基准之间应有尺寸联系。

确定组合体尺寸基准时可以从以下几方面考虑：

1）对称组合体的对称中心线。

2）组合体重要的底面或端面。

3）以回转结构为主的组合体的回转轴线等。

如图 2-31a 所示，组合体左右对称、前后对称，其对称面为长、宽方向的基准；底面为高度方向的基准。

如图 2-31b 所示，组合体前后、左右、上下均不对称，所以选择右端面作为长度方向基准，前面作为宽度方向基准，底面作为高度方向基准。

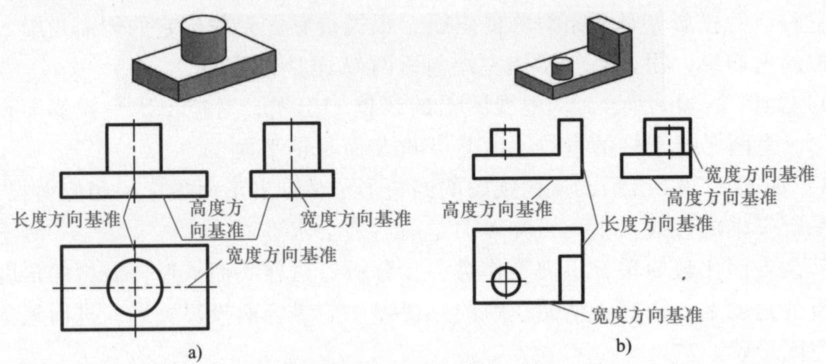

图 2-31　组合体的尺寸基准

2. 组合体尺寸分析

组合体尺寸一般分为三类：定形尺寸、定位尺寸、总体尺寸。

1）定形尺寸　组合体是基本体叠加或切割而形成的。确定每个形体结构形状或切割形状的尺寸称为定形尺寸。如图 2-32a 所示底板的长度、宽度和高度尺

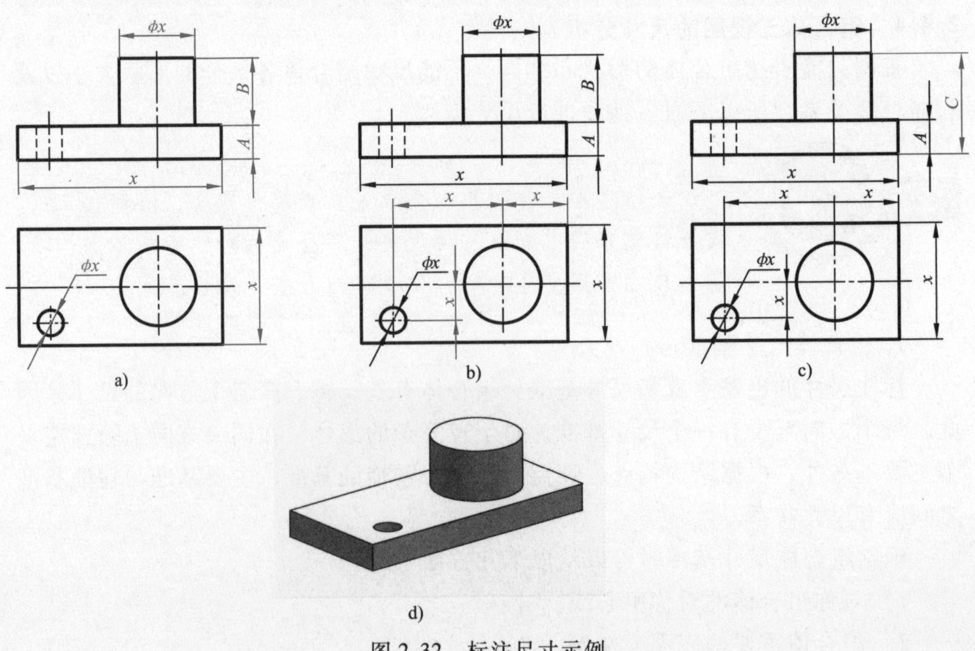

图 2-32　标注尺寸示例

a）定形尺寸　b）定位尺寸　c）总体尺寸　d）立体图

寸，圆孔的直径尺寸，圆柱的直径和高度尺寸。

2）定位尺寸　确定各形体叠加的相对位置或切割位置尺寸称为定位尺寸。

标注组合体的定位尺寸时，应先确定组合体的尺寸基准，然后标注基本体基准相对组合体基准的位置尺寸。如图 2-32b 所示圆孔、圆柱的位置尺寸。

3）总体尺寸　根据需要，标注必要的总体尺寸，即组合体的总长、总宽、总高。如图 2-32c 所示，形体的总长度尺寸就是底板的长度尺寸，总宽度尺寸就是底板的宽度尺寸，总高度尺寸为 C。

2.4.5 识读组合体三视图（表 2-15～表 2-16）

表 2-15　形体分析法读组合体三视图

三　视　图	立体图	基本形体三视图对应关系
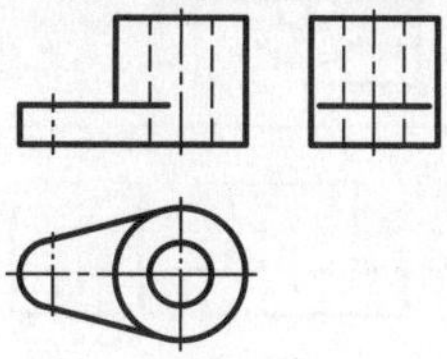		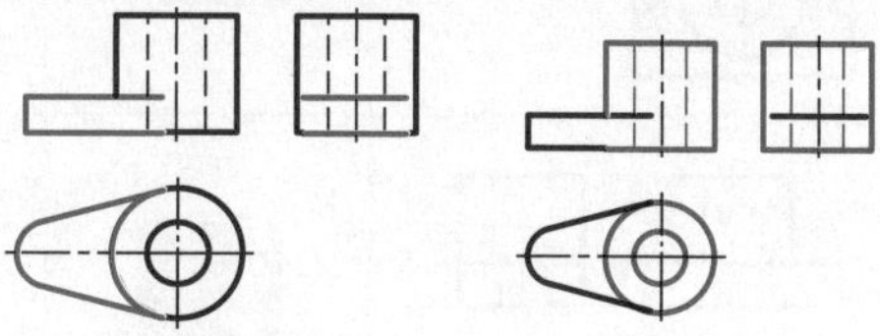
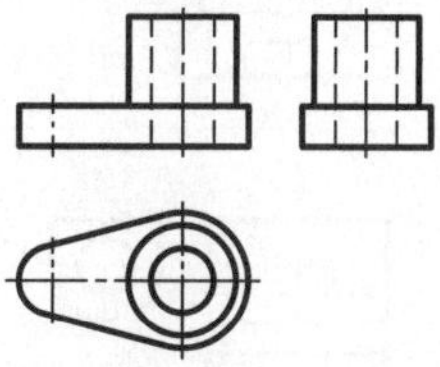		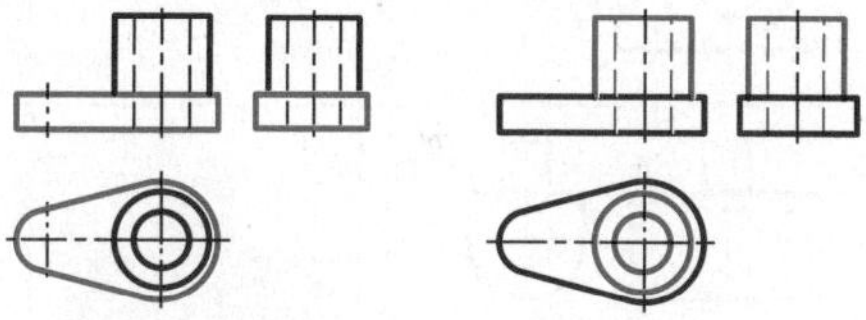
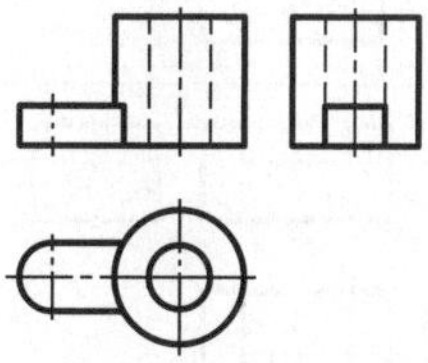		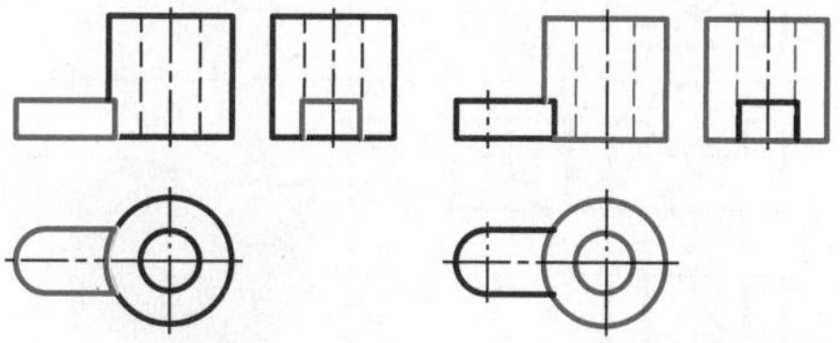
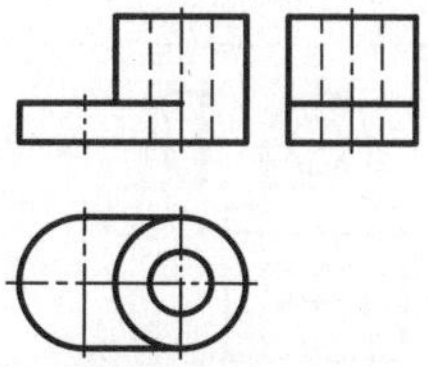		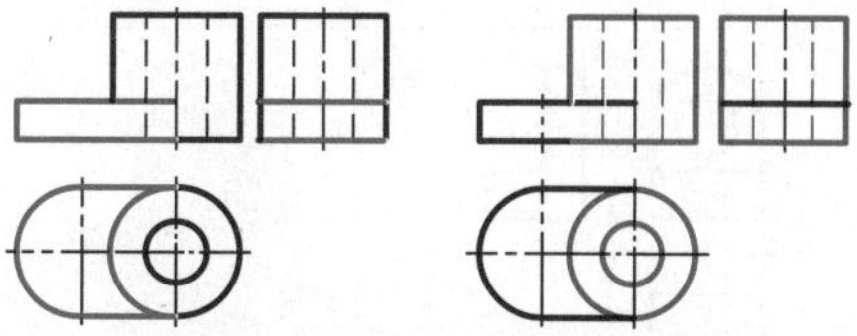
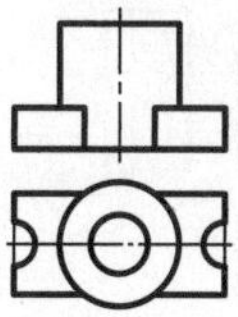		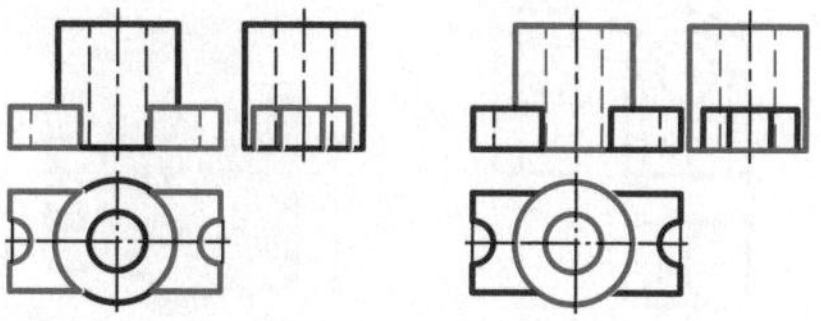

（续）

三视图	立体图	基本形体三视图对应关系

（续）

三　视　图	立体图	基本形体三视图对应关系
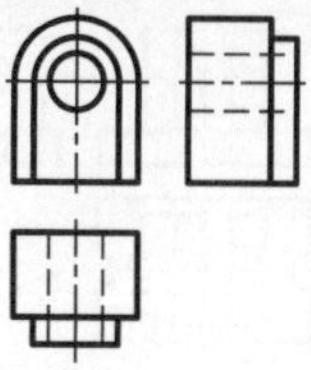		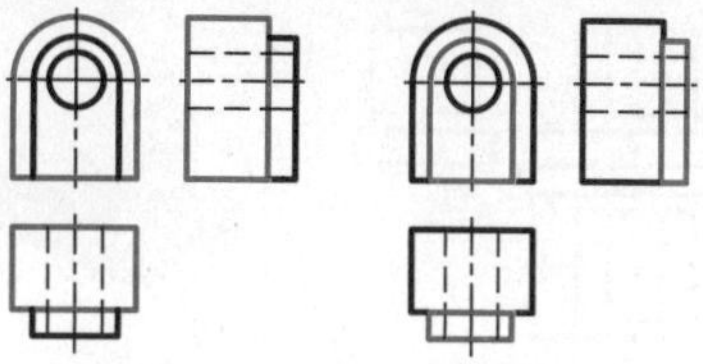
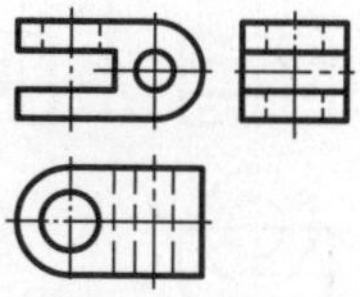		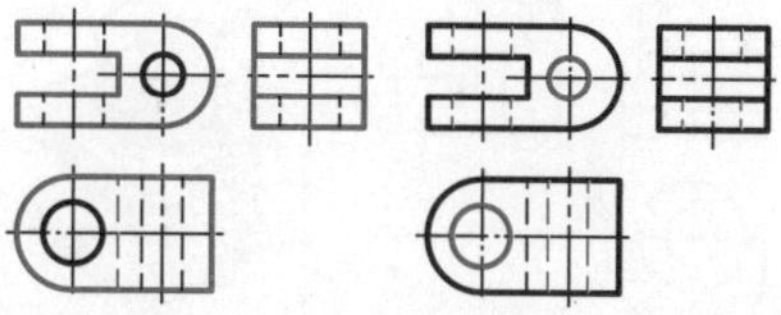
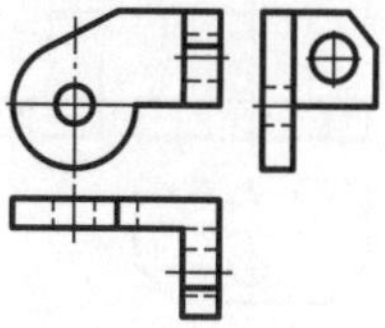		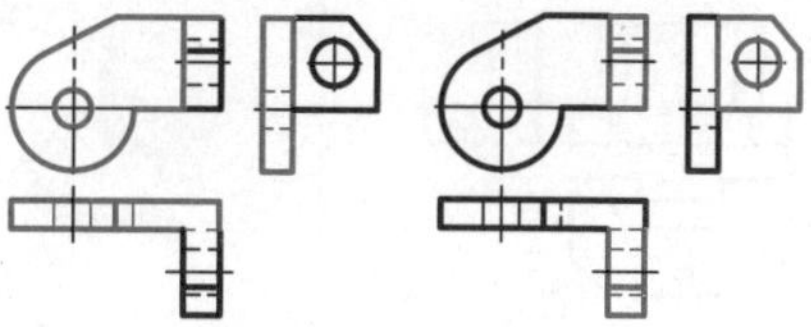
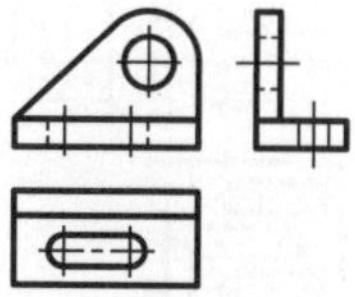	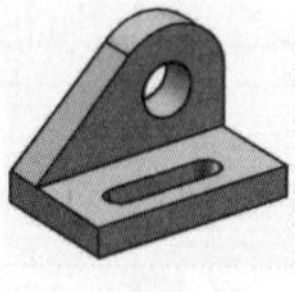	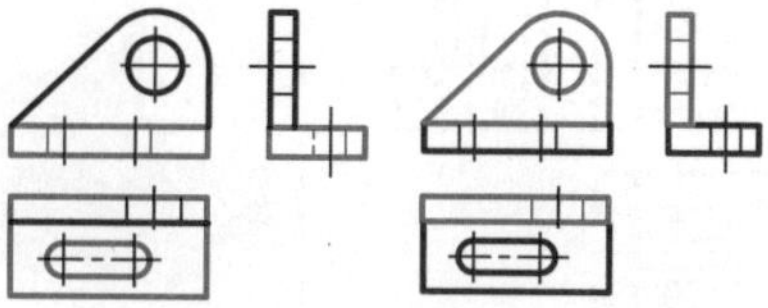
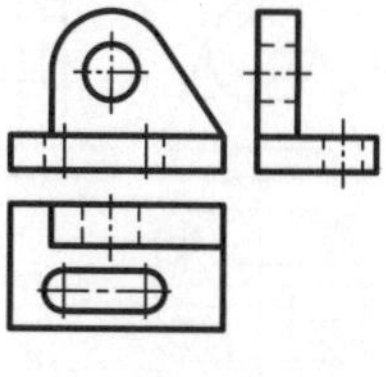		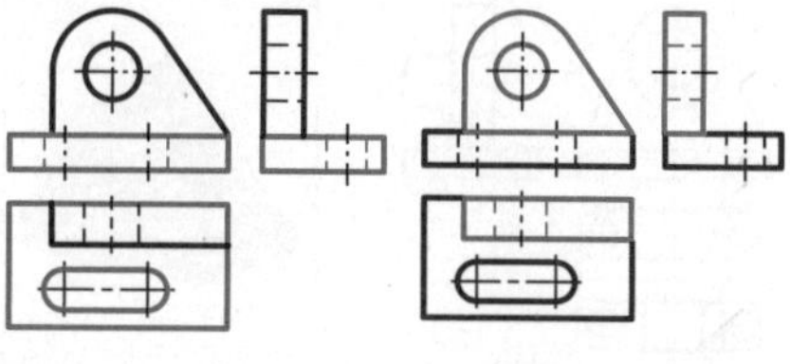
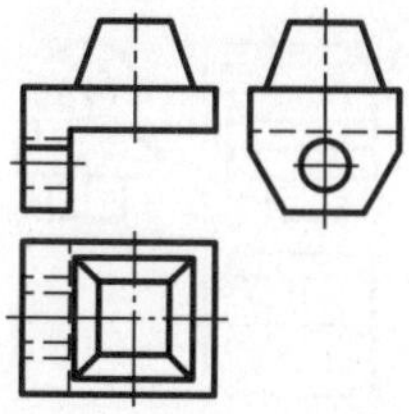		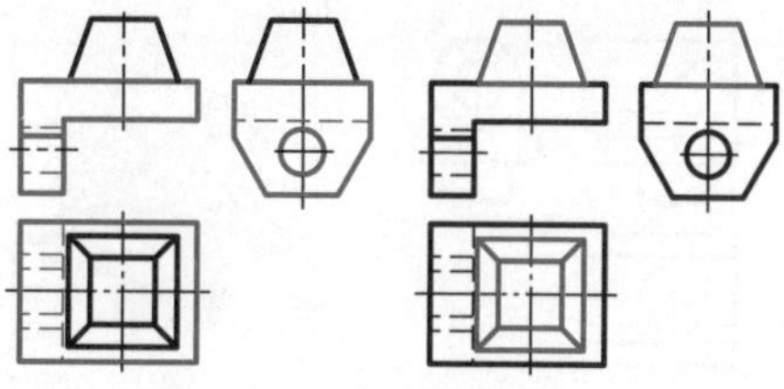

（续）

三　视　图	立体图	基本形体三视图对应关系
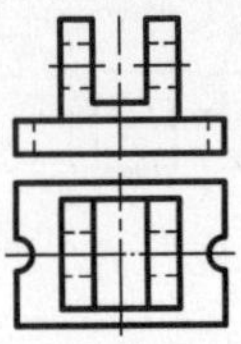		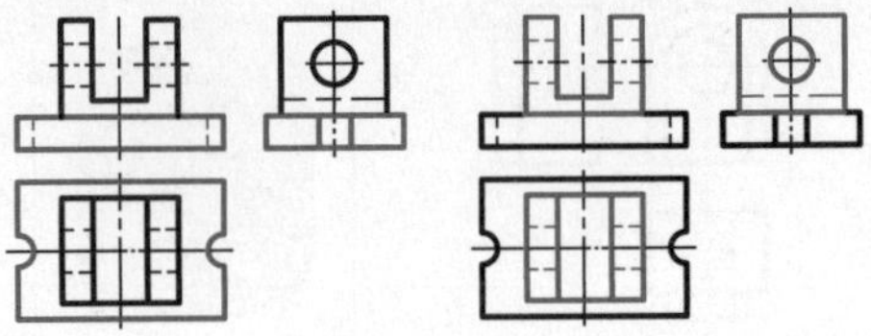
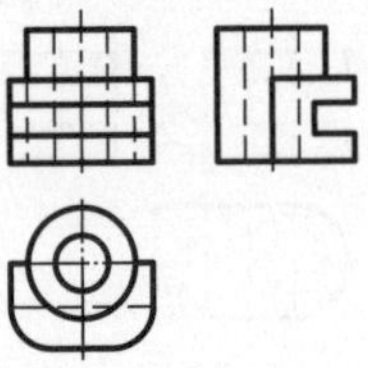		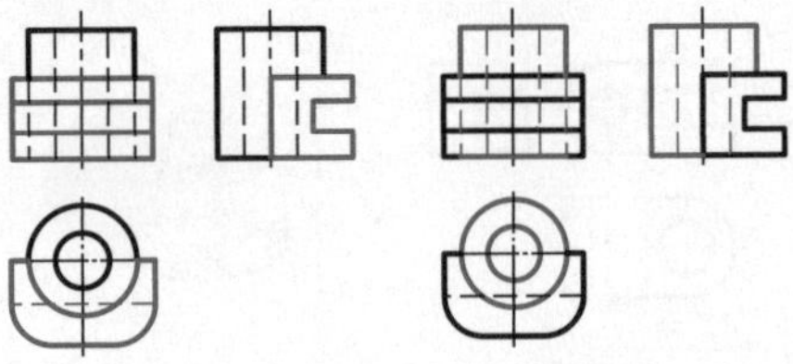
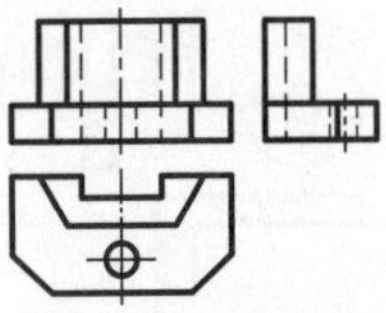		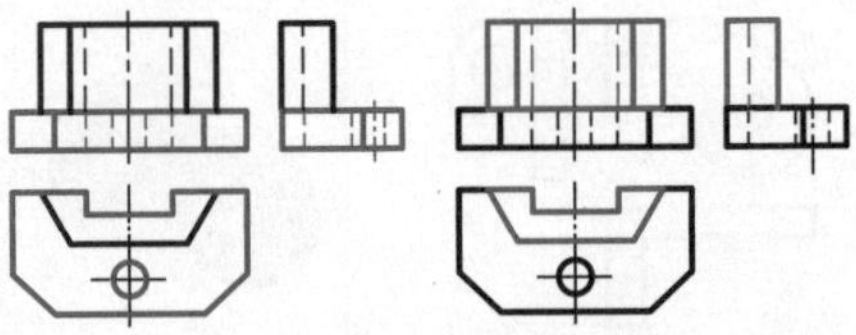
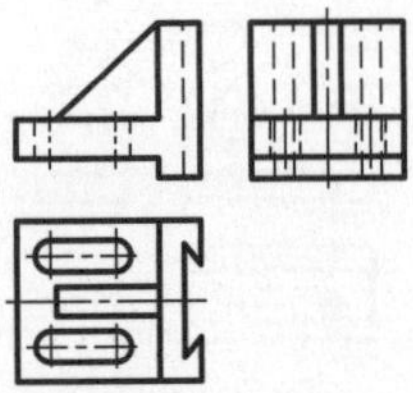		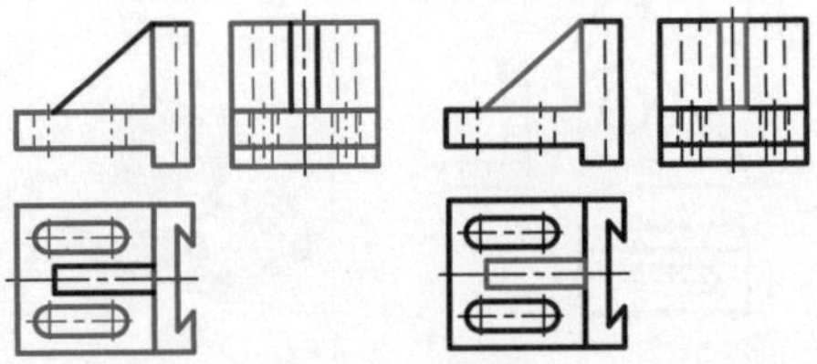
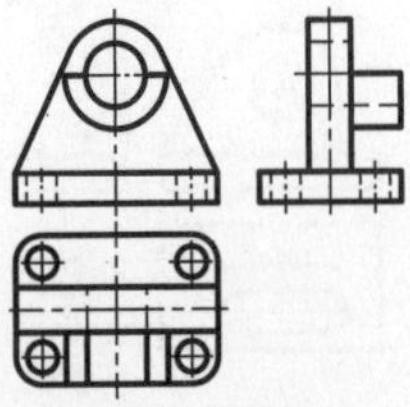		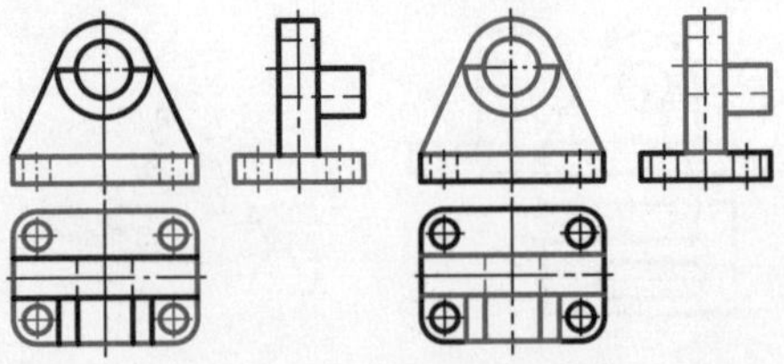
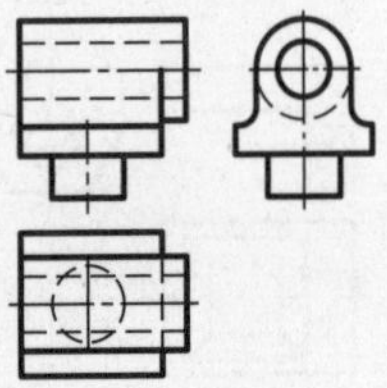		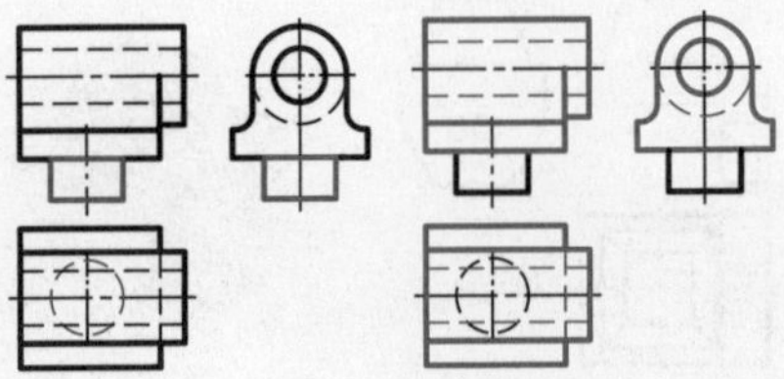

（续）

三 视 图	立体图	基本形体三视图对应关系

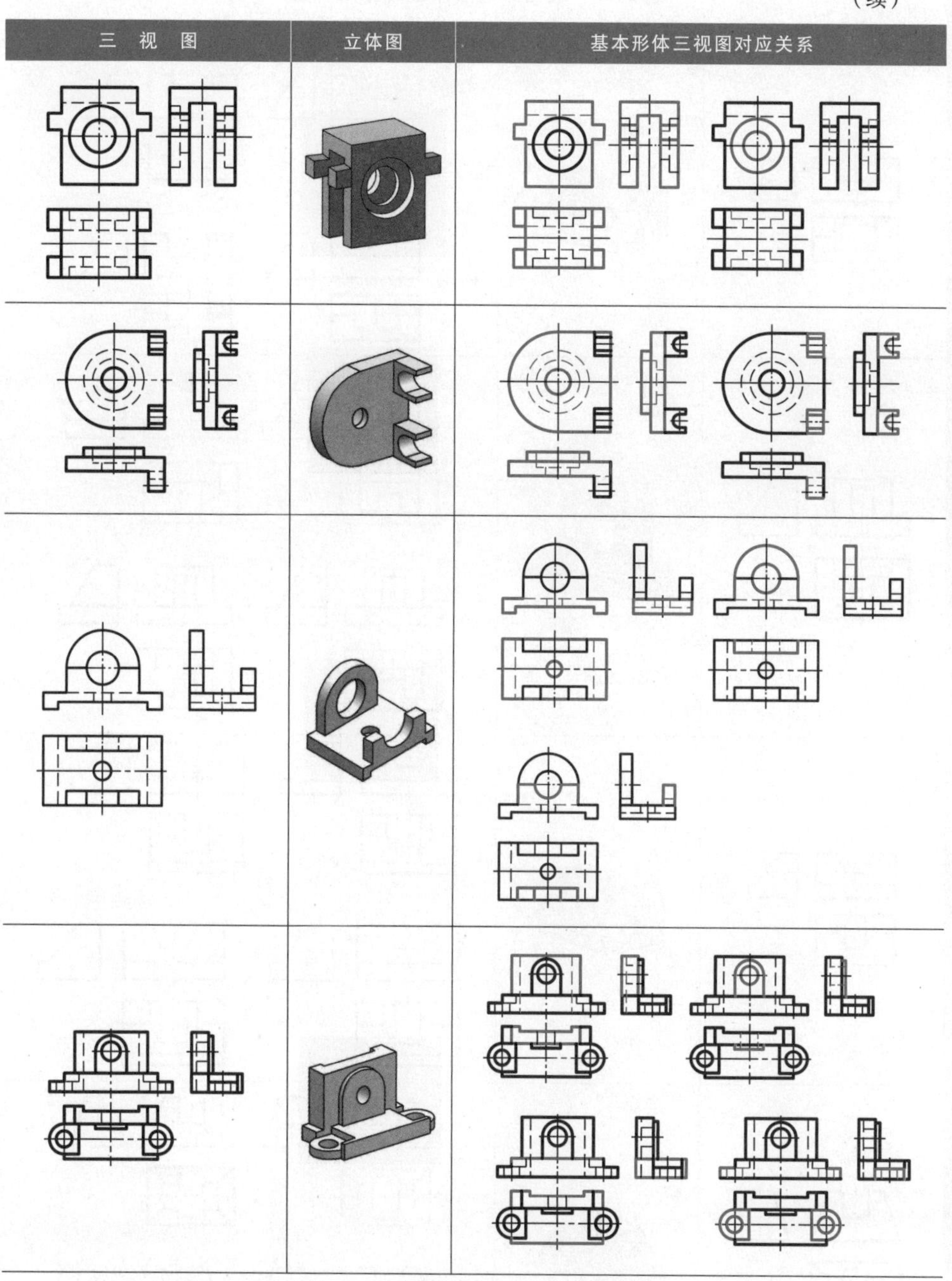

识读要领：1）以叠加组合为主的组合体采用形体分析法读图

2）以主视图为主，联系俯、左视图，对应出各组成基本体的三个视图

3）在三个视图中抓住反映形体特征的视图，想象各组成形体的形状

4）根据各组成形体的相对位置，想象出整体结构

表 2-16 线面分析法读组合体三视图

三 视 图	立体图	形体上各面三视图对应关系
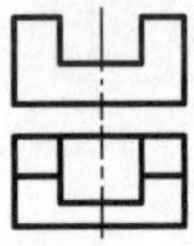	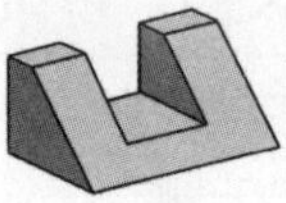	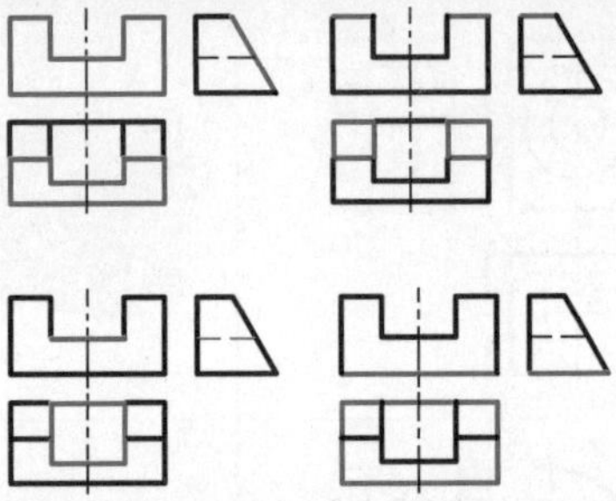
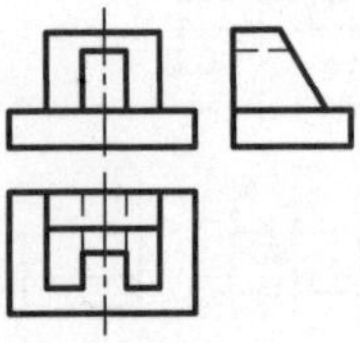	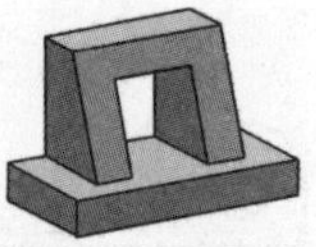	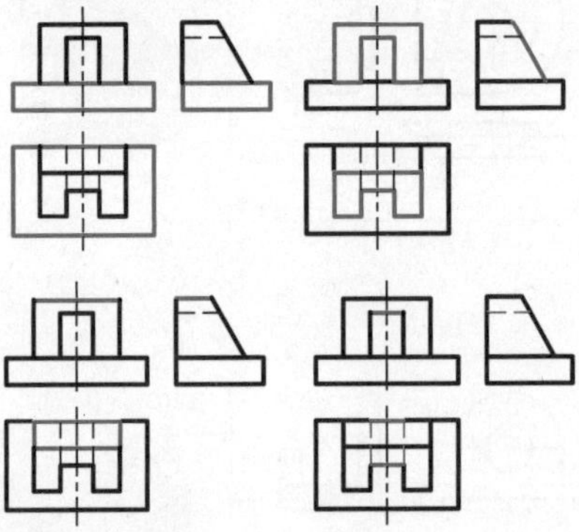
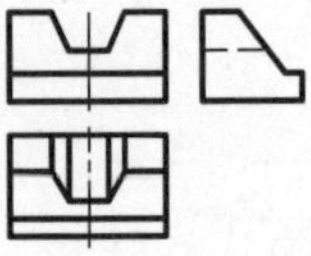		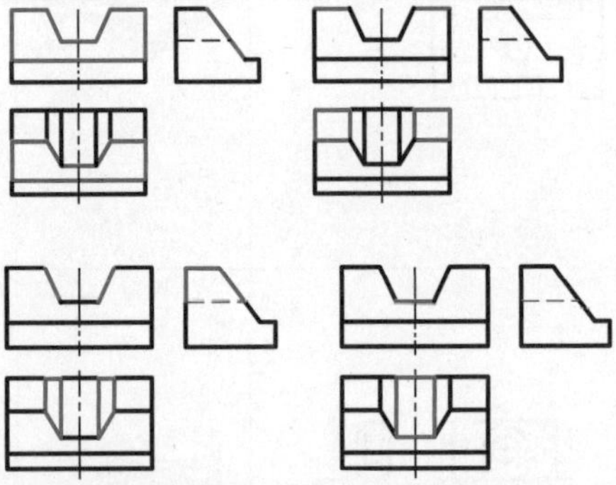
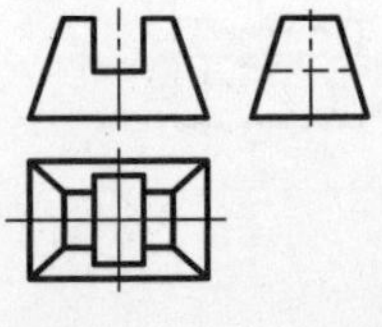	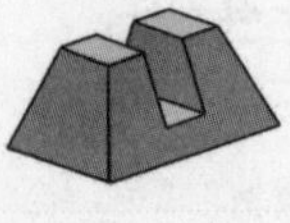	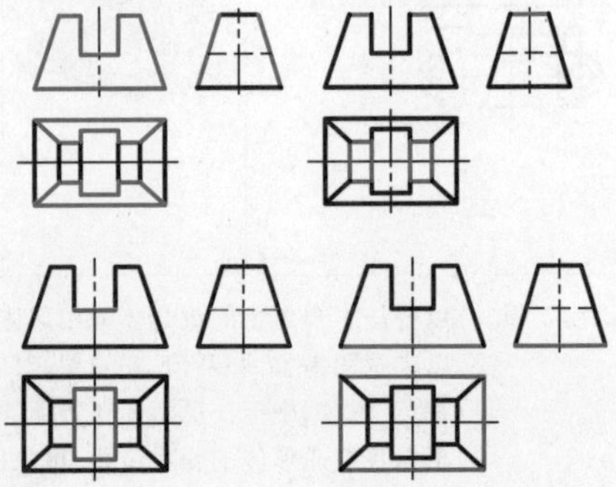

（续）

三　视　图	立体图	形体上各面三视图对应关系
	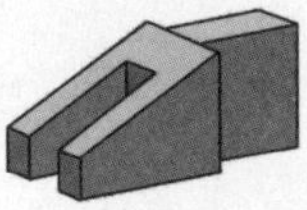	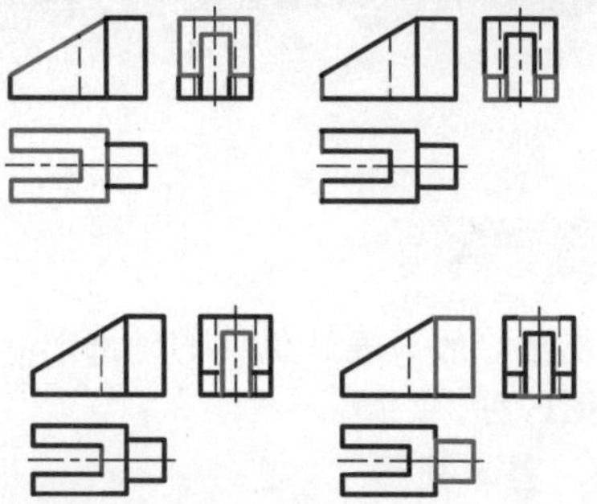

识读要领：1）以切割为主的形体形状不易想象，一般用线面分析法识读

2）首先根据三视图的外形分析出切割前的基本形体，然后在三视图中判断切割位置和切割形体

3）视图中倾斜线对应另两个视图为类似线框，则线框的形状即是空间平面的类似形状

4）形体中与投影面平行的平面，其三视图对应为两视图是直线段，另一个视图是平面真形

5）按各面的形状和相对位置，想象出形体的形状

第3章 机件的表达方法

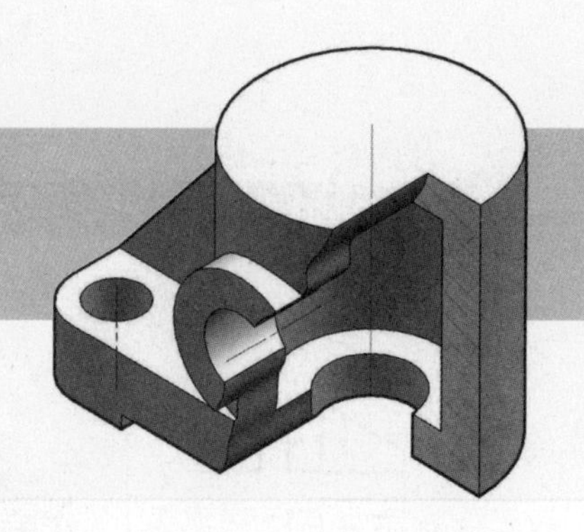

3.1 视图

视图一般只表达机件的外部形状。视图分为基本视图、向视图、局部视图、斜视图四种。

3.1.1 基本视图

国家标准《机械制图》中规定，采用正六面体的六个面作为基本投影面。如图 3-1a 所示。将工件放正六面体中，由前、后、左、右、上、下六个方向，

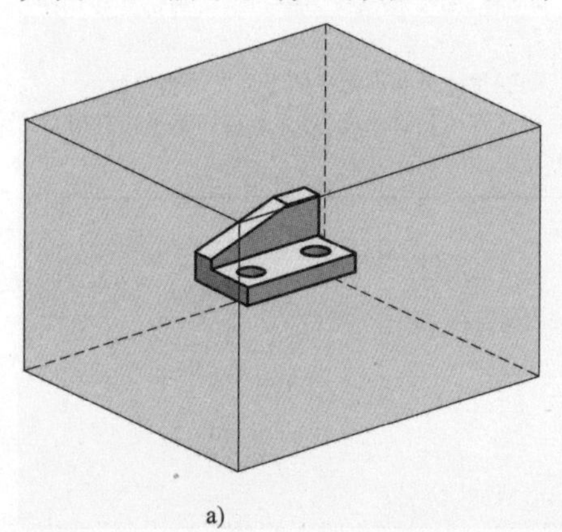

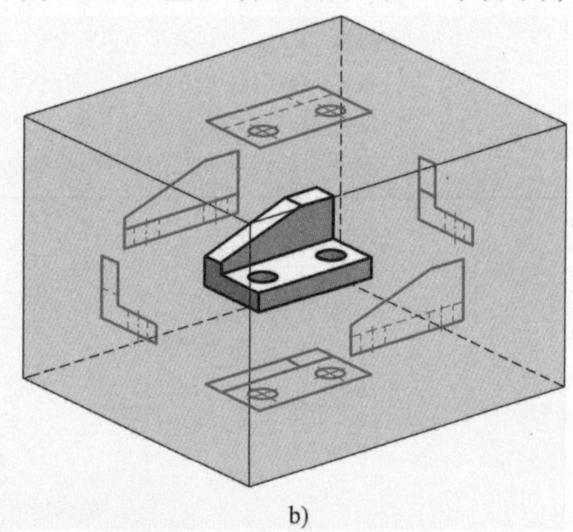

a)　　b)

图 3-1　六个基本投影面及视图

分别向六个基本投影面投射，得到六个基本视图，如图 3-1b 所示。

六个基本视图的名称是：主视图、俯视图、左视图、后视图、仰视图、右视图。投影面的展开，如图 3-2 所示。

六个基本投影面展开后，六个基本视图按图 3-3 所示配置时，不需标注视图的名称。

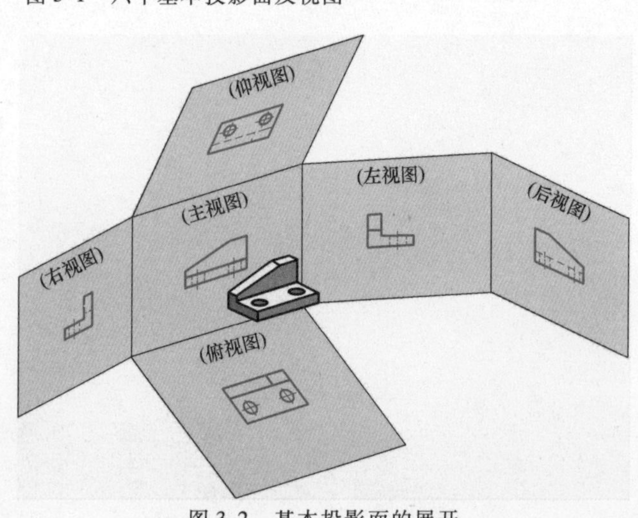

图 3-2　基本投影面的展开

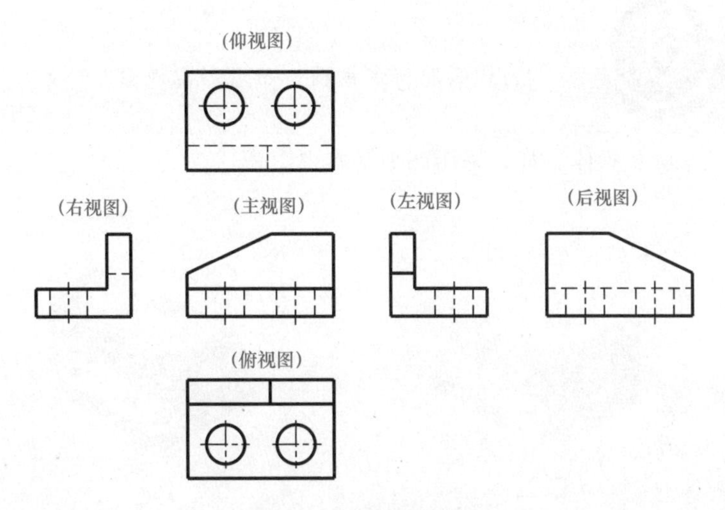

图 3-3 基本视图的配置

六个基本视图仍然保持“长对正、高平齐、宽相等”的投影规律。视图主要表达机件的外部形状，因此，内部结构已经表示清楚时，在其他视图中可以省略不画。

基本视图在实际应用时，应根据工件的结构形状特点、复杂程度，选择必要的视图数量。

如图 3-4 所示支架零件，采用三个基本视图表达。

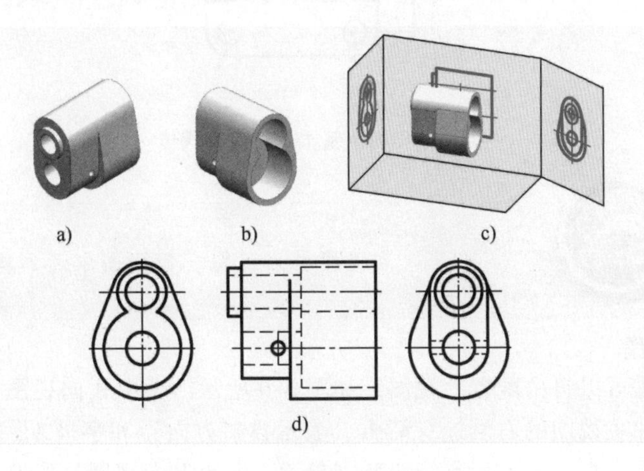

图 3-4 三个基本视图表达支架

为什么取消俯视图，而增加右视图？

如图 3-5 所示阀体零件，采用四个基本视图表达。

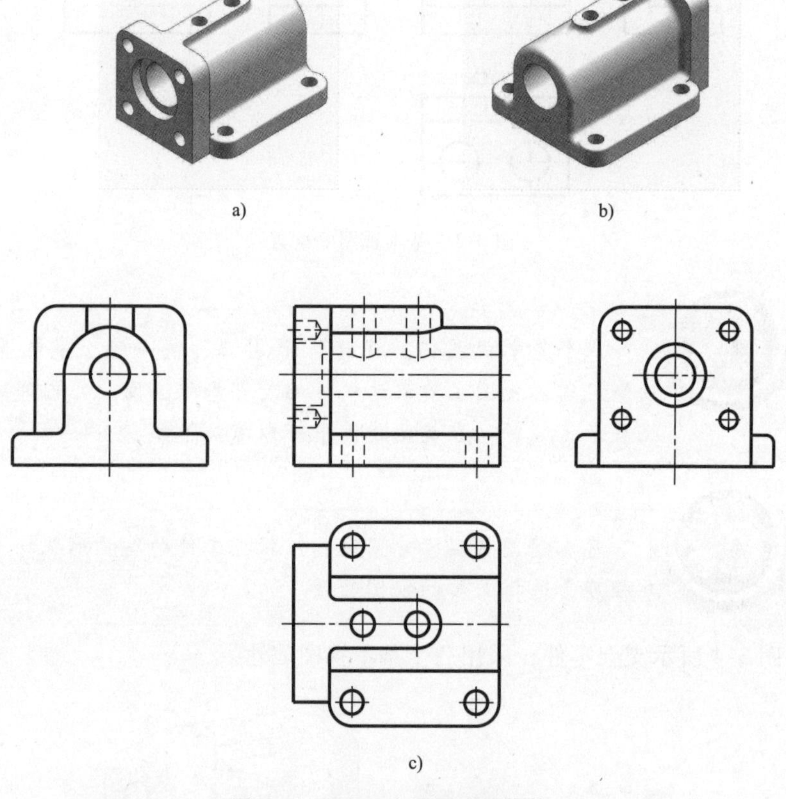

图 3-5　四个基本视图表达阀体

为什么左视图、右视图、俯视图中没画虚线？

3.1.2　向视图

向视图是可以自由配置的视图，如图 3-6 所示。图中 A 向视图、B 向视图均为向视图。在主视图的右侧标有箭头（表示投射方向）和字母 A，表示 A 向视图是右视图；在主视图下方标有箭头和字母 B，表示 B 向视图是仰视图。

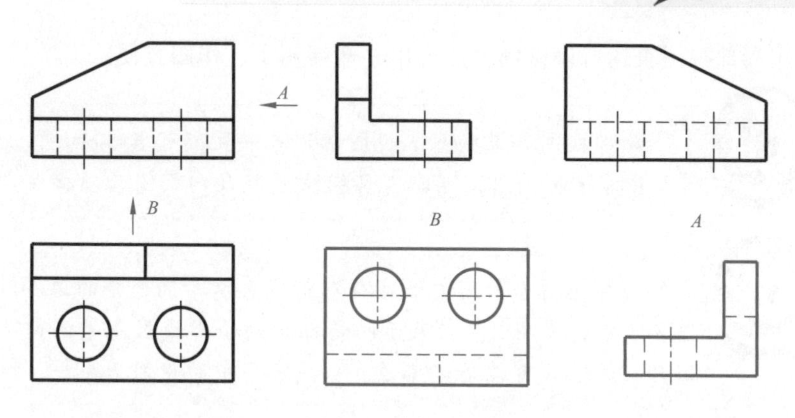

图 3-6　向视图

提示：向视图是基本视图的一种表达形式，其主要差别在于视图的配置不同。

3.1.3　局部视图

局部视图是将物体的某一部分向基本投影面投射所得到的视图。

如图 3-7 所示，支座采用主、俯两个基本视图，表达了底板和圆柱筒的结构形状、左侧 U 形柱和右侧腰形板的位置及板的厚度。左右两侧的 U 形和腰形结构如果采用左、右视图表达，工件底板和圆柱筒的结构与主视图表达重复，增加了画图工作量。所以对左、右结构采用 *A* 向局部视图和 *B* 向局部视图较好。由

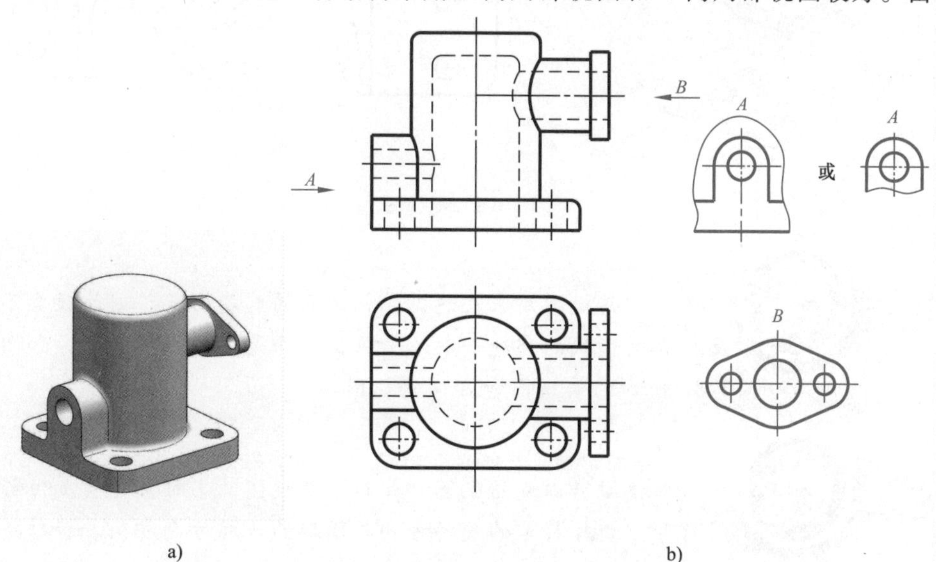

图 3-7　用两个基本视图和两个局部视图表达支座

此可见，用局部视图表达可以做到重点突出，清晰明了，作图方便。

局部视图如果按基本视图的形式配置，可省略标注。如图3-7中的*A*向视图，可以省略标注，而*B*向视图必须标注。

局部视图一般用波浪线或双折线表示断裂部分的边界，如图3-7中的视图*A*。当表示的局部结构轮廓线呈完整的封闭图形时，波浪线可以省略不画，如图3-7中的视图*B*。

*A*向和*B*向局部视图与左、右视图有何区别？

3.1.4　斜视图

斜视图是物体向不平行于基本投影面的平面投射所得的视图。

如图3-8b所示的视图*A*即是斜视图。

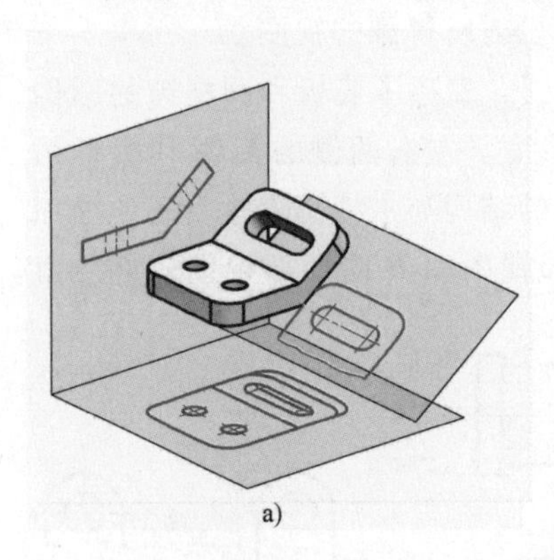

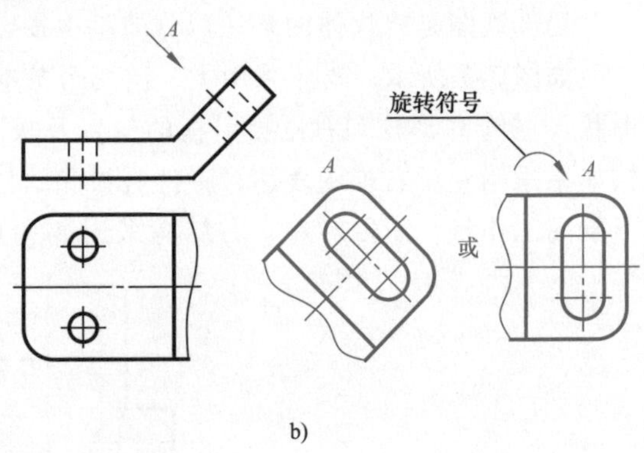

图3-8　斜视图

通常斜视图用来表达工件倾斜面的真实形状，因此投影不反映真实形状的部分一般不必画出，而是用波浪线断开，如图3-8b所示的俯视图和*A*向斜视图。

斜视图可以旋转配置。此时，斜视图的名称旁边要加注旋转符号，旋转符号的旋转方向与图形的旋转方向相同。旋转符号的箭头要指向字母一侧。

3.1.5 识读视图的表达方法（表 3-1）

表 3-1 识读各种视图的表达方法

立体图	视图的表达方法	表达说明
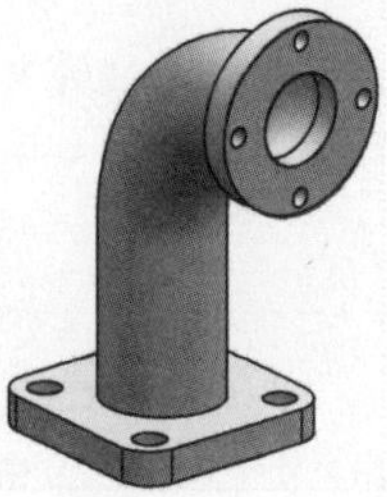	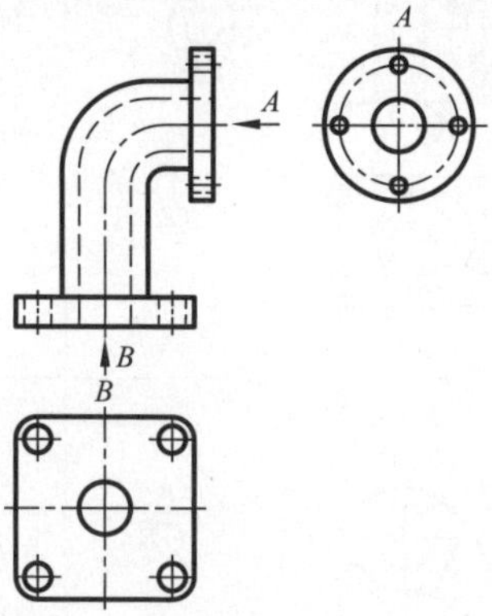	1）主视图为基本视图，表达弯管角度及圆板和方板的厚度 2）*A* 向为局部视图，表达圆板的形状及小孔的位置 3）*B* 向为局部视图，表达方板的形状及小孔的位置
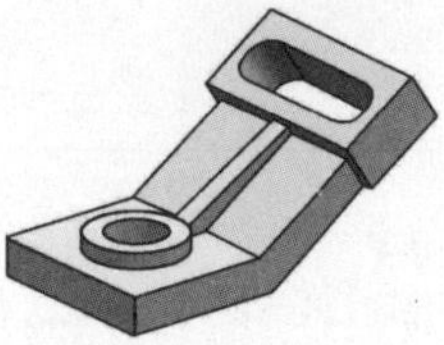	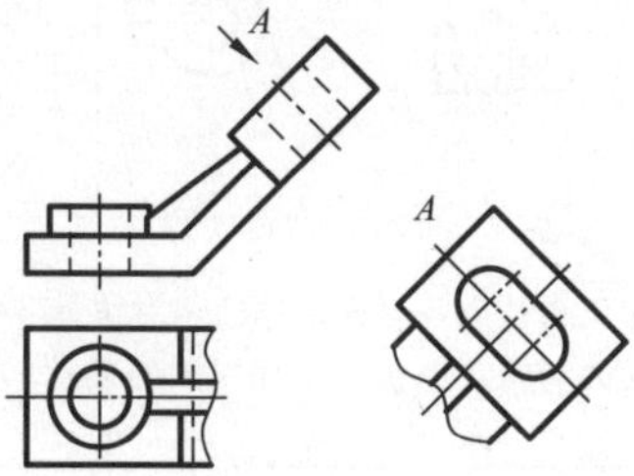	1）主视图为基本视图，表达各结构的相对位置及厚度尺寸 2）俯视图位置为局部视图，倾斜部分断开不画 3）*A* 向视图为斜视图，表达斜面板和板上孔的形状
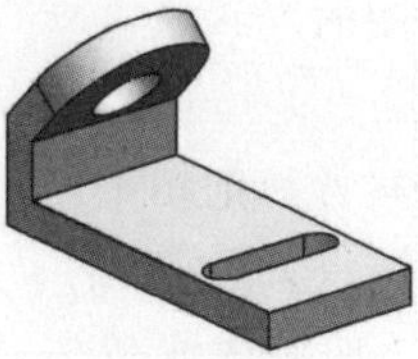	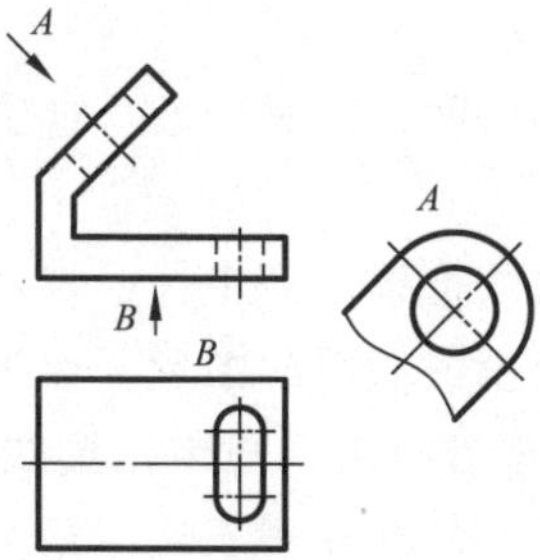	1）主视图为基本视图，表达三块板的相对位置及板的厚度 2）俯视图位置为局部视图，表达了水平板及孔的形状 3）*A* 向视图为斜视图，表达了斜面板的形状
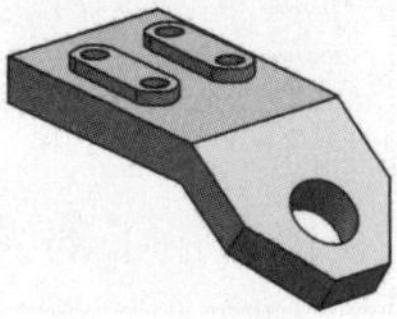	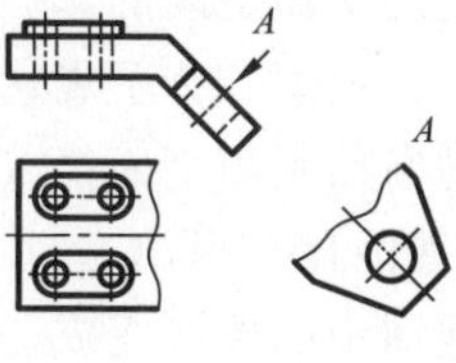	1）主视图位置为基本视图，表达各结构的相对位置及其厚度 2）俯视图位置为局部视图，表达了水平板及上面凸台的形状和位置 3）*A* 向斜视图表达了斜面板的形状

（续）

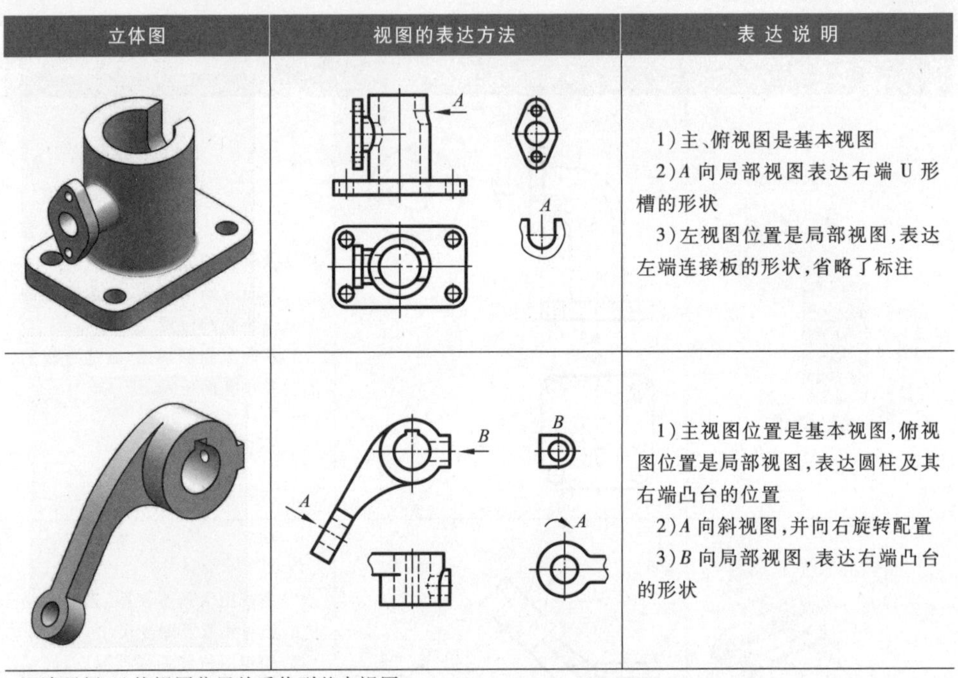

立体图	视图的表达方法	表达说明
		1)主、俯视图是基本视图 2)*A* 向局部视图表达右端 U 形槽的形状 3)左视图位置是局部视图,表达左端连接板的形状,省略了标注
		1)主视图位置是基本视图,俯视图位置是局部视图,表达圆柱及其右端凸台的位置 2)*A* 向斜视图,并向右旋转配置 3)*B* 向局部视图,表达右端凸台的形状

识读要领:1)按视图位置关系找到基本视图

2)按投影特点读懂基本视图所表达的各组成形体的相对位置和结构形状

3)对基本视图没有表达清楚的结构对应找出其他视图的表达(局部视图、斜视图)并读懂这些结构的形状

3.2 剖视图

为了清楚地表示物体的内部形状，国家标准规定了剖视图的表示法。

3.2.1 剖视图的概念

假想用剖切平面在工件适当的位置剖开工件，将处于观察者和剖切平面之间的部分移去，余下部分向投影面投射所得的图形，称为剖视图（简称剖视）。

如图 3-9b 所示，工件的内部结构在视图中用虚线表示，如果虚线较多，视图表达就不清楚。为了将工件内部的孔和槽表达清楚，使这些结构的轮廓线用实线表达，如图 3-9c 所示。假想用一个平行正面且通过工件对称中心平面的剖切平面将工件剖开，移去观察者和剖切平面之间的部分，然后再将工件其余部分向正立投影面投射，所得的图形就是剖视图。为了表达清楚，国家标准规定，在剖视图中，把剖切平面与工件接触的断面画出剖面线（图中的斜线）。

如图 3-9d 所示，将视图与剖视图比较可以看到，由于主视图采用了剖视图的画法，原来不可见的孔、槽由视图中的虚线变成了剖视图中的粗实线。在剖视图中，将断面部分用剖面符号表示，使物体内部空与实的关系层次分明，更加清晰。

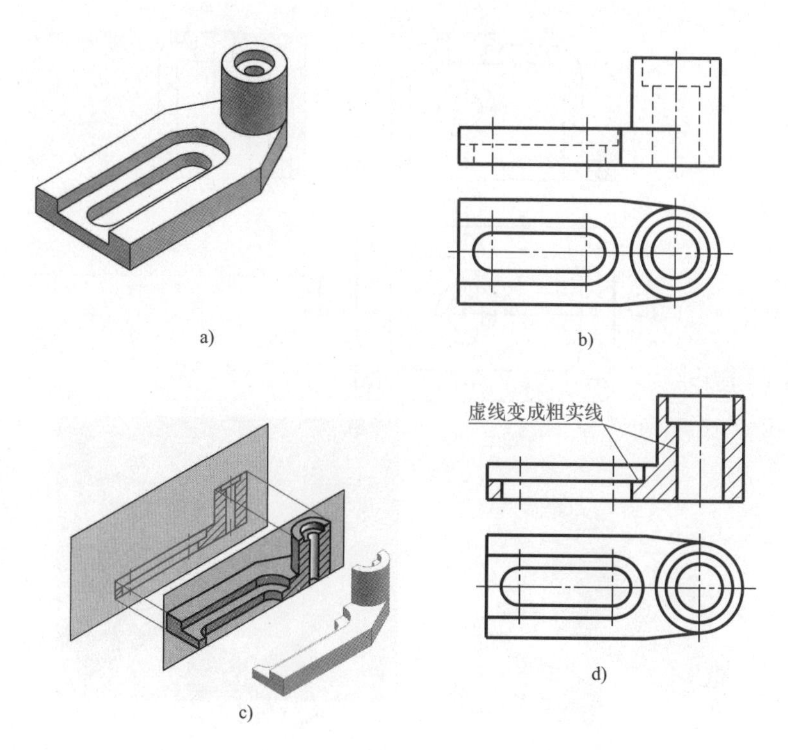

图 3-9 剖视图的形成

3.2.2 剖视图的种类

按剖开工件的范围多少，可将剖视图分为全剖视图、半剖视图和局部剖视图三大类。

1. 全剖视图

用一个或多个剖切平面完全地将工件剖开所得的剖视图称为全剖视图，简称全剖。

（1）用单一剖切平面剖切　用一个平行或垂直于基本投影面的剖切平面剖开工件后得到的剖视图，如图 3-10 所示。

图 3-10a 中所示的 *A—A* 剖视图是通过工件的对称中心平面，平行于正立投影面剖切所得，主要表达工件的内腔形状及壁厚、内部凸台的形状及位置。*B—B* 剖视图是通过工件各孔的轴线，并平行于侧面剖切所得，主要表达壁厚、凸台及各孔的结构形状。通常剖切平面通过工件的对称中心面，剖视图按投影位置配置时，可以省略标注。例如图 3-10*A—A* 剖视图可以省略标注，*B—B* 剖视图不可省略标注。

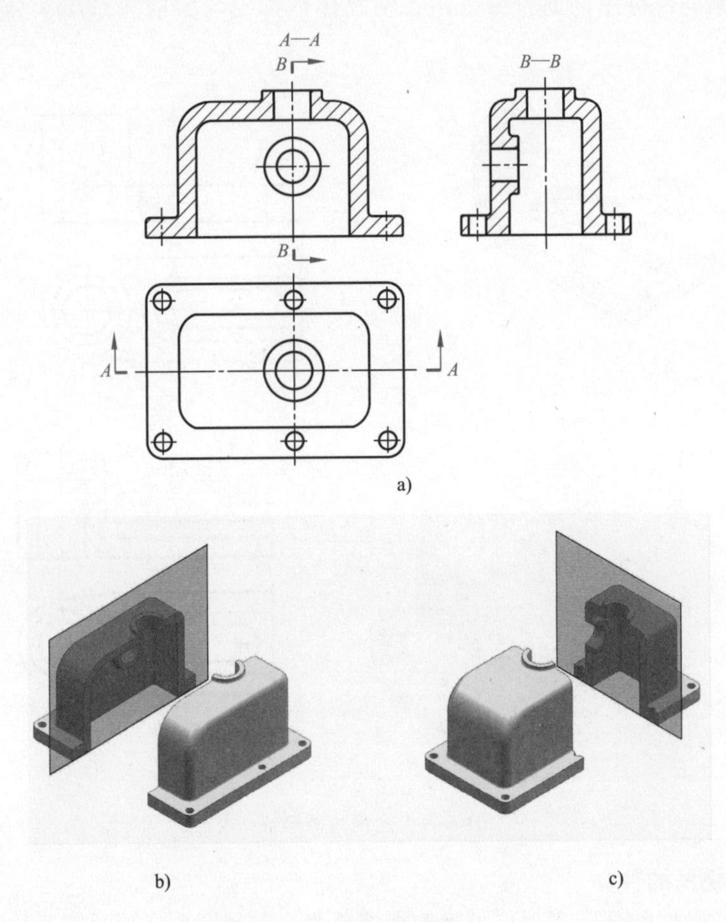

图 3-10　全剖视图示例（一）

提示：剖切位置用粗短线表示，投影方向用箭头表示，剖视图与剖切位置用相应的字母表示。

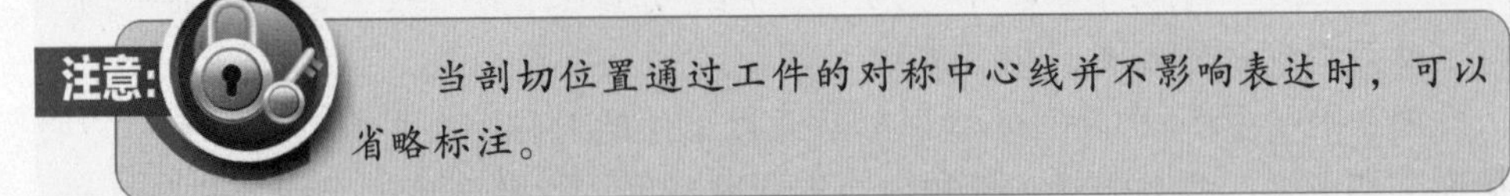

注意：当剖切位置通过工件的对称中心线并不影响表达时，可以省略标注。

（2）用几个互相平行的剖切平面剖切　用两个或多个互相平行的剖切平面剖开工件后画出的剖视图，如图 3-11 所示。从剖视图本身看不出是几个平面剖切的，需从剖切位置的标注去分析，根据该图的标注可以看出是由三个互相平行的剖切平面剖切而成。

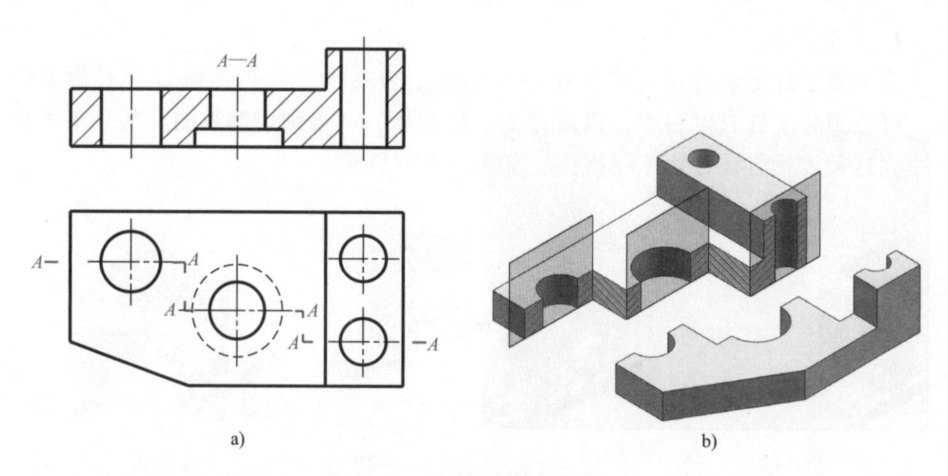

图 3-11　全剖视图示例（二）

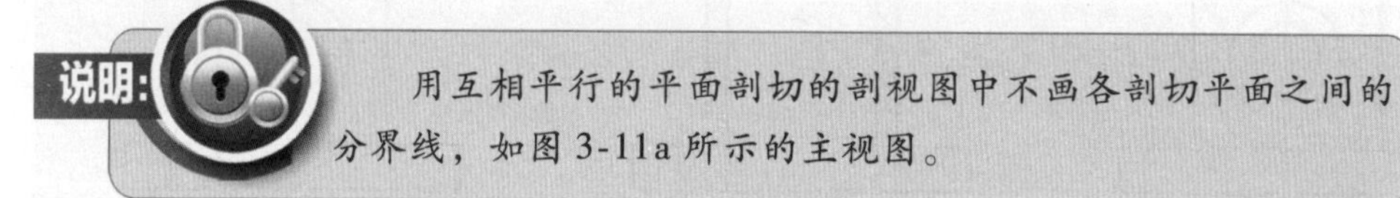
说明：

用互相平行的平面剖切的剖视图中不画各剖切平面之间的分界线，如图 3-11a 所示的主视图。

（3）用几个相交的剖切平面剖切　用几个相交的剖切平面（其交线垂直于某一投影面）剖开工件后所得的剖视图，如图 3-12 所示，是由两个垂直于正面的相交剖切平面剖切而成。

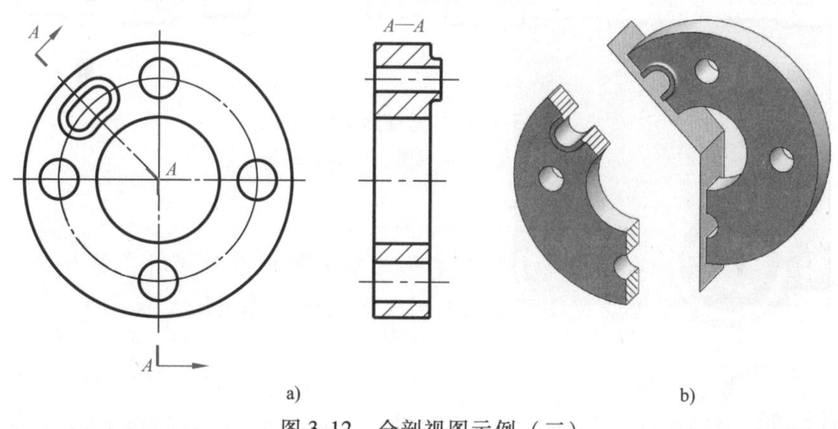

图 3-12　全剖视图示例（三）

提示：

用相交的剖切平面剖切的工件通常是回转体，两相交平面的交线是工件的回转轴线，不平行于投影面的剖切平面可以假想旋转。

2. 半剖视图

为了将工件的内外结构形状在一个视图上表达出来，当物体具有对称平面时，可假想将工件只剖一半，以对称中心线为界，一半画成剖视图，另一半画成视图，这种表达方法称为半剖视图，如图 3-13c 所示。

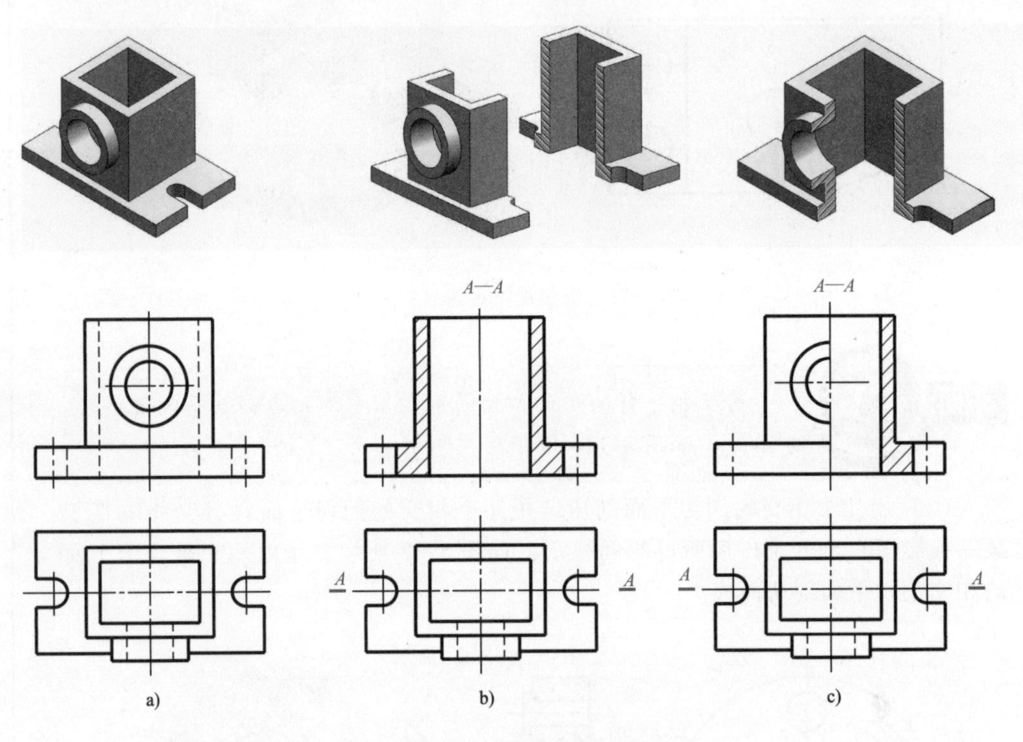

图 3-13　半剖视图示例

a）视图　b）全剖视图　c）半剖视图

图 3-13a 用主俯两基本视图表达工件，为什么不理想。图 3-13b 用全剖视图表达工件为什么不正确。

物体形状必须内外都是对称的，才能采用半剖视图。

半剖视图中表达内外结构的分界是工件的对称中心线，而不是粗实线。半剖视图的标注与全剖视图的标注相同。

3. 局部剖视图

用剖切平面局部地剖开物体所画的剖视图，称为局部剖视图，如图 3-14b 所示。

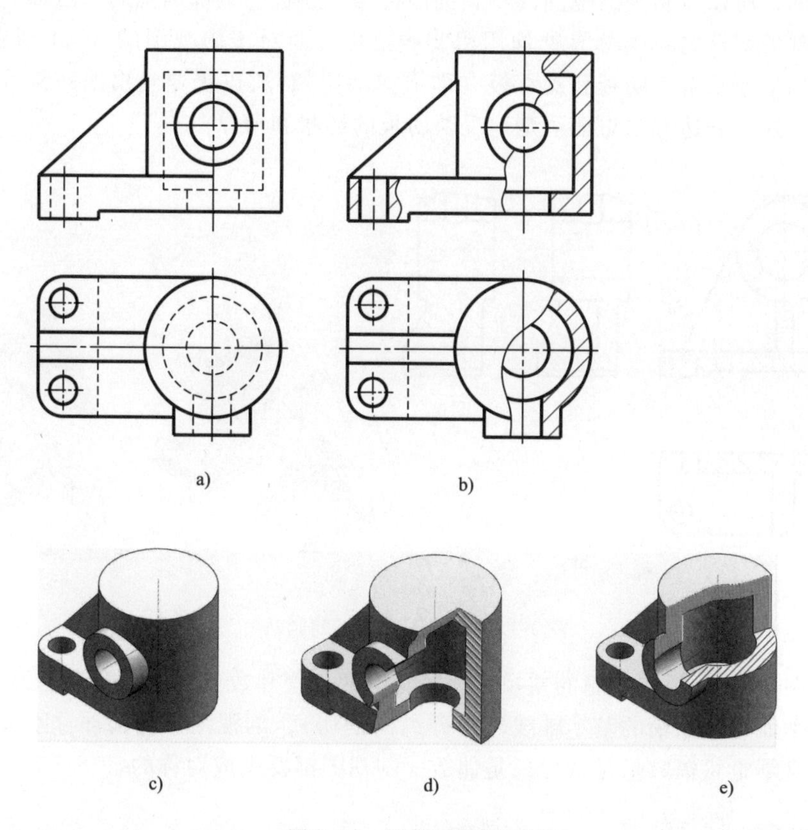

图 3-14　局部剖视图示例

局部剖视图以波浪线作为被剖切部分与未剖切部分的分界线，并且不能与其他图线重合。局部剖视图在表达清晰的情况下，一般省略标注。

图 3-14 中的主视图能不能用全剖视图或半剖视图表达？为什么？

3.2.3　剖视图中肋板和辐板的画法

国家标准规定，画各种剖视图时，对于工件上的肋板、辐板及薄壁等，若按纵向通过这些结构的对称剖切面剖切时（即纵向剖切），这些结构都不画剖面符号，而用粗实线将它们与邻接部分分开。

如图 3-15 所示的轴承架，当左视图全剖时，剖切平面通过中间肋板的纵向对称平面，所以在肋板的范围内不画剖面符号。肋板与上部的圆筒、后部的支承板、下部的底板之间的分界处均用粗实线绘出。而对于俯视图的 *A*—*A* 剖视图，因为剖切平面垂直于肋板和支承板（即横向剖切），所以仍要画出剖面符号。由此可见，这种表达方法更能清楚地反映肋板的形状和薄厚。

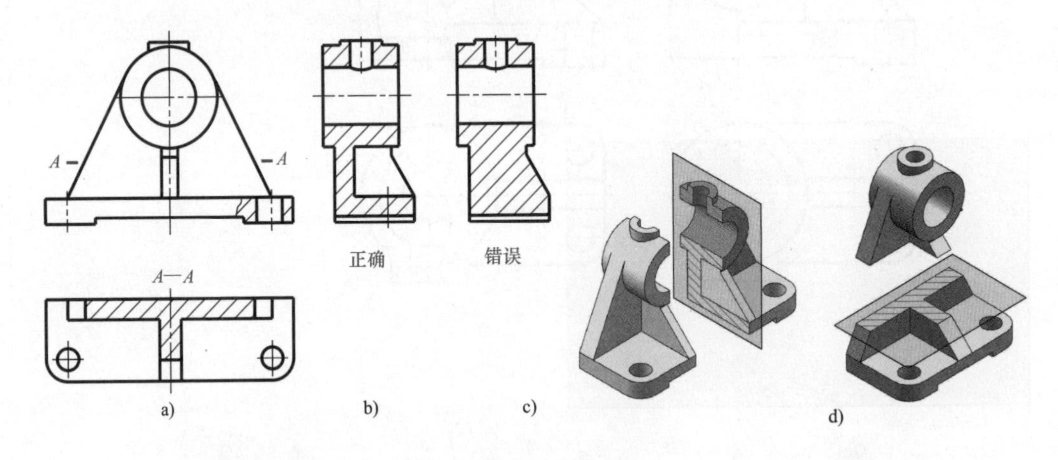

图 3-15　剖视图中肋板的画法

如图 3-16 所示，手轮的左视图反映轮辐的位置和数量，主视图为全剖视图。当剖切平面通过轮辐的基本轴线时（即纵向剖切），剖视图中轮辐部分不画剖面符号，且不论轮辐数量是奇数还是偶数，剖视图都要画成对称的。

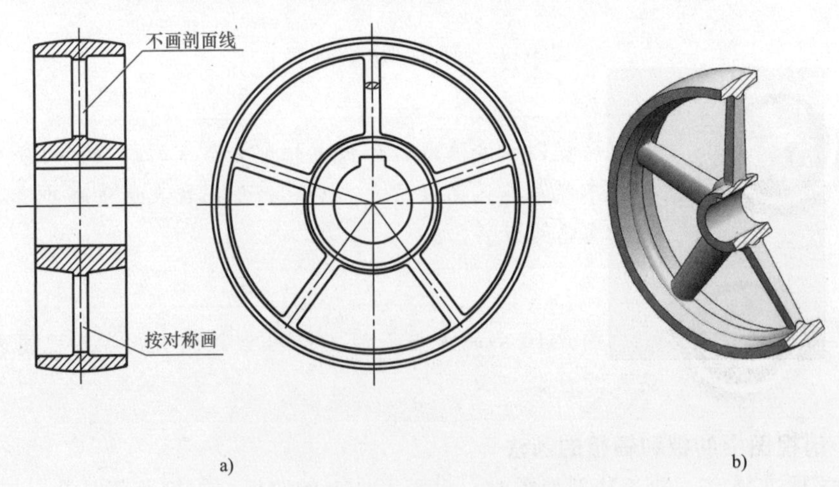

图 3-16　剖视图中轮辐的画法

3.2.4 识读剖视图（表 3-2）

表 3-2 识读各种剖视图的表达方法

立 体 图	剖视图的表达方法	识 读 分 析
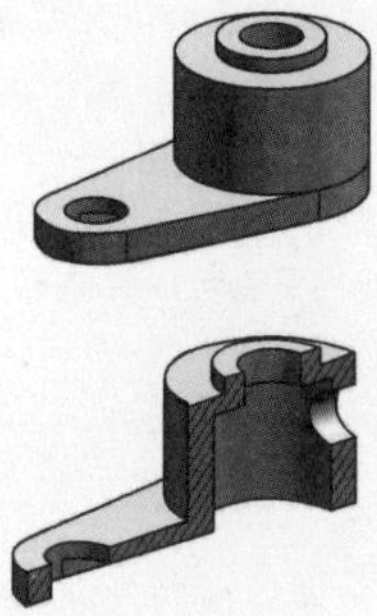	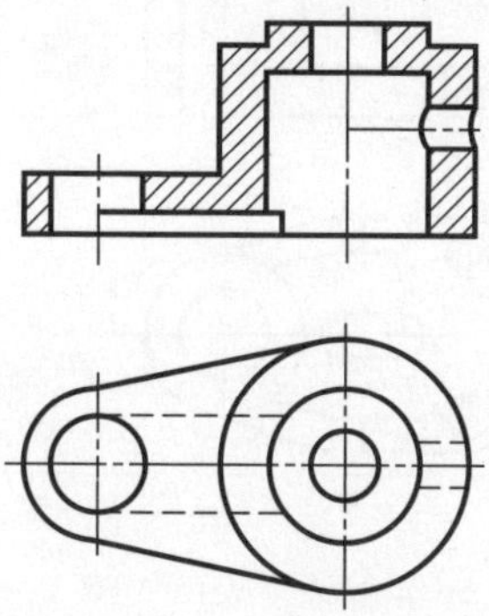	1)主视图全剖,为什么没有标注?剖切位置在哪里? 2)俯视图左边虚线不画是否可以?为什么? 3)右侧圆孔根据这两个视图是否能表达清楚?用不用再增加视图?
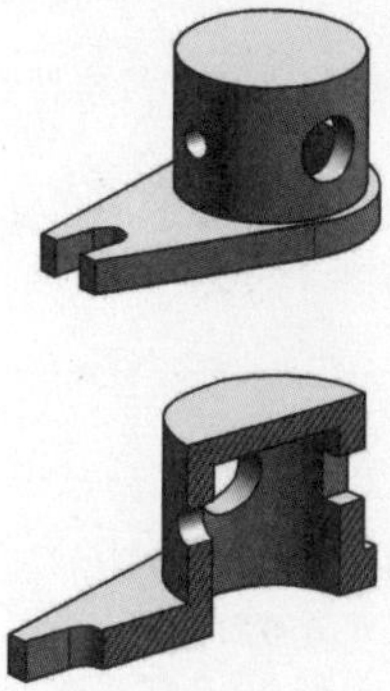	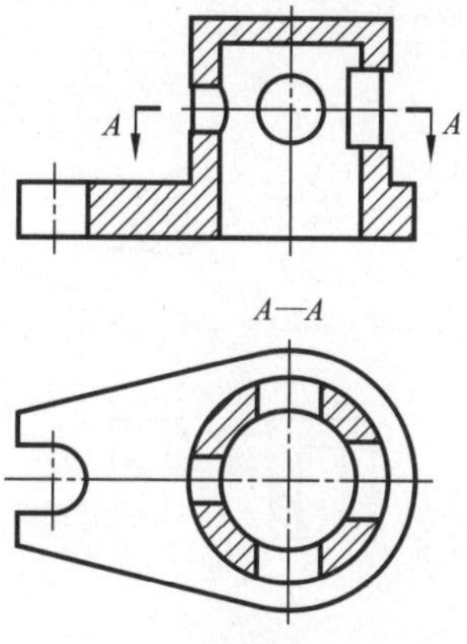 A—A	1)主视图全剖,俯视图全剖 2)为什么主视图没有标注?俯视图为什么有标注? 3)左侧圆孔根据这两个视图是否能表达清楚?为什么? 4)右侧方孔根据这两个视图是否能表达清楚?为什么?
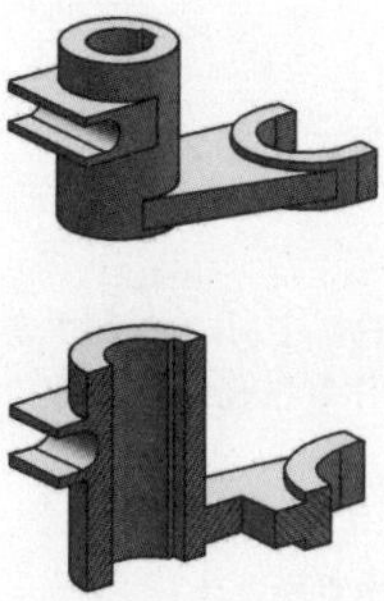	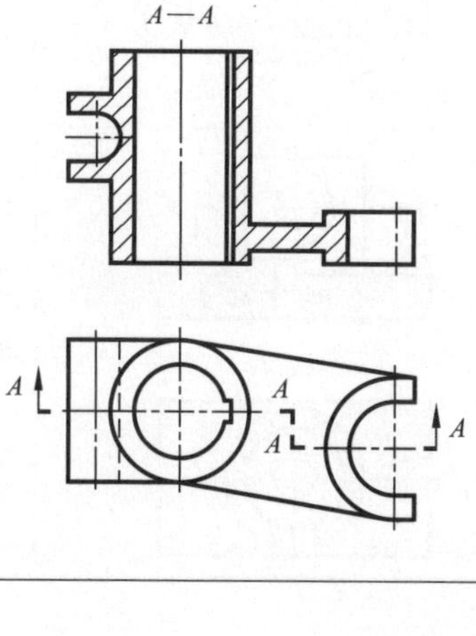 A—A	1)主视图全剖,剖切位置在哪里? 2)主视图是用几个剖切平面剖切的?为什么不用一个剖切平面剖切? 3)剖视图是否可以省略标注?为什么?

（续）

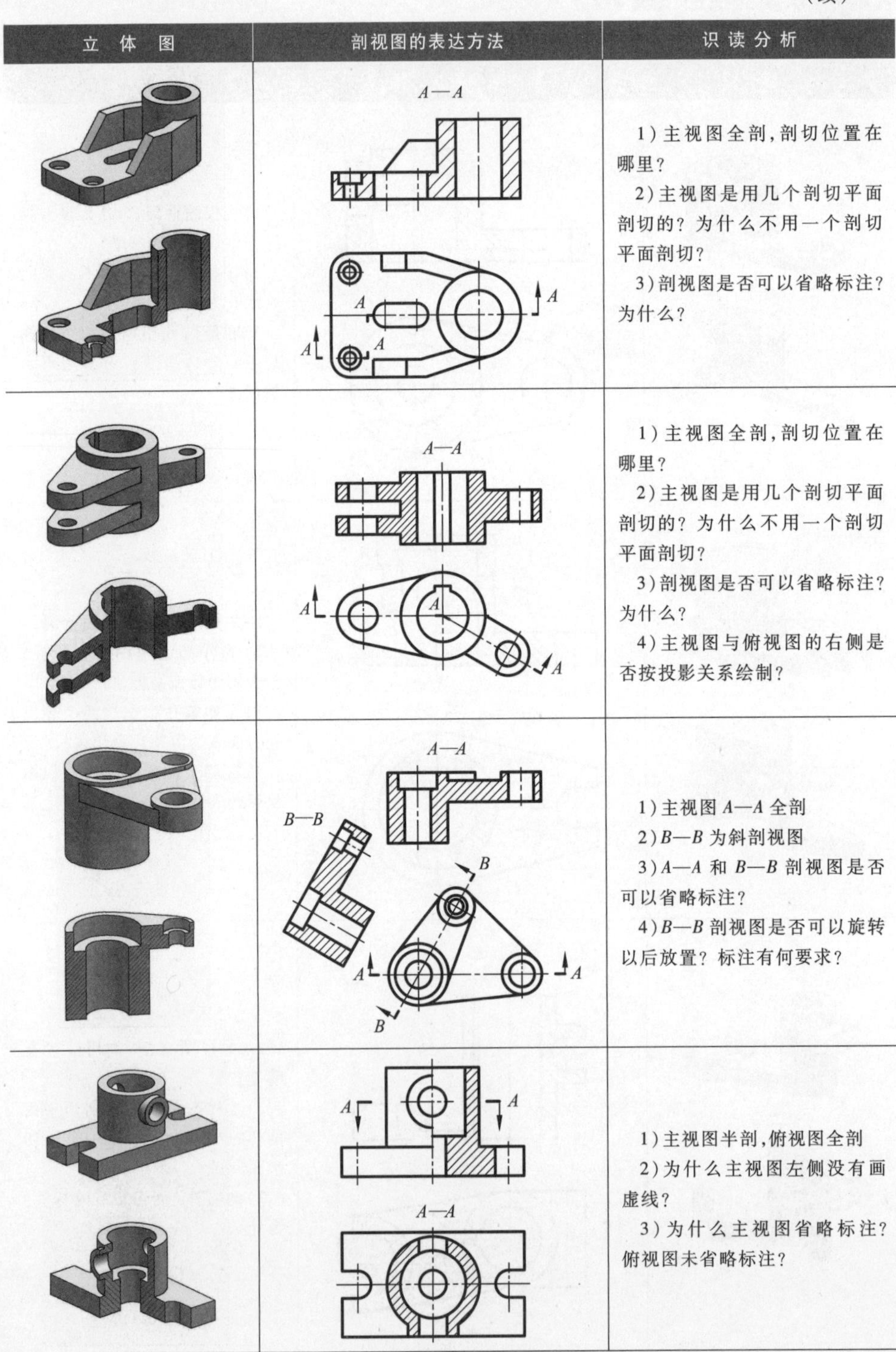

立　体　图	剖视图的表达方法	识读分析
		1）主视图全剖，剖切位置在哪里？ 2）主视图是用几个剖切平面剖切的？为什么不用一个剖切平面剖切？ 3）剖视图是否可以省略标注？为什么？
		1）主视图全剖，剖切位置在哪里？ 2）主视图是用几个剖切平面剖切的？为什么不用一个剖切平面剖切？ 3）剖视图是否可以省略标注？为什么？ 4）主视图与俯视图的右侧是否按投影关系绘制？
		1）主视图 *A—A* 全剖 2）*B—B* 为斜剖视图 3）*A—A* 和 *B—B* 剖视图是否可以省略标注？ 4）*B—B* 剖视图是否可以旋转以后放置？标注有何要求？
		1）主视图半剖，俯视图全剖 2）为什么主视图左侧没有画虚线？ 3）为什么主视图省略标注？俯视图未省略标注？

（续）

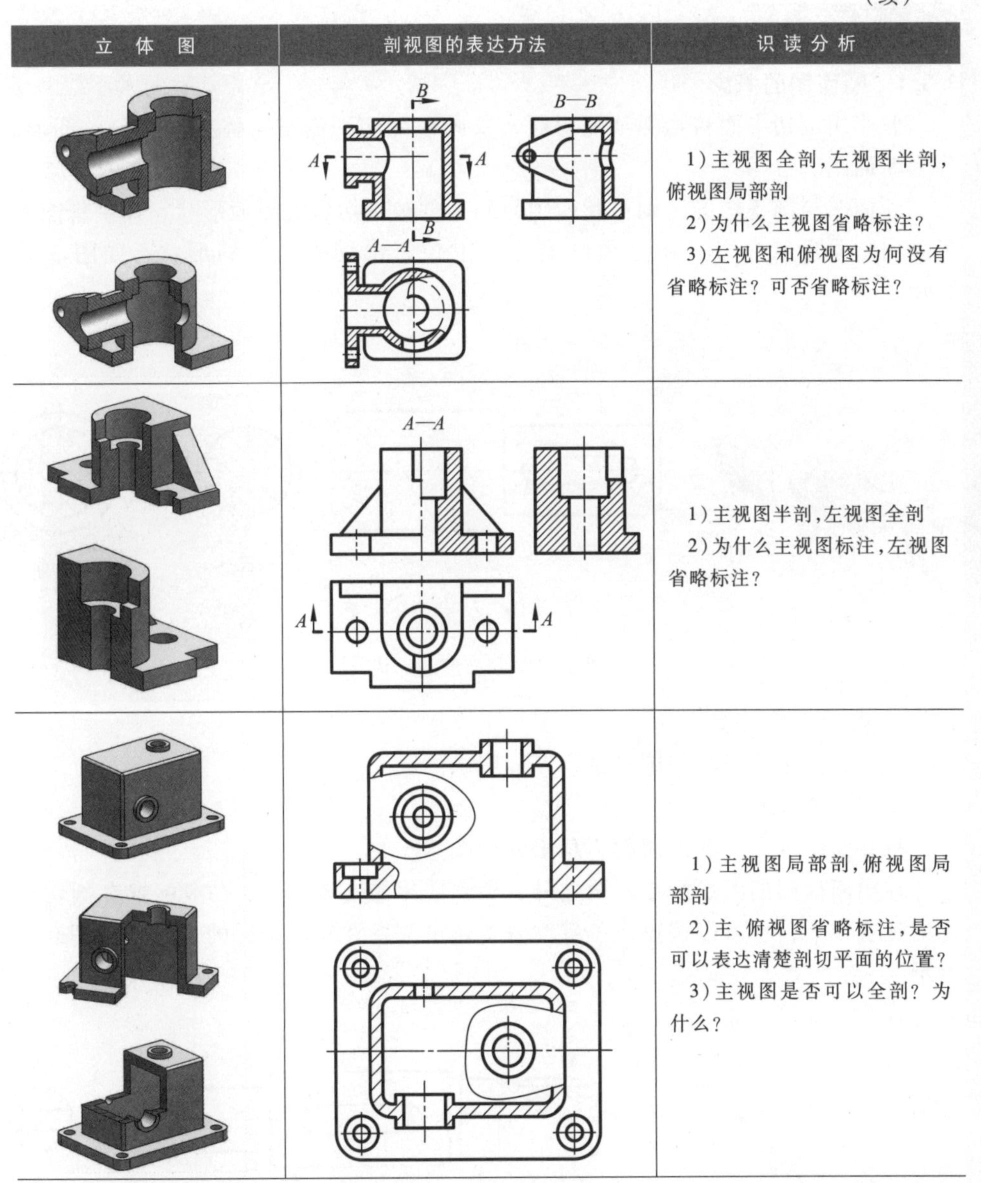

立 体 图	剖视图的表达方法	识 读 分 析
		1）主视图全剖，左视图半剖，俯视图局部剖 2）为什么主视图省略标注？ 3）左视图和俯视图为何没有省略标注？可否省略标注？
		1）主视图半剖，左视图全剖 2）为什么主视图标注，左视图省略标注？
		1）主视图局部剖，俯视图局部剖 2）主、俯视图省略标注，是否可以表达清楚剖切平面的位置？ 3）主视图是否可以全剖？为什么？

识读要领：1）按视图位置关系找到基本视图（包括剖视图）

2）根据视图的剖面线确定哪一个视图是剖视图

3）通过标注找到剖切位置。通常单一剖切平面通过对称中心平面剖切时可以省略标注，局部剖视图剖切位置明显的可以省略标注，半剖与全剖标注相同

4）剖视图中画剖面线的线框是工件实体部分，不画剖面线的部分是内部的空腔部分

5）全剖视图通常外形简单，主要表示内部形状；半剖视图通常形体对称内外都需要表达；局部剖视图通常形体不对称，内外都需要表达

3.3 断面图

3.3.1 断面图的概念

假想用剖切平面将物体某处切断，仅画出剖切平面与物体接触部分的图形，称为断面图。

断面图与剖视图的区别：断面图只画工件被剖切后的断面形状，而剖视图除了画出断面形状之外，还必须画出工件上位于剖切平面后的形状，如图 3-17 所示。

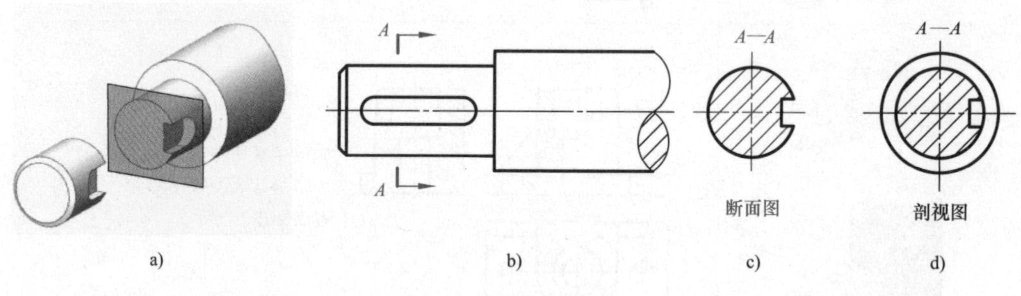

图 3-17　断面图的形成

3.3.2 断面图的种类

断面图分为移出断面图和重合断面图。

1. 移出断面图

将断面图画在视图外面称为移出断面图。

移出断面图的图形画在视图之外，轮廓线用粗实线绘制，一般配置在剖切位置的延长线上，也可以按投影位置配置，还可配置在其他合适的位置，如图3-18 所示 。

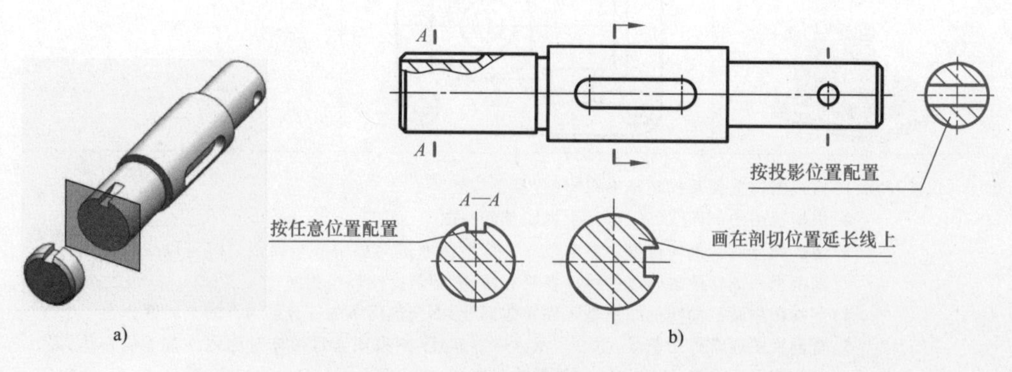

图 3-18　移出断面图（一）

断面图的标注与剖视图相同，当断面图画在剖切位置延长线上时，可以省略字母；当断面图形对称时，可以省略箭头；当断面图画在投影位置时，可以省略字母和箭头。

当断面图的图形对称时，也可画在视图的中断处，如图 3-19 所示 。

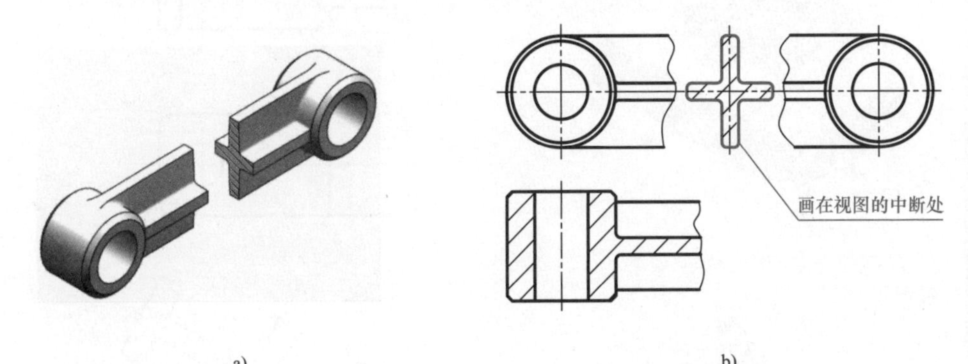

图 3-19 移出断面图（二）

剖切平面应与被剖切部分的主要轮廓线垂直，如图 3-20a、b 所示。由两个或多个相交的剖切平面剖切得到的移出断面图，中间一般应断开，如图 3-20c、d 所示。

当剖切平面通过回转体形成的孔或凹坑的轴线时，这些结构的断面图应按剖视图的规则绘制，如图 3-21 所示。

因剖切平面通过非圆孔，使断面图变成完全分离的两个图形时，则该结构也按剖视图处理，如图 3-22 所示。

2. 重合断面图

将断面图的图形画在视图之内称为重合断面图。一般当视图中图线不多，将断面图画在视图内不会影响其清晰程度时，可采用重合断面图。

重合断面图的轮廓线用细实线绘制，以便与视图中的轮廓线相区别。重合断面图画在剖切位置处，如图 3-23 所示。

当视图的轮廓线与断面图的轮廓线重叠时，视图轮廓线要完整画出，不得间断，如图 3-24 所示。

重合断面图形对称时，省略所有标注，如图 3-23 所示。重合断面图形不对称时，需要标注箭头，表示投射方向，如图 3-24 所示。

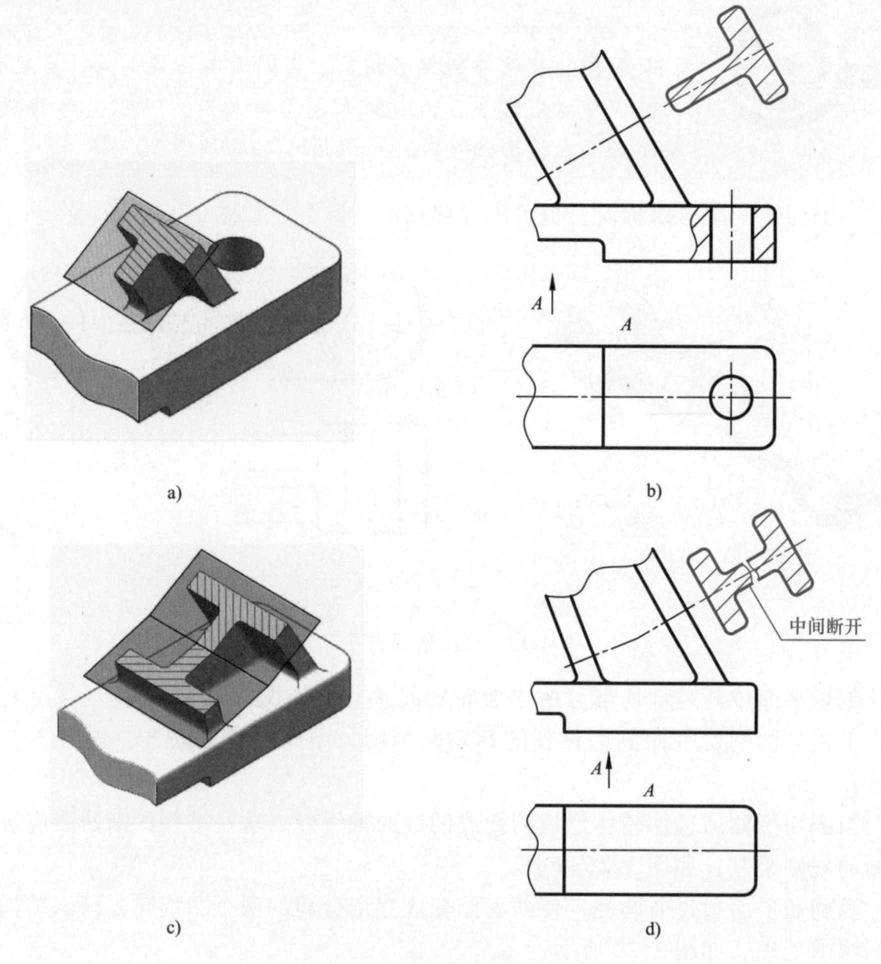

图 3-20　移出断面图（三）

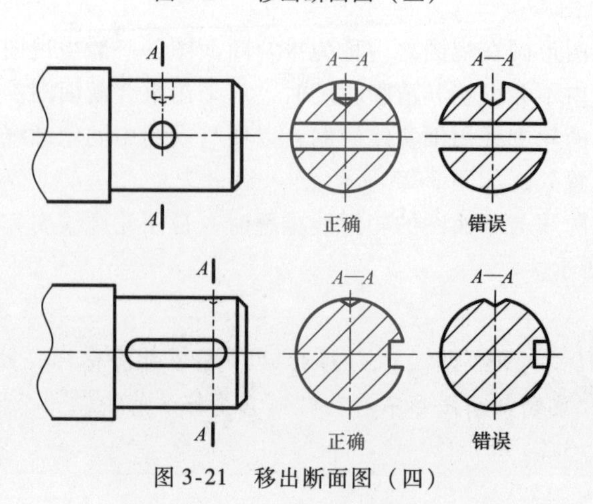

图 3-21　移出断面图（四）

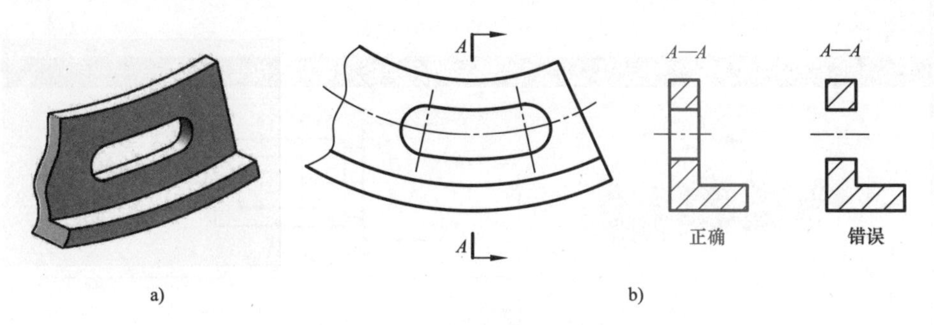

图 3-22　移出断面图（五）

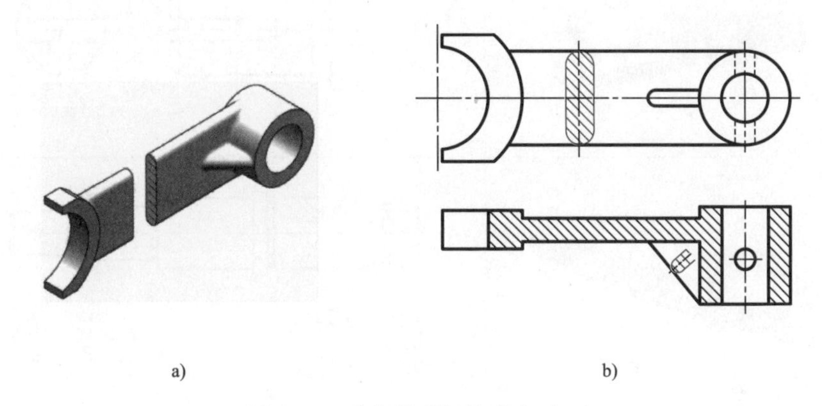

图 3-23　重合断面图的画法（一）

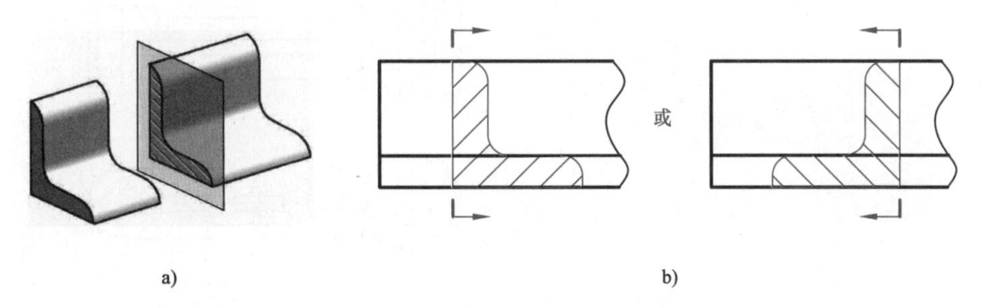

图 3-24　重合断面图的画法（二）

3.3.3　识读断面图（表 3-3）

表 3-3　识读断面图的表达方法

立体图	断面图的表达方法
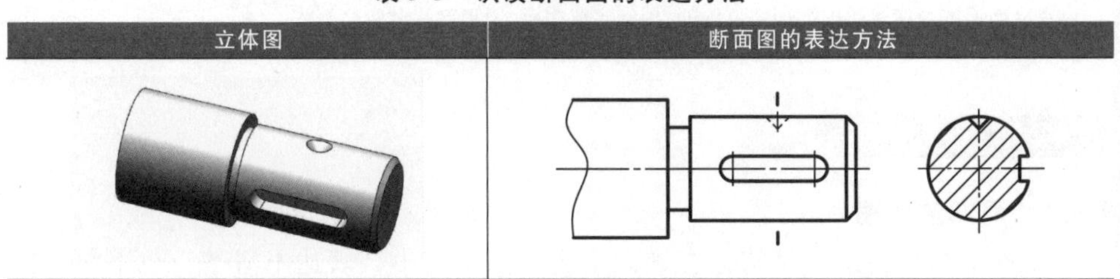	

（续）

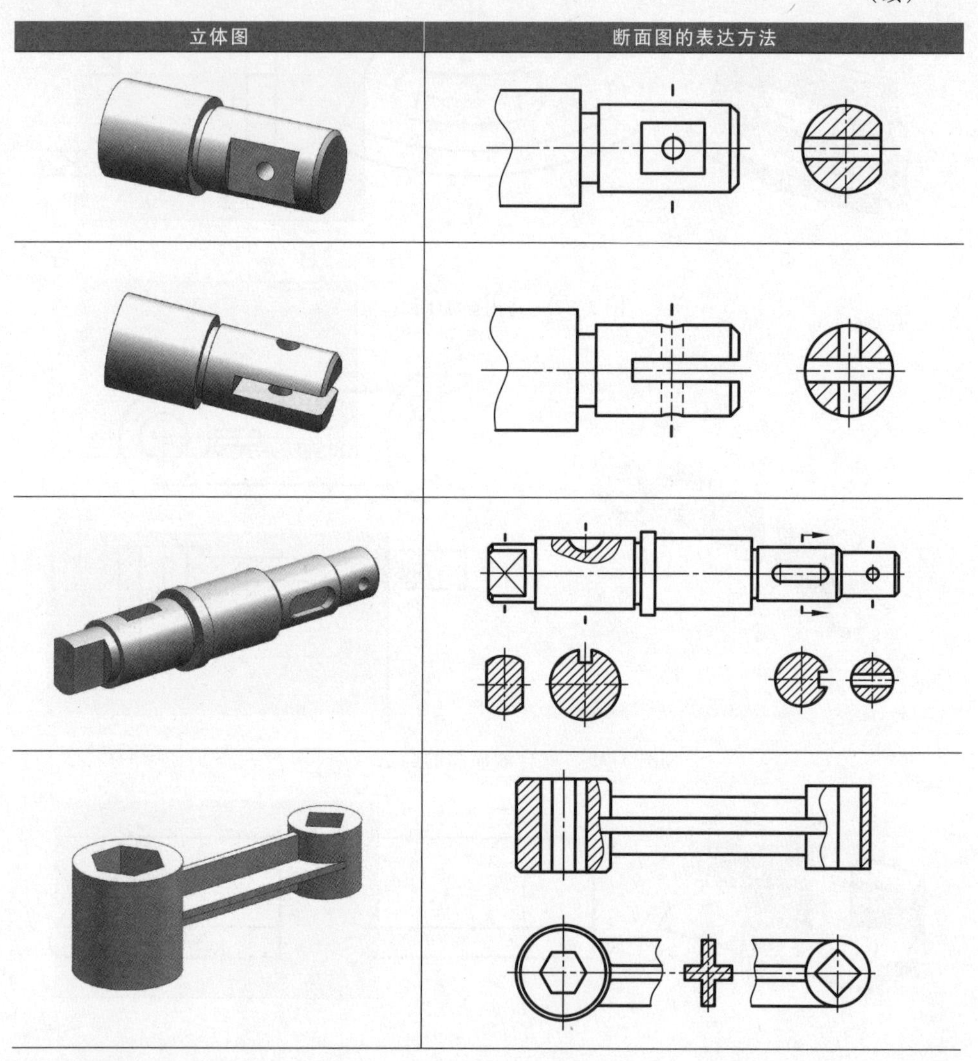

识读要领：

1）按视图位置关系找到基本视图

2）移出断面图画在基本视图之外，粗实线表示。通常画在剖切位置延长线上或视图中断处，图形对称时一般省略标注

3）重合断面图画在视图内部剖切位置处，用细实线表示，图形对称时省略标注

3.4 其他规定画法

3.4.1 局部放大图

工件上的一些细小结构，在视图上由于图形过小，表达不清楚，也不便于标

注尺寸。用大于原图形的比例画出物体上部分结构的图形，称为局部放大图。

如图 3-25 所示，画局部放大图时，一般用细实线圈出被放大部位。只有一处放大图时，只需标注比例。当有多处被放大时，需用罗马数字依次标明，并在局部放大图的上方注出相应的罗马数字及所用比例。

局部放大图可画成视图、剖视图或断面图，视需要而定，与被放大部位原来的画法无关。当仅有一处放大时可以省略编号，如图 3-26 所示

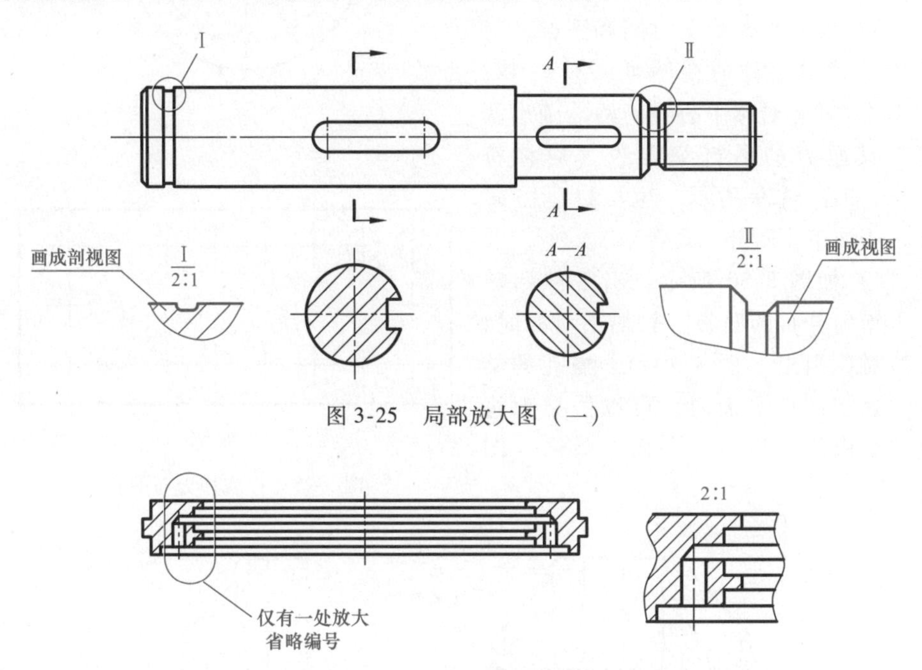

图 3-25　局部放大图（一）

图 3-26　局部放大图（二）

3.4.2　简化画法

1）当工件具有若干相同结构，其结构按一定规律分布时，只需要画出几个完整的结构，其余部分用细实线画出其范围。但是，在零件图中必须注明该结构的总数量，如图 3-27 所示。

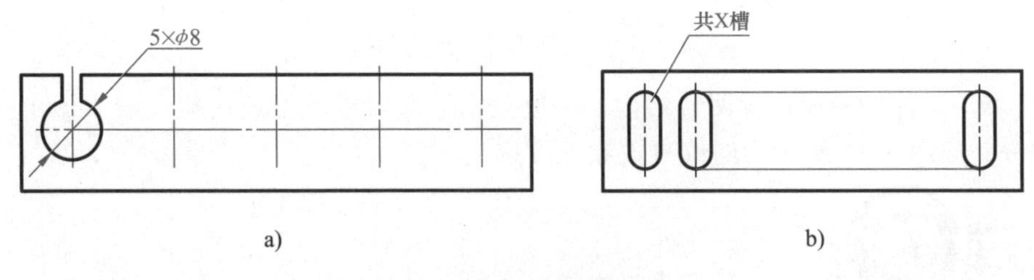

图 3-27　相同要素的简化画法

2）在同一平面内，有若干直径相同而且按一定规律分布的孔，可以只画出一个或几个，其余部分只需要画出中心线表示其中心位置，且在零件图的标注中注明孔的数量，如图 3-28 所示。

3）为了节省绘图时间和图幅，对称的结构或零件的视图可以只画 1/2 或 1/4。并在对称中心线的两端画出两条与其垂直的平行细实线（对称符号），如图 3-29 所示。也可以画一多半，用波浪线断开。

4）如图 3-30 所示，当工件回转面上均匀分布的肋板、轮辐不对称时，要按对称画出（图 3-30a）。当孔的结构不处于剖切平面时，可以假想地将这些结构旋转到剖切平面上画出（图 3-30b）。

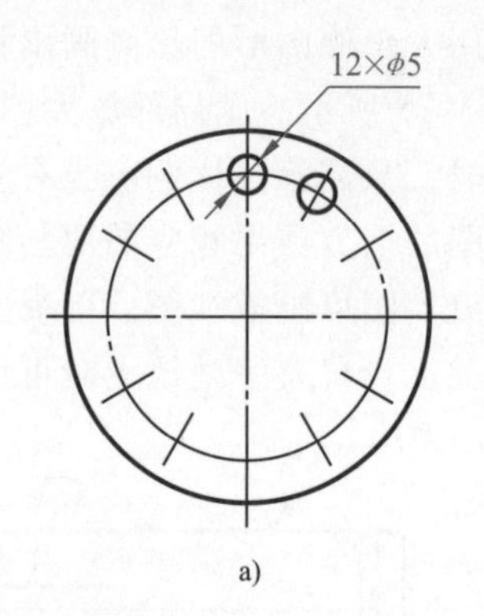

a)

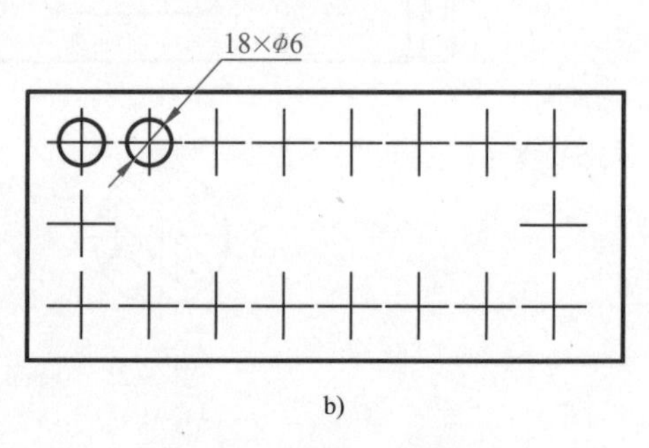

b)

图 3-28 按规律分布的孔

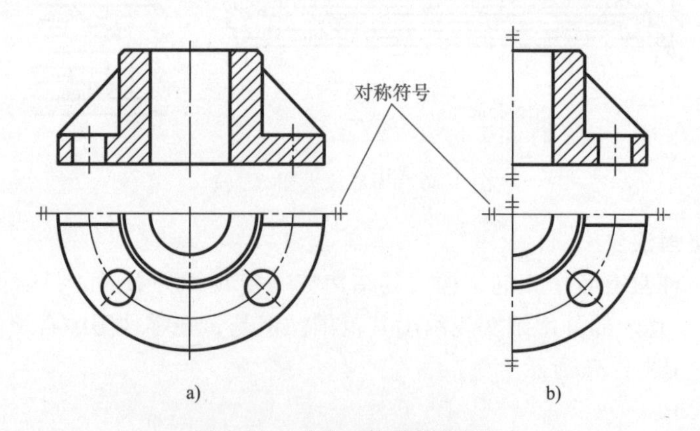

图 3-29 对称工件的简化画法

5）工件上的滚花等网状结构，一般只在轮廓附近示意地用粗实线表示出一部分，如图 3-31 所示为网纹滚花和直纹滚花。

旧标准采用细实线绘制，现行新标准用粗实线绘制。

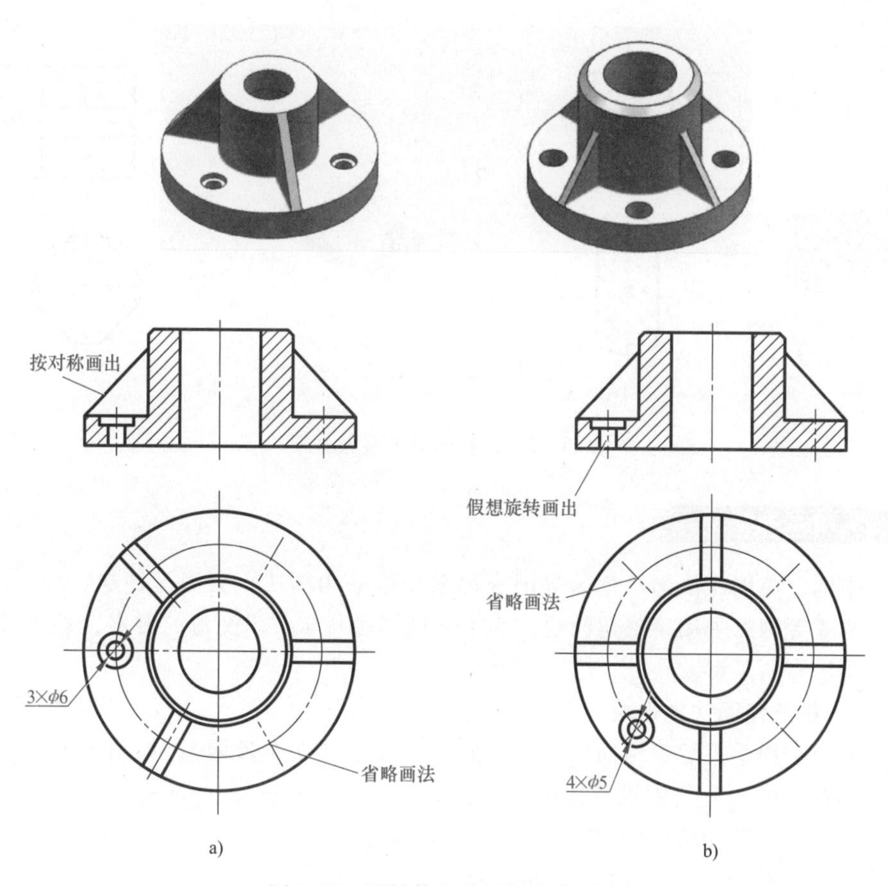

图 3-30 回转体上肋板、孔的画法

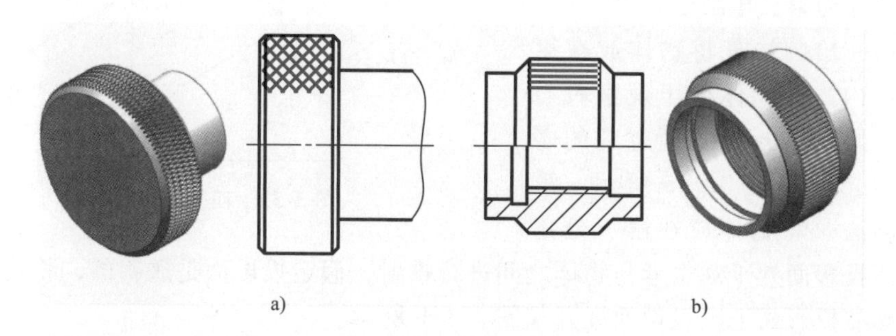

图 3-31 滚花表示法

a）网纹滚花 b）直纹滚花

6）回转体零件上的平面在图形中不能充分表达时，可以只用两条相交的细实线表示这些平面，如图 3-32 所示。

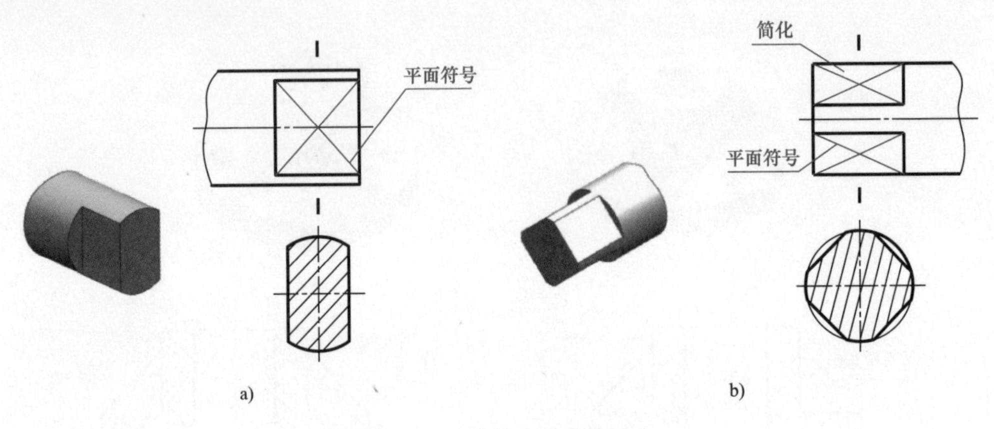

图 3-32　回转体上平面表示法

3.5　第三角画法

中国、英国、法国、德国等国家都采用第一角画法。美国、日本、加拿大、澳大利亚等国家采用第三角画法。为了适应国际科学技术交流的要求，必须对第三角画法有所了解。

3.5.1　第三角画法的形成

两个互相垂直的投影面将空间分成四个分角（四个象限），如图 3-33 所示。将物体置于第一分角内进行投射，画出表达物体形状的图形称为第一角画法。将物体置于第三分角内进行投射，画出表达物体形状的图形称为第三角画法。

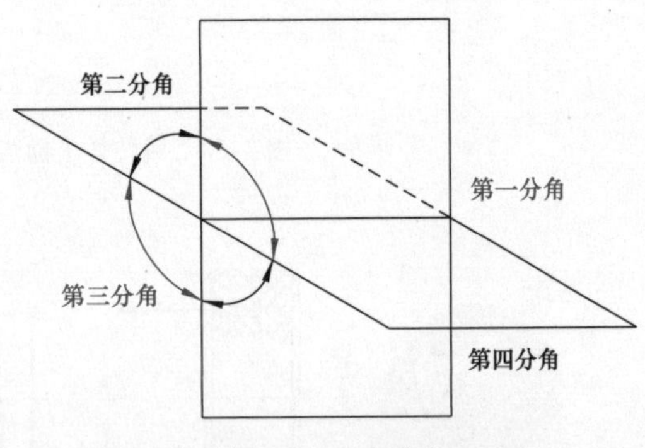

图 3-33　四个分角

第一角画法是将物体放在第一分角内，使物体处于观察者与投影面之间进行投射而得到的多面正投影，如图 3-34a 所示。第三角画法是将物体放在第三分角中，使投影面处于观察者与物体之间进行投射，假定投影面是透明的，将物体的形状画在投影面上。投影面展开如图 3-34b 所示。

第一角画法与第三角画法的区别：

第一角画法：观察者—物体—投影面。

第三角画法：观察者—投影面—物体。

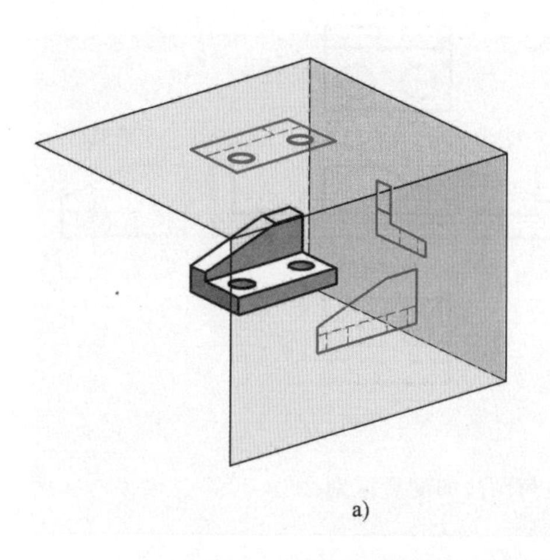

a)

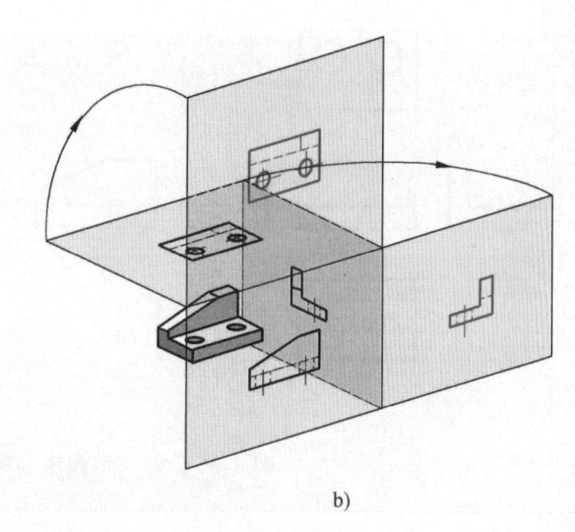

b)

图 3-34 第三角画法中工件的投影及投影面展开

在观察物体时规定：由前向后投射，所得到的视图称为前视图；由上向下投射，所得到的视图称为顶视图；由右向左投射，所得到的视图称为右视图。

第一角画法与第三角画法各视图与主视图的配置关系：

第一角画法	第三角画法
俯视图在主视图的下方；	顶视图在前视图的上方；
左视图在主视图的右方；	左视图在前视图的左方；
右视图在主视图的左方；	右视图在前视图的右方；
仰视图在主视图的上方；	仰视图在前视图的下方；
后视图在左视图的右方。	后视图在右视图的右方。

3.5.2 第三角画法与第一角画法的异同

为了尽快读懂第三角画法的视图，读者可以从图 3-35 所示的第一角画法与第三角画法的六个基本视图做比较，从中找出二者之间的区别和规律。由比较可知，第一角画法中的主视图、后视图与第三角画法中的前视图、后视图相同；第一角画法中的左、右视图的位置对调，即是第三角画法中的左、右视图；第一角画法中的俯、仰视图对调，即是第三角画法中的顶、仰视图。

3.5.3 第三角画法的标识

采用第三角画法时，必须在图样的标题栏中画出第三角画法的识别符号，如图 3-36 所示。

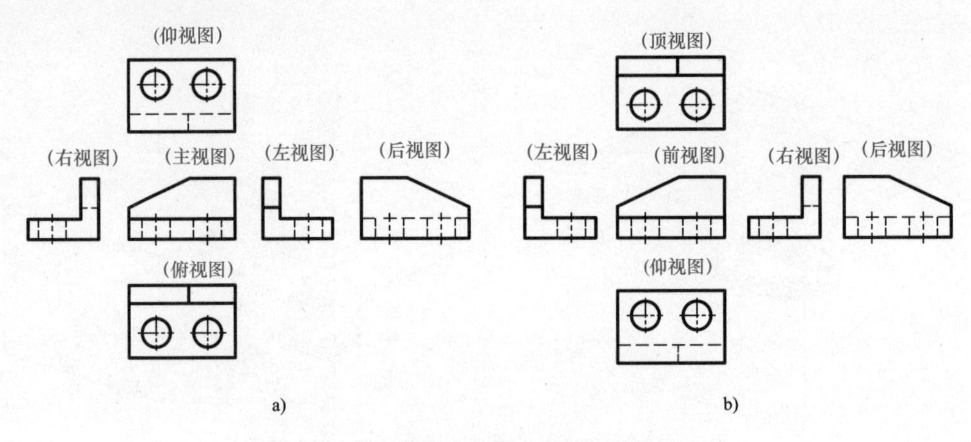

图 3-35 第一角画法与第三角画法的配置区别

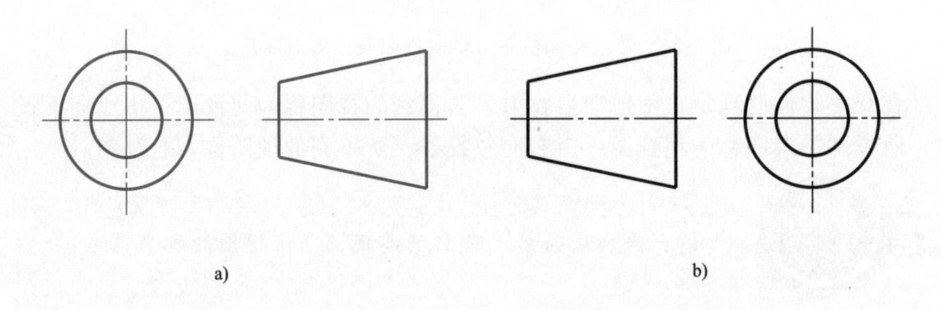

图 3-36 第三角画法和第一角画法的识别符号

a）第三角画法 b）第一角画法

3.5.4 识读第三角画法（表 3-4）

表 3-4 识读第三角画法的表达方法

立体图	第三角画法表达方法	第一角画法表达方法
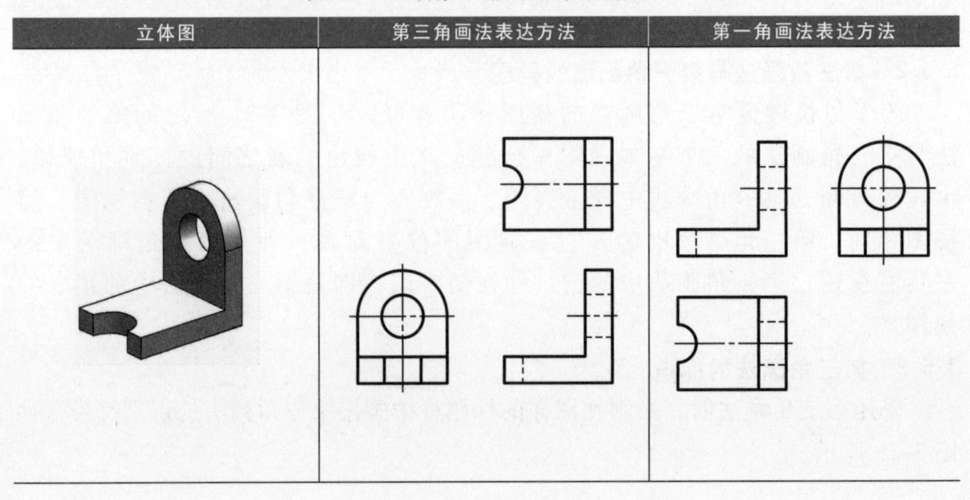		

（续）

立体图	第三角画法表达方法	第一角画法表达方法
	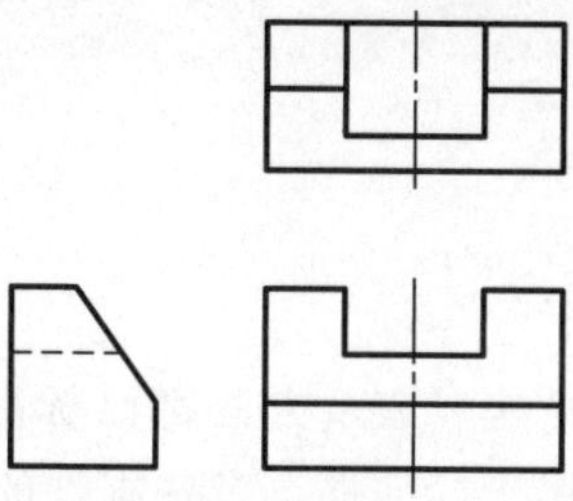	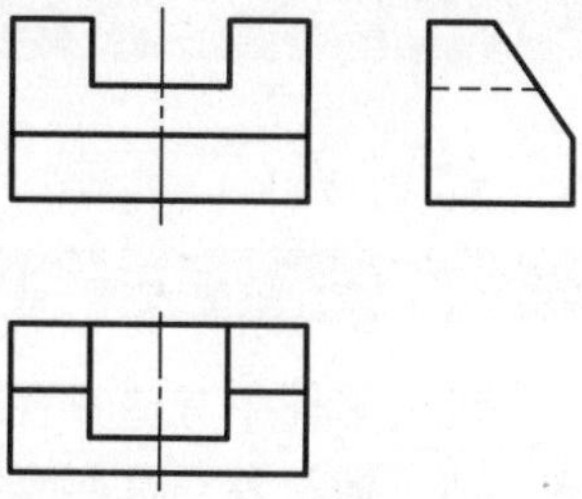
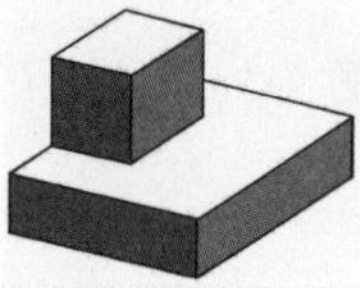	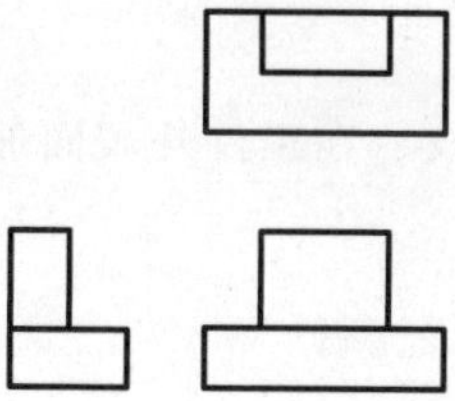	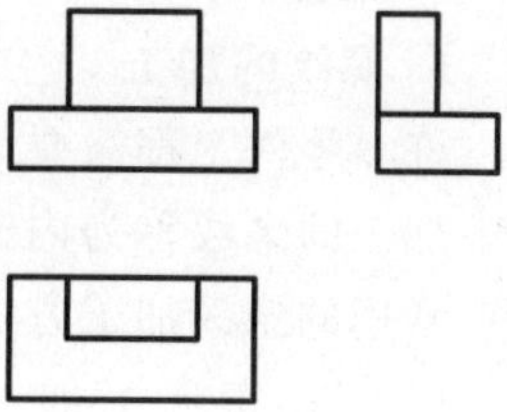

识读要领：

1）按视图位置关系找到前（主）视图

2）按投影规律对其他视图，与第一角投影不符时，即是第三角投影

3）为了快速读懂视图，将第三角画法中的左、右视图对调，顶、仰视图对调即是第一角投影中的左、右视图和俯、仰视图

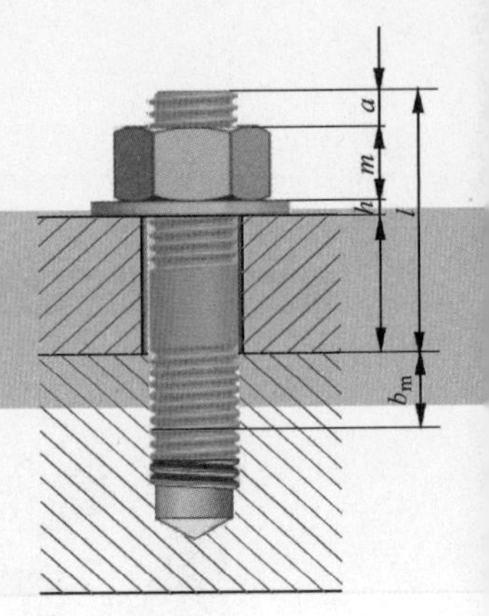

第4章 标准件与常用件

4.1 螺纹及螺纹紧固件

机械零件中有些零件的结构、表示方法都已标准化，如螺纹、螺纹紧固件、键、销、轴承等，这些零件属于标准件。有些零件的部分结构已经标准化，如齿轮、弹簧等，这些零件属于常用件。

4.1.1 螺纹

1. 螺纹的加工

许多零件上都需要加工螺纹，在工件外表面加工的螺纹称为外螺纹；在工件孔中加工的螺纹称为内螺纹。

常用的螺纹加工方法如下：

（1）在车床上加工外螺纹　如图 4-1a 所示，左端自定心卡盘夹住工件并旋转，刀具轴向移动，刀尖即做螺旋线运动，在工件表面加工出外螺纹。

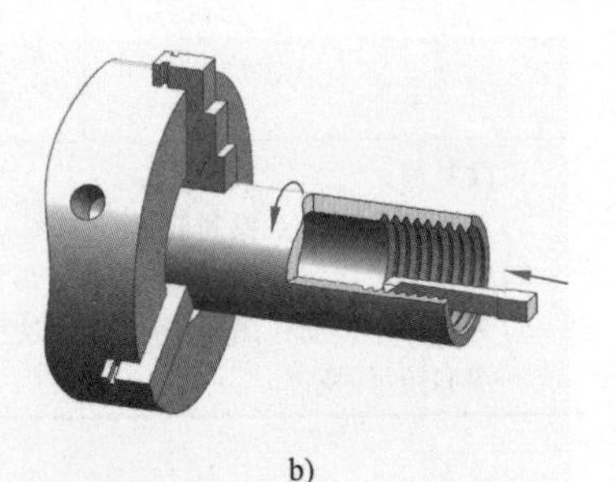

图 4-1　在车床上加工螺纹

a）加工外螺纹　b）加工内螺纹

（2）在车床上加工内螺纹　如图 4-1b 所示，原理与外螺纹相同，只是刀具在孔内轴向移动，在工件孔表面加工出内螺纹。

（3）碾压螺纹　如图 4-2a 所示，刀具上有沟槽，刀具挤压工件，在工件表面碾压出外螺纹。

（4）丝锥攻螺纹　如图 4-2b 所示，先用钻头在工件上钻一个孔，再用丝锥攻制内螺纹。用相同的原理，采用板牙刀具可以套出外螺纹。

2. 螺纹要素

（1）牙型　通过螺纹轴线的剖面上，螺纹的轮廓形状称为螺纹牙型。常用的螺纹牙型有三角形、梯形、锯齿形等，如图 4-3 所示。

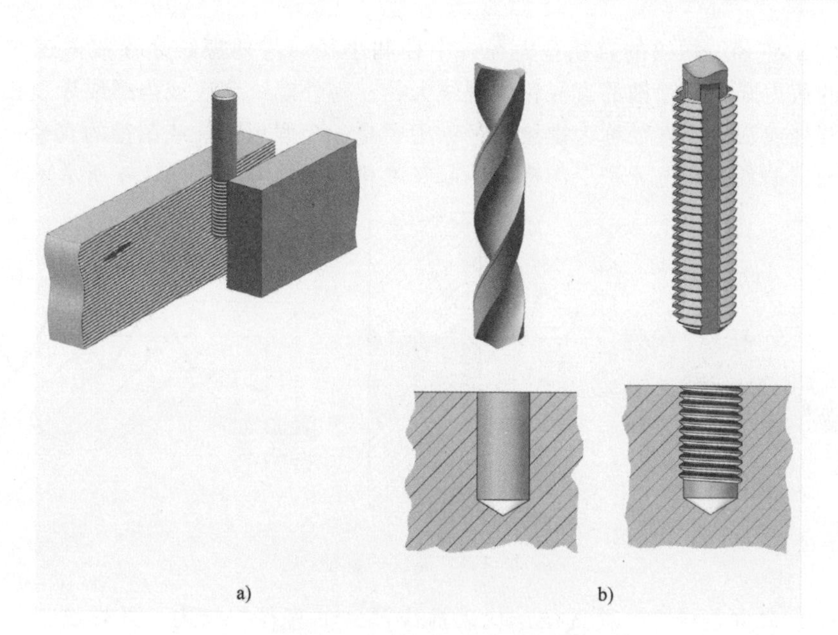

图 4-2 用其他方法加工螺纹

a）碾压加工螺纹 b）用丝锥攻制螺纹

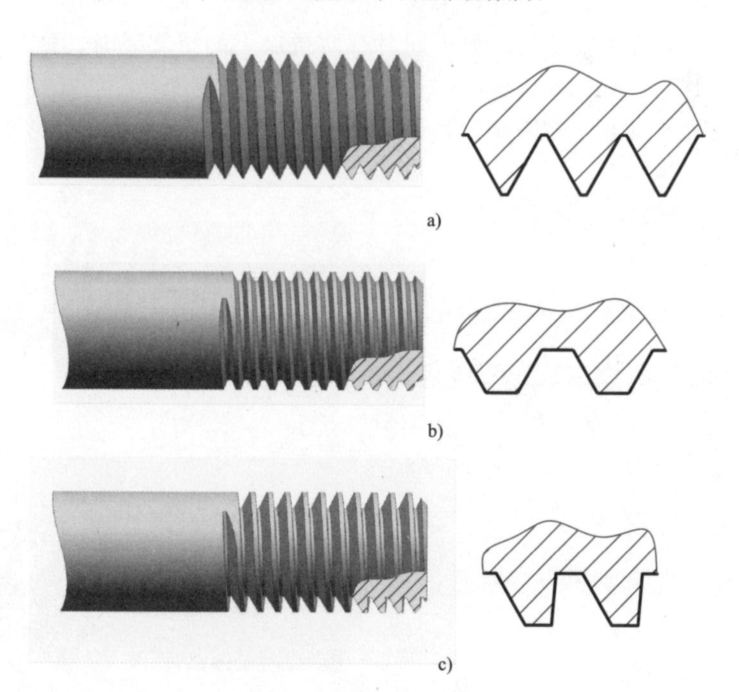

图 4-3 不同牙型的螺纹

a）三角形 b）梯形 c）锯齿形

（2）直径　螺纹的直径有大径、中径和小径。与外螺纹牙顶或内螺纹牙底相切的假想圆柱或圆锥的直径称为螺纹大径；与外螺纹牙底或内螺纹牙顶相切的假想圆柱或圆锥的直径称为螺纹小径；中径是一个假想圆柱或圆锥的直径，该圆柱或圆锥的素线通过牙型上沟槽和凸起宽度相等的地方，如图 4-4 所示。

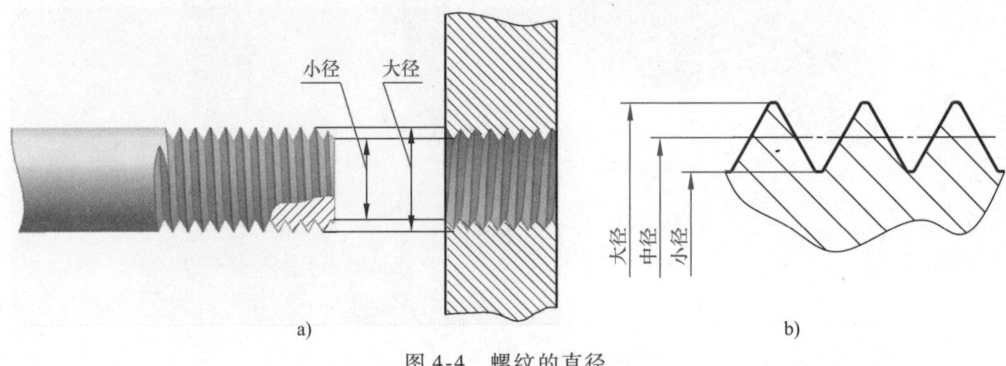

图 4-4　螺纹的直径

（3）公称直径　公称直径是代表螺纹尺寸的直径，指内、外螺纹大径的公称尺寸。

（4）螺纹线数　螺纹有单线和多线之分，用 n 表示。当圆柱表面上只有一条螺旋线时，称为单线螺纹；如果同时有两条以上的螺旋线时，称为多线螺纹（双线、三线等），如图 4-5 所示。

（5）螺距和导程　螺距是指相邻两牙在中径线上对应两点之间的距离，用 P

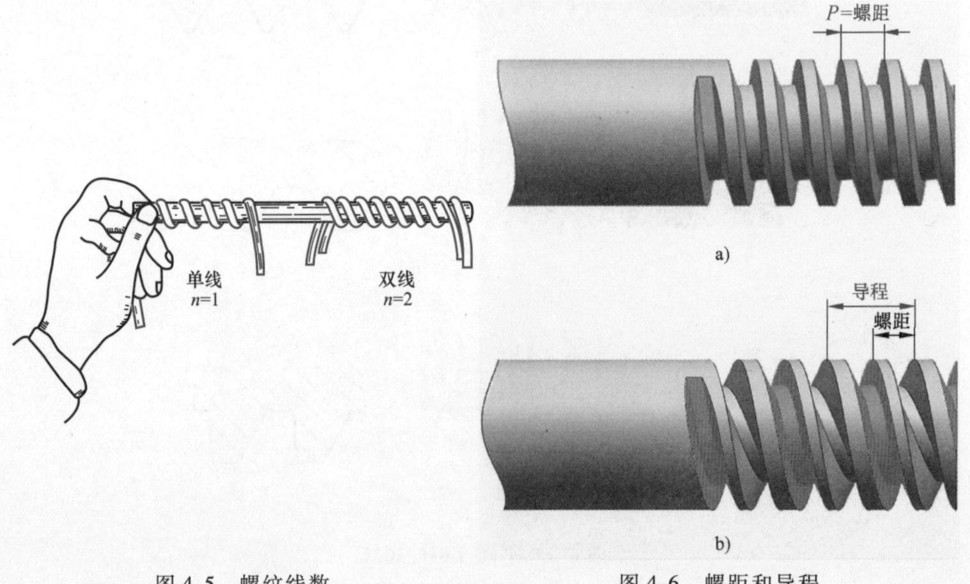

图 4-5　螺纹线数

图 4-6　螺距和导程
a）单线　b）双线

表示。导程是指同一条螺旋线上相邻两牙在中径线上对应两点之间的轴向距离，如图 4-6 所示。

（6）旋向　螺纹的旋向是指螺纹旋进的方向。按顺时针方向旋进的螺纹称为右旋螺纹；按逆时针方向旋进的螺纹称为左旋螺纹。判断螺纹旋向的方法是左、右手法则。

如图 4-7 所示，用手握螺杆，四指为螺旋线的方向，拇指为螺纹旋进的方向。用左手握出的螺纹称为左旋螺纹；用右手握出的螺纹称为右旋螺纹。

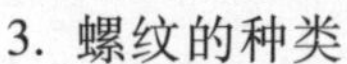

3. 螺纹的种类

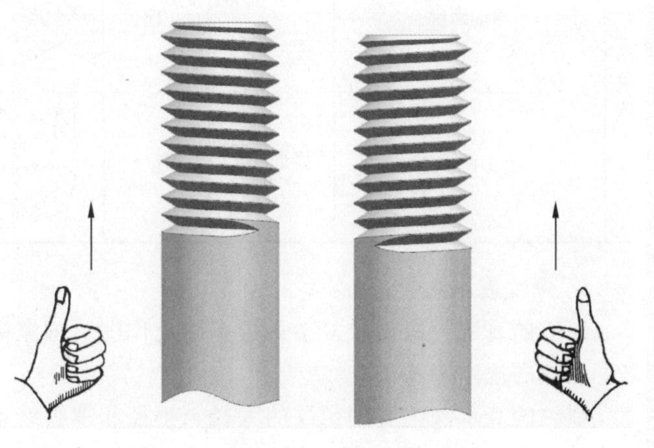

图 4-7　螺纹的旋向

螺纹的种类按用途分为：联接螺纹和传动螺纹。

表 4-1 列出了几种常用标准螺纹的种类、特征代号、牙型及说明，它们的尺寸可参看有关标准。

表 4-1　常用标准螺纹

<table>
<tr><th colspan="4">螺纹种类</th><th>标准编号</th><th>特征代号</th><th>牙型放大图</th><th>说　明</th></tr>
<tr><td rowspan="5">联接螺纹</td><td>普通螺纹</td><td colspan="2">粗牙
细牙</td><td>GB/T 197—2003</td><td>M</td><td>60°</td><td>牙型为等边三角形，牙型角为 60°，牙顶、牙底均削平。粗牙普通螺纹用于一般机件的联接，细牙普通螺纹的螺距比粗牙的小，用于联接细小、精密及薄壁零件</td></tr>
<tr><td rowspan="4">管螺纹</td><td rowspan="3">55°密封管螺纹</td><td>圆锥内螺纹</td><td rowspan="3">GB/T 7306—2000</td><td>Rc</td><td rowspan="4">55°</td><td rowspan="4">牙型角为 55°，牙顶、牙底为圆弧。适用于水管、油管、煤气管等薄壁零件上</td></tr>
<tr><td>圆锥外螺纹</td><td>R_1、R_2</td></tr>
<tr><td>圆柱内螺纹</td><td>Rp</td></tr>
<tr><td colspan="2">55°非密封管螺纹</td><td>GB/T 7307—2001</td><td>G</td></tr>
</table>

（续）

螺纹种类		标准编号	特征代号	牙型放大图	说　明
传动螺纹	梯形螺纹	GB/T 5796—2005	Tr	30°	牙型为梯形，牙型角为 30°。用于承受两个方向轴向力的传动，如车床丝杠
	锯齿形螺纹	GB/T 13576—2008	B	30° 3°	牙型为锯齿形，牙型角为 33°，用于承受单向轴向力的传动。如千斤顶丝杠

4. 螺纹表示法

螺纹的真实投影比较复杂，为了简化作图，国家标准 GB/T 4459.1—1995 规定了螺纹的规定表示法。

螺纹的表示法主要画螺纹的大径、小径和螺纹终止线。

（1）外螺纹的规定画法（图 4-8）　非圆视图中，螺纹大径用粗实线表示；螺纹小径用细实线表示；螺纹终止线用粗实线表示。

反映圆视图中，螺纹大径用粗实线圆表示；螺纹小径用 3/4 细实线圆表示，其位置不作规定。

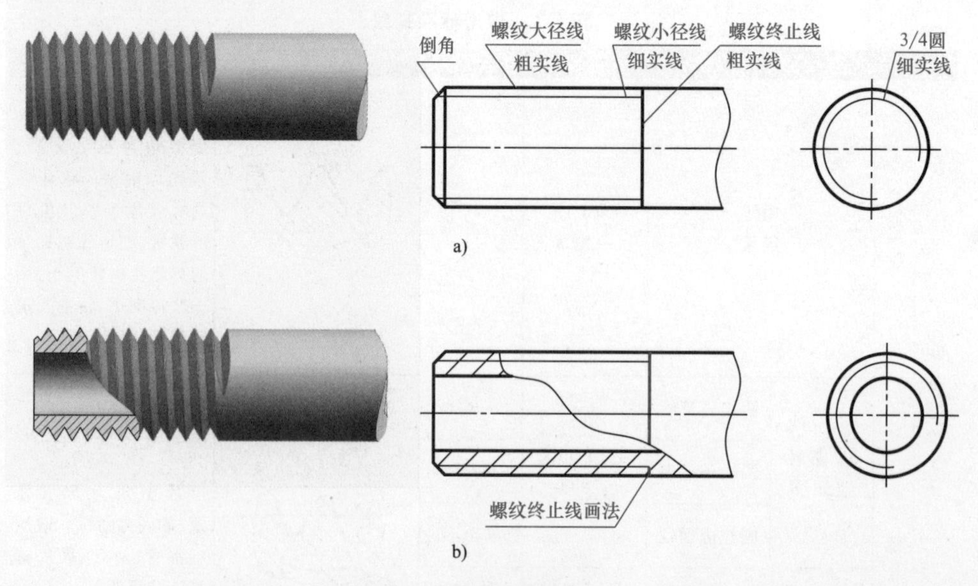

图 4-8　外螺纹规定画法

（2）内螺纹规定画法（图 4-9）　在非圆视图中，螺纹大径用细实线表示；螺纹小径用粗实线表示；螺纹终止线用粗实线表示。

反映圆视图中，螺纹小径用粗实线圆表示；螺纹大径用 3/4 细实线圆表示，其位置不作规定。

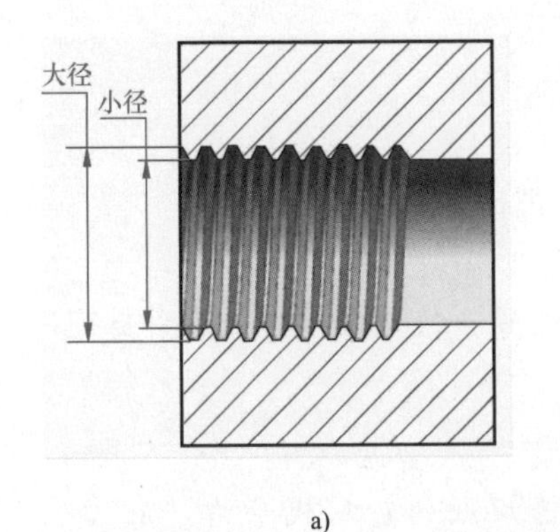

a)

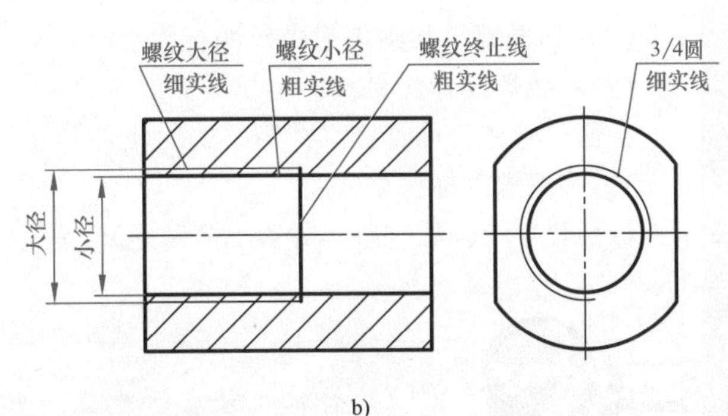

b)

图 4-9 内螺纹规定画法

注意: 螺纹的小径，不论是粗实线还是细实线表示，一般按 0.85 倍的大径画出。在反映圆的视图中，螺纹端部的倒角圆省略不画。

（3）内、外螺纹的旋合画法（图 4-10） 内、外螺纹旋合时，一般采用剖视图。规定在剖视图中，实心轴杆按不剖绘制。

如图 4-10 所示，旋合部分按外螺纹规定绘制，未旋合部分各按各自的规定绘制。画图时，表示内、外螺纹的粗、细实线必须对齐。

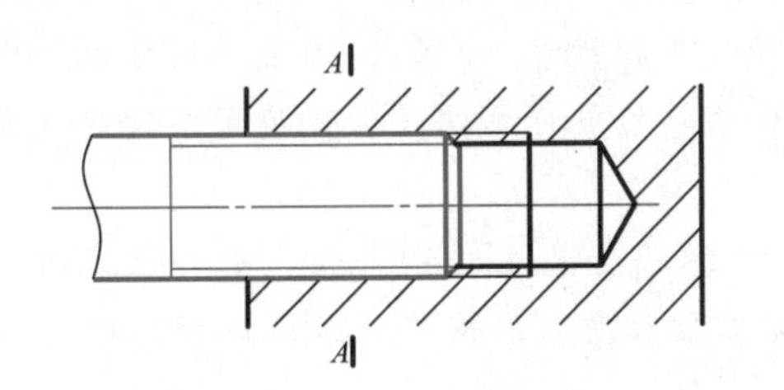

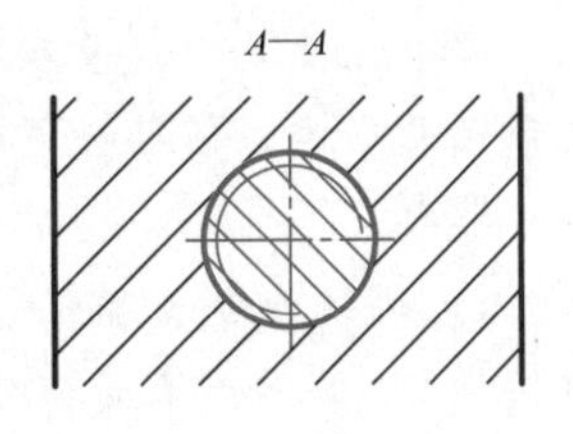

图 4-10 内、外螺纹旋合画法

5. 螺纹的标注

按规定画法画出的螺纹，只表达了螺纹的大小，而螺纹的种类和其他要素要通过标注才能加以区别。

（1）普通螺纹

1）单线螺纹标注格式：

特征代号　公称直径 × 螺距 - 公差带代号 - 旋合长度代号 - 旋向代号

2）多线螺纹标注格式：

特征代号　公称直径×Ph 导程 P 螺距－公差带代号－旋合长度代号－旋向代号

（2）梯形螺纹和锯齿形螺纹的标注

1）单线螺纹标注格式：

特征代号　公称直径×螺距　旋向代号－公差带代号－旋合长度代号

2）多线螺纹标注格式：

特征代号　公称直径×导程（P 螺距）　旋向代号－公差带代号－旋合长度代号

1）特征代号表示牙型：普通螺纹的特征代号为“M”，梯形螺纹的特征代号为“Tr”，锯齿形螺纹的特征代号为“B”。

2）公称直径：指内螺纹和外螺纹的大径。

3）螺距：普通螺纹每一公称直径对应有粗牙螺距和细牙螺距。由于粗牙螺距只有一种，而细牙螺距则有多种。所以，粗牙螺纹不标注螺距，而细牙螺纹必须注出螺距才能确定。

4）旋向：左旋螺纹标注“LH”，右旋螺纹省略标注。

5）螺纹公差带代号：普通螺纹公差带代号包括中径公差带代号和顶径公差带代号两部分。

顶径是指外螺纹的大径或内螺纹的小径。若中径公差带代号和顶径公差带代号相同，只需标注一个公差带代号。

若中径公差带代号和顶径公差带代号不相同，则应分别标注，中径公差带代号在前，顶径公差带代号在后。梯形螺纹和锯齿形螺纹只标注中径公差带代号。

6）螺纹旋合长度代号：螺纹旋合长度代号有长、中和短三组，分别用代号 L、N 和 S 表示。中等旋合长度应用较广泛，所以标注时可省略不标注“N”

例 4-1　普通螺纹的标注示例，如图 4-11 所示。

图 4-11a 所示 M20-6g 表示粗牙普通外螺纹，公称直径为 20mm，右旋，中径公差带代号和顶径公差带代号相同，为 6g，中等旋合长度。

图 4-11b 所示 M10-6H 表示粗牙普通内螺纹，公称直径为 10mm，右旋，中径公差带代号和顶径公差带代号相同，为 6H。

图 4-11c 所示 M16×1.5-5g6g-S 表示细牙普通外螺纹，公称直径为 16mm，

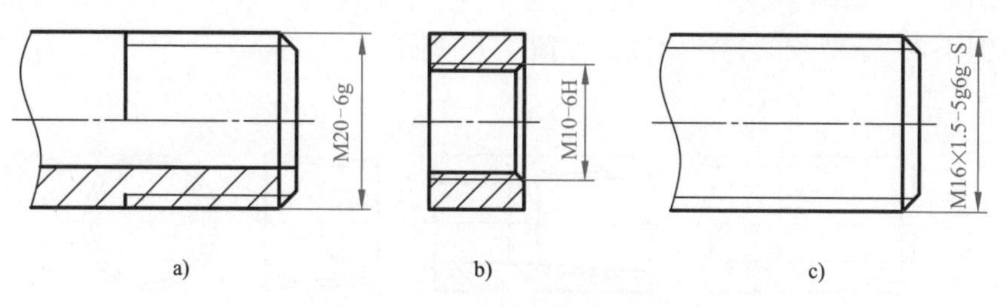

图 4-11 普通螺纹标注示例

螺距为 1.5mm，中径公差带代号为 5g，顶径公差带代号为 6g，短旋合长度。

例 4-2 梯形螺纹的标注示例，如图 4-12 所示。

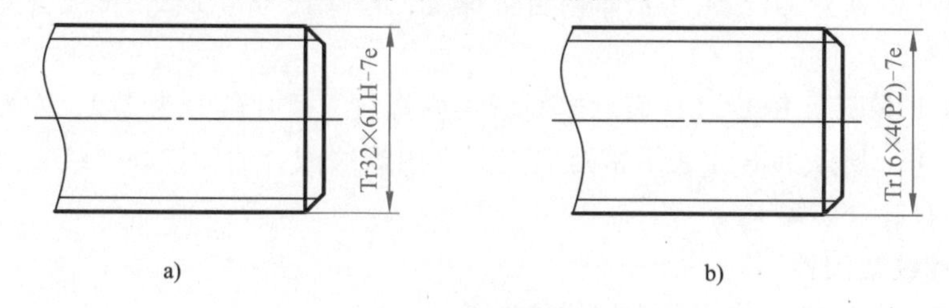

图 4-12 梯形螺纹标注示例

图 4-12a 所示 Tr32 ×6LH-7e 表示单线梯形外螺纹，公称直径为 32mm，螺距为 6mm，左旋，中径公差带代号 7e（梯形螺纹只标注中径公差带代号），中等旋合长度。

图 4-12b 所示 Tr16 ×4（P2）-7e 表示双线梯形外螺纹，公称直径为 16mm，导程为 4mm，螺距为 2mm，线数为 2，右旋，中径公差带代号为 7e，中等旋合长度。

（3）管螺纹的标注 管螺纹分非密封管螺纹与密封管螺纹两种。

1）非密封管螺纹的标注格式：

螺纹特征代号 尺寸代号 公差等级代号 - 旋向代号

2）密封管螺纹的标注格式：

螺纹特征代号 尺寸代号 - 旋向代号

1）特征代号见表 4-1。

2）公差等级代号中，外螺纹分 A、B 两级标注，内螺纹不用标注。

3）尺寸代号用英制尺寸表示。其公称直径不是螺纹的大径，而是指螺纹管子的通径。如 1in（25.4mm）管螺纹的实际大径应为 33.249mm（管螺纹的各要素尺寸可在有关标准中查到）。

4）左旋螺纹标注“LH”，右旋螺纹省略标注。

5）管螺纹在图样中标注时，一律注写在引出线上，引出线由螺纹大径引出或由对称中心处引出。

例 4-3 管螺纹的标注示例，如图 4-13 所示。

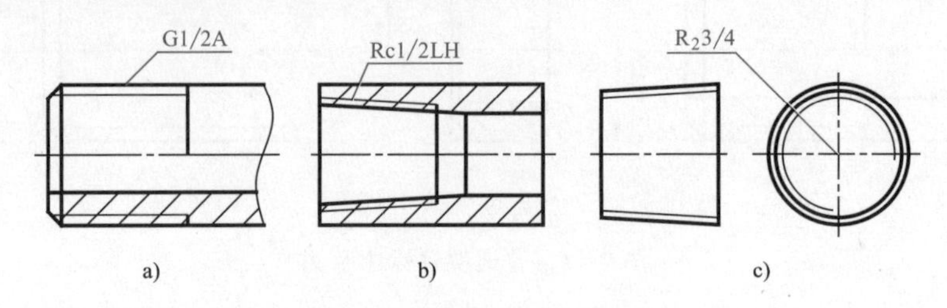

图 4-13 管螺纹标注示例

图 4-13a 所示 G1/2A 表示非密封管螺纹，尺寸代号为 1/2，A 级公差，右旋（省略）。

图 4-13b 所示 Rc1/2LH 表示密封圆锥内螺纹，尺寸代号为 1/2，左旋。

图 4-13c 所示 $R_2$3/4 表示密封的与圆锥内螺纹配合的圆锥外螺纹，尺寸代号为 3/4，右旋（省略）。

4.1.2 螺纹紧固件

1. 螺纹紧固件的作用及常用螺纹联接

利用螺纹的旋紧作用将两个或两个以上的零件联接在一起的有关零件称为螺纹紧固件。

螺纹紧固件是标准件，常用的螺纹紧固件有螺栓、螺柱、螺钉、螺母、垫圈等，如图 4-14 所示。

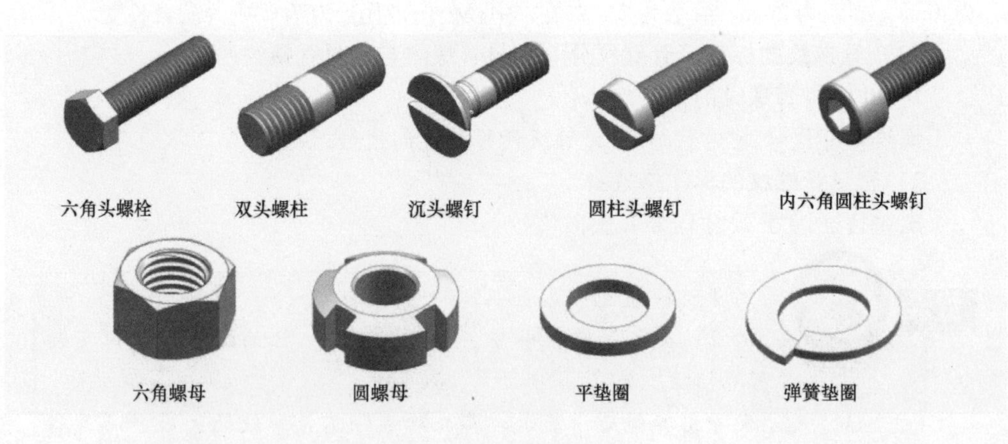

图 4-14 常用的螺纹紧固件

常用的螺纹紧固件联接有三种：螺栓联接、螺柱联接和螺钉联接，如图4-15 所示。

2. 螺纹联接装配图规定画法

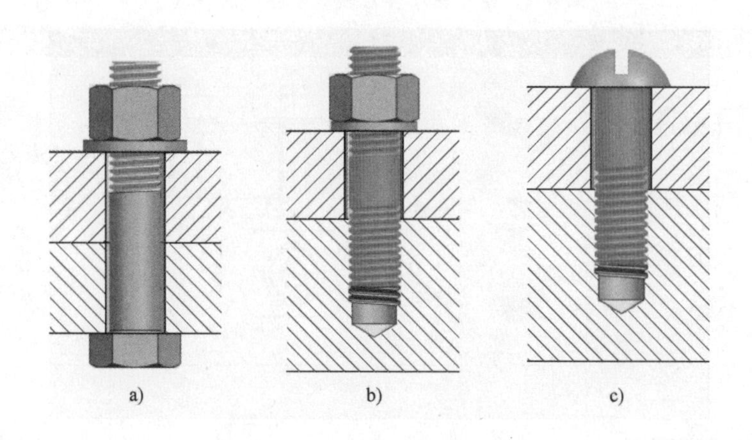

图 4-15 常用的三种螺纹联接
a）螺栓联接 b）螺柱联接 c）螺钉联接

在装配图中，当剖切平面通过螺杆的轴线时，对于螺栓、螺柱、螺母及垫圈等均按未剖切绘制，倒角和螺纹孔的钻孔深度等工艺结构按实际表示，如图4-16所示。

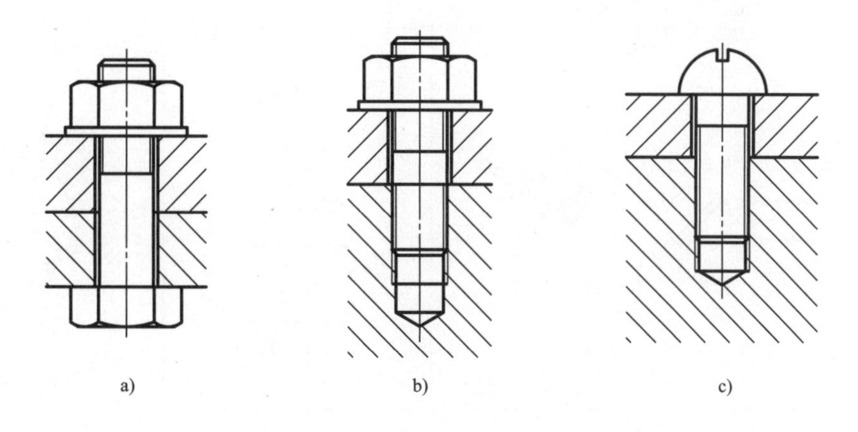

图 4-16 紧固件装配图画法

装配画法中规定，相邻两零件的剖面线方向相反，两零件的接触表面画一条线。

4.1.3 识读螺纹紧固件联接图

螺纹紧固件及其联接画法的识读见表 4-2。

表 4-2 螺纹紧固件及其联接画法的识读

螺纹紧固件表示法	立体图	装配表示法	立体图
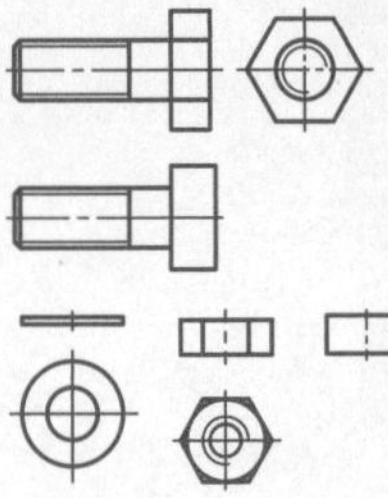	 螺栓  垫圈  螺母	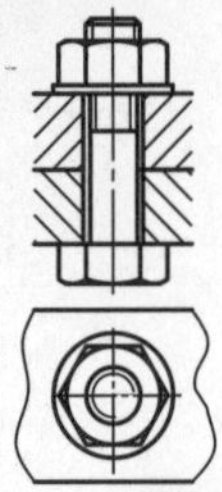 螺栓联接	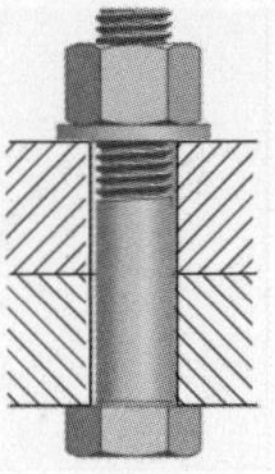
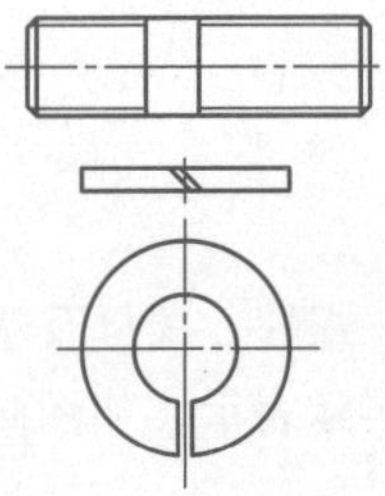	 双头螺柱  弹簧垫圈	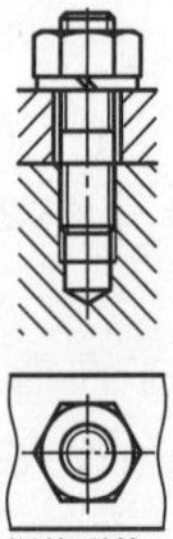 螺柱联接	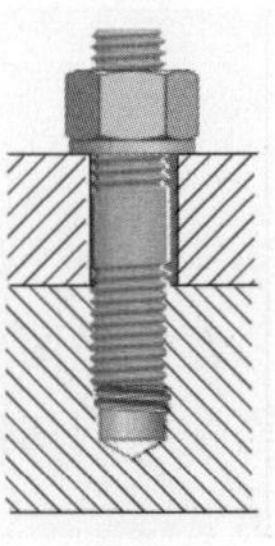
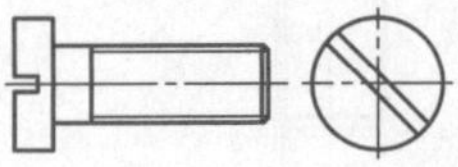	 开槽圆柱头螺钉	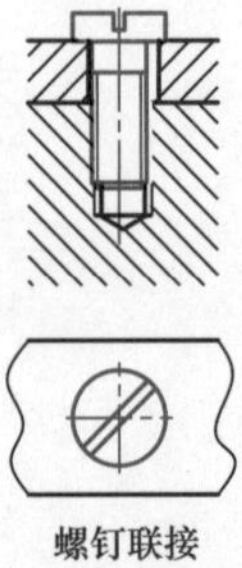 螺钉联接	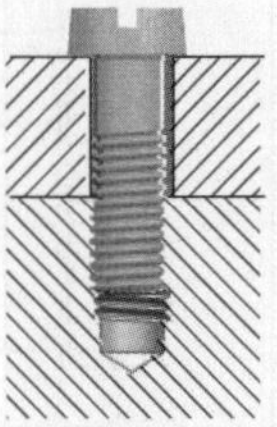
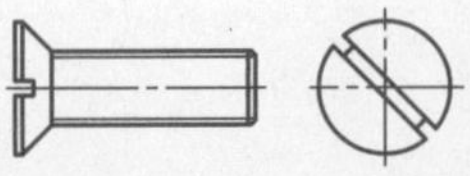	 开槽沉头螺钉	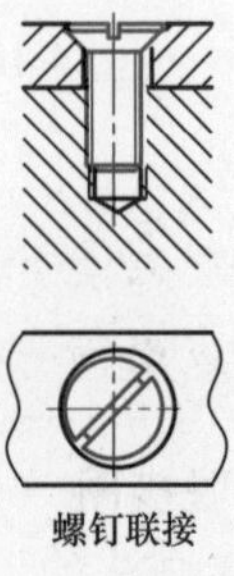 螺钉联接	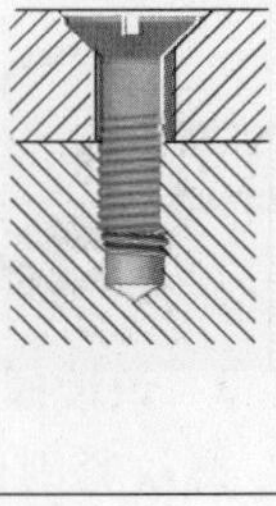

（续）

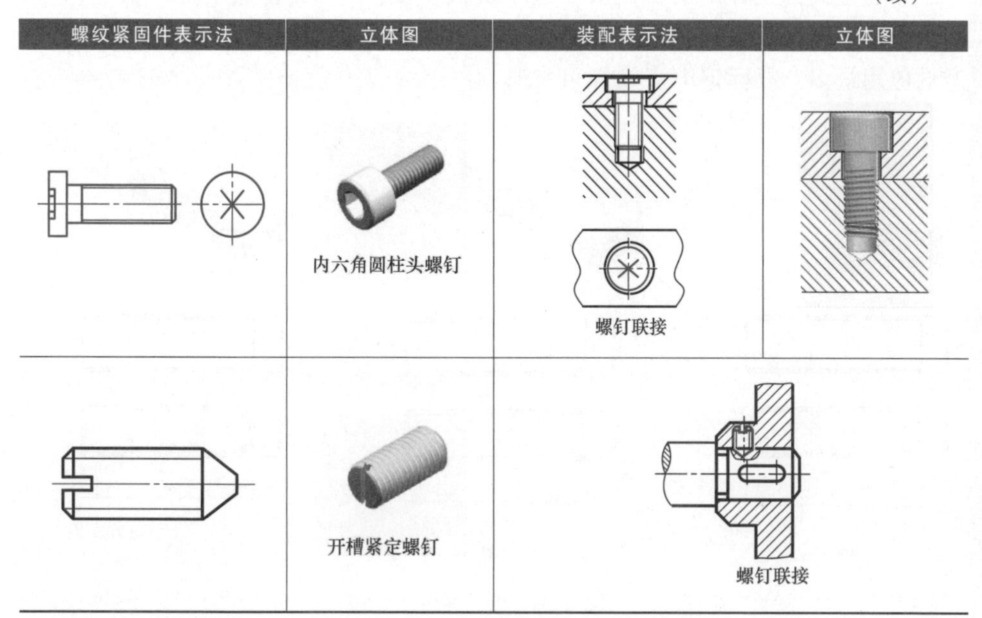

4.2 键和销

键、销都是标准件。键和销不画零件图，只在装配图中表达。

4.2.1 键

键是用来联接轴和轴上的传动件（如齿轮、带轮等），它是用来传递转矩的一种零件。如图 4-17 所示是用键联接的一种形式。

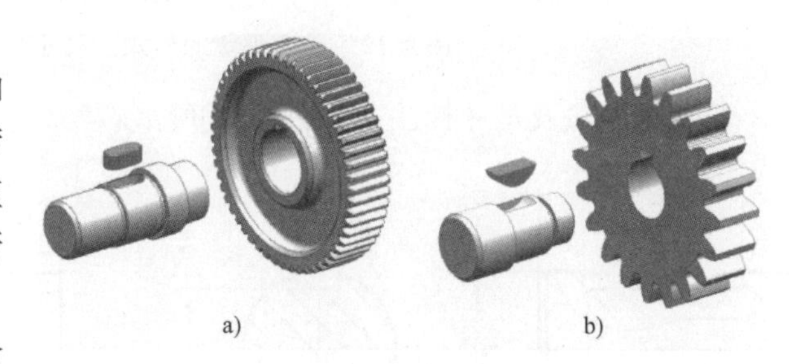

图 4-17 键联接

a）普通平键联接 b）半圆键联接

其工艺是先在轴和轮毂上加工出键槽，装配时，将键装入轴的槽内，然后将轮毂上的键槽对准轴上的键，把轮子装到轴上。传动时，轴和轮通过键联接便可一起转动。

键是标准件，不画零件图，一般在零件图上表示键槽的尺寸。在装配图中，有键联接的地方，需要画出键联接的装配形式。轴上键槽和毂上键槽的尺寸是通过查阅有关资料确定的。

常用的键有普通平键、半圆键和楔键。

1. 普通平键

普通平键分三种形式：圆头普通平键（A 型）、平头普通平键（B 型）、单圆头普通平键（C 型）。普通平键的形式、尺寸及标记如图 4-18 所示，其中以 A 型键应用最多，故标记中字母 A 可省略。

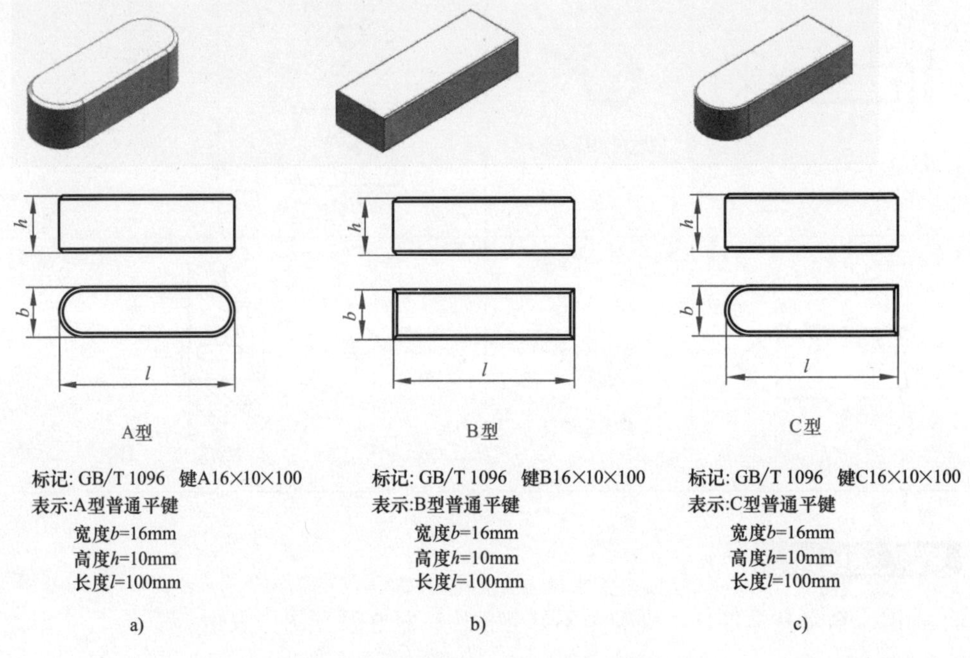

图 4-18　普通平键的形式、尺寸及标记

键槽的画法及尺寸标注，如图 4-19 所示。

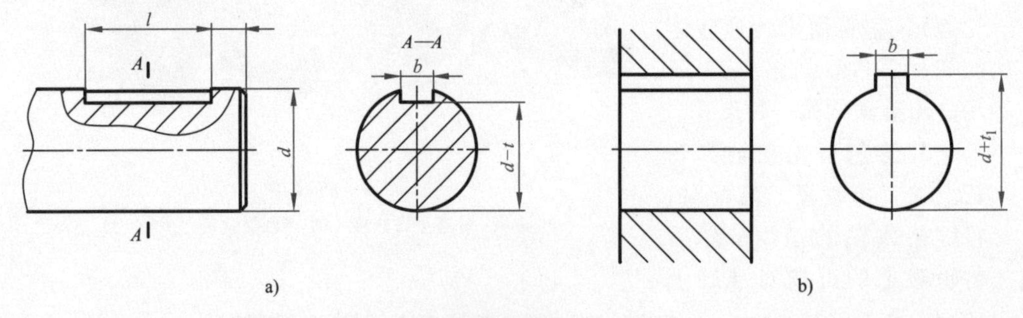

图 4-19　键槽的画法及尺寸标注

对普通平键槽的画法和标注说明：

1）一般轴上键槽在移出断面图上表达键槽宽和键槽深，在该图上标注键槽宽 b 和键槽深 $d-t$ 尺寸，如图 4-19a 所示。

2）一般毂上的键槽在局部视图上表达键槽宽和键槽深。在该图上标注键槽

宽 b 和键槽深 $d+t_1$ 尺寸，如图 4-19b 所示。

键槽深 t 和 t_1 尺寸在相关的国家标准中查阅，数值与槽处的轴或孔的直径有关。

普通平键的联接画法如图 4-20 所示。

2. 半圆键

半圆键安装在轴上的半圆形键槽内，具有自动调位的优点，常用于轻载和锥形轴的联接。半圆键的联接画法如图 4-21 所示。

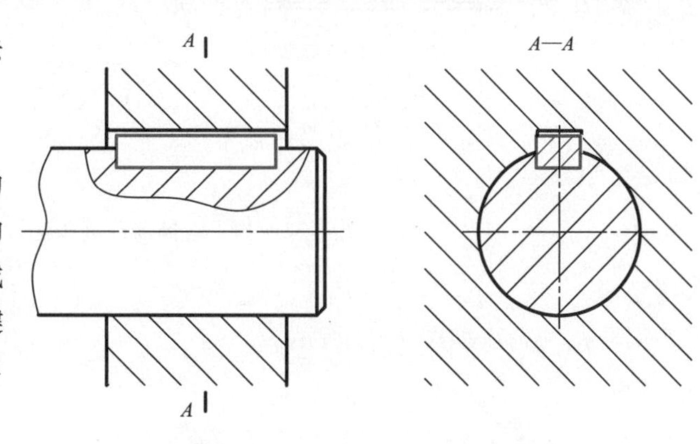

图 4-20 普通平键的联接画法

3. 钩头楔键

钩头楔键的上面是 1:100的斜面，装配时，将键从轴的端部敲入槽内，直至打紧为止，故键的上、下端部为工作面，两侧为非工作面。因此，键的上、下面与键槽接触，画成一条线，两侧有间隙，画成两条线，如图 4-22 所示。

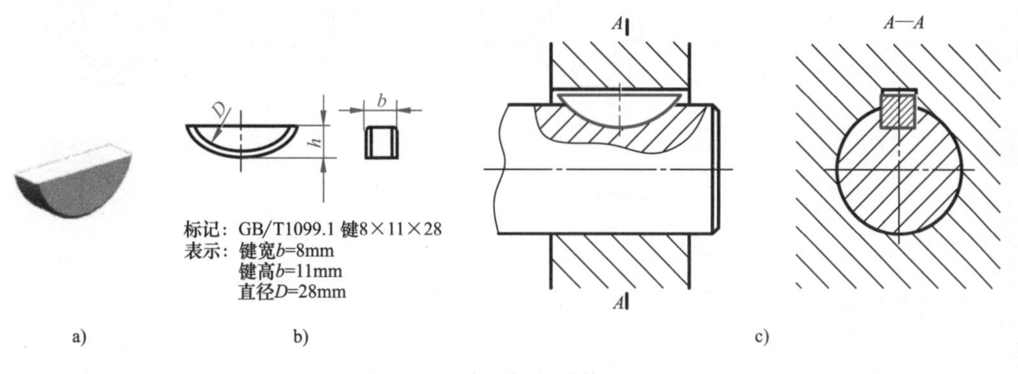

图 4-21 半圆键的联接画法

4.2.2 销

销也是标准件，通常用于零件间的定位或联接。

常用的销有圆柱销、圆锥销、开口销。开口销与带孔螺栓和槽形螺母一起使用，将它穿过槽形螺母的槽口和带孔螺栓的孔，并将销的尾部叉开，可防止螺纹

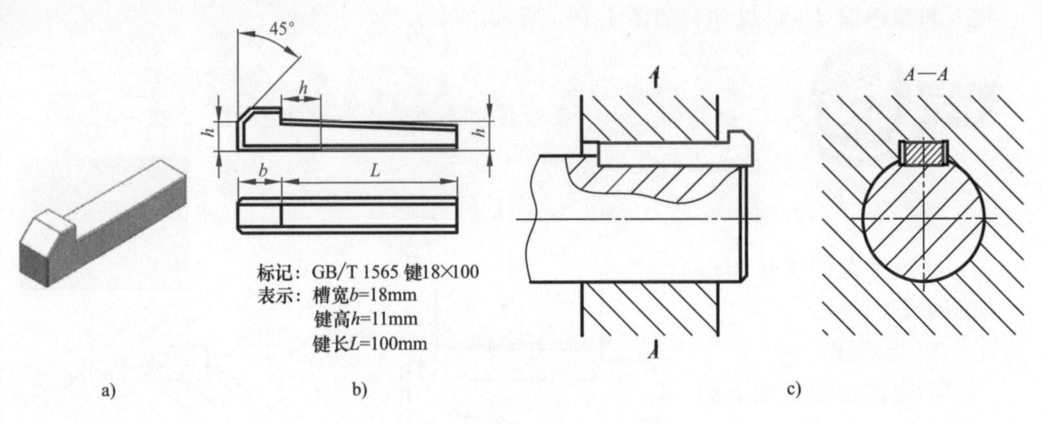

图 4-22　钩头楔键的联接画法

联接松脱。

销联接的画法如图 4-23 所示。

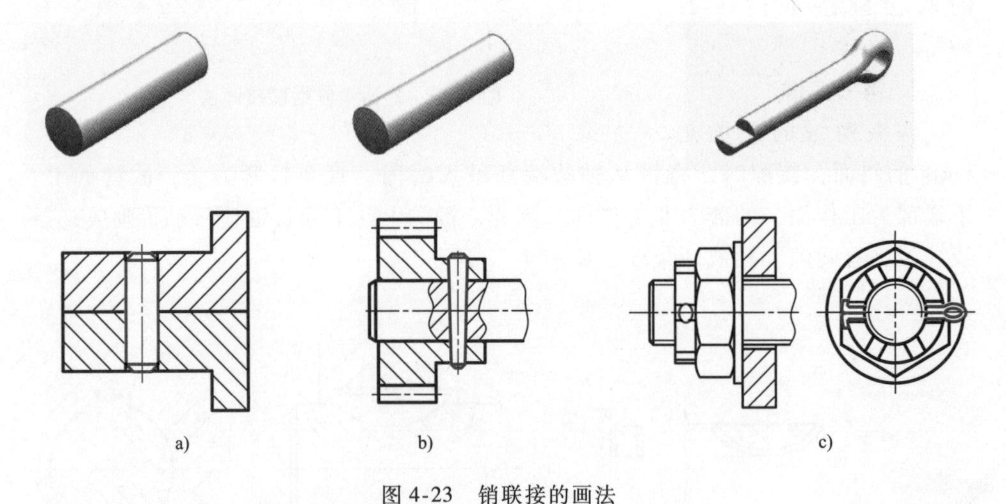

图 4-23　销联接的画法

a）圆柱销联接　b）圆锥销联接　c）开口销联接

4.3 齿轮

4.3.1 齿轮的基本知识

齿轮是机器中应用非常广泛的一种传动零件，利用一对齿轮可以将一根轴的转动传递给另一根轴，同时还可以改变旋转速度和旋转方向。

齿轮的轮齿部分已标准化，称为常用件。如图 4-24 所示，按照两轴的相对位置，齿轮传动分为：圆柱齿轮传动、锥齿轮传动和蜗杆传动。

圆柱齿轮的轮齿分布在柱面上，用于传递两平行轴之间的运动。按轮齿与轴

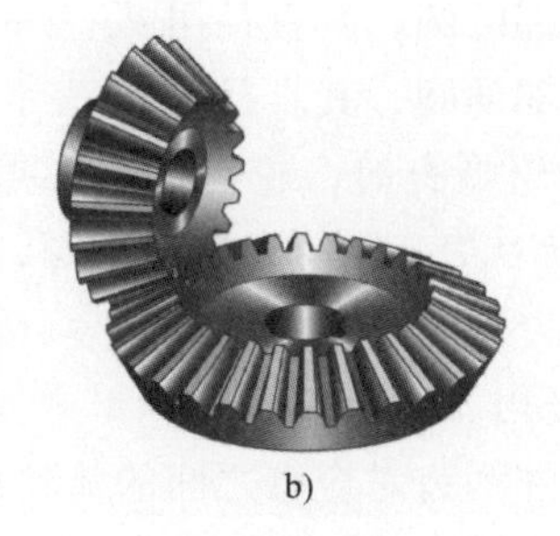

a) b) c)

图 4-24 齿轮传动形式

a）圆柱齿轮传动 b）锥齿轮传动 c）蜗杆传动

线的方向，分直齿圆柱齿轮、斜齿圆柱齿轮、人字齿圆柱齿轮。

锥齿轮的轮齿分布在锥面上，用于传递两相交轴之间的运动。按轮齿与轴线的方向，分直齿锥齿轮、斜齿锥齿轮、弧齿锥齿轮。

蜗杆传动用于两交错轴之间的运动。且该传动有较大的传动比。

4.3.2 圆柱齿轮

1. 圆柱齿轮

圆柱齿轮应用较广泛，现以直齿圆柱齿轮为例说明圆柱齿轮轮齿部分的名称术语、代号、主要参数及规定画法。

（1）直齿圆柱齿轮各部分的名称术语及代号

如图 4-25 所示，有关名称、代号介绍如下：

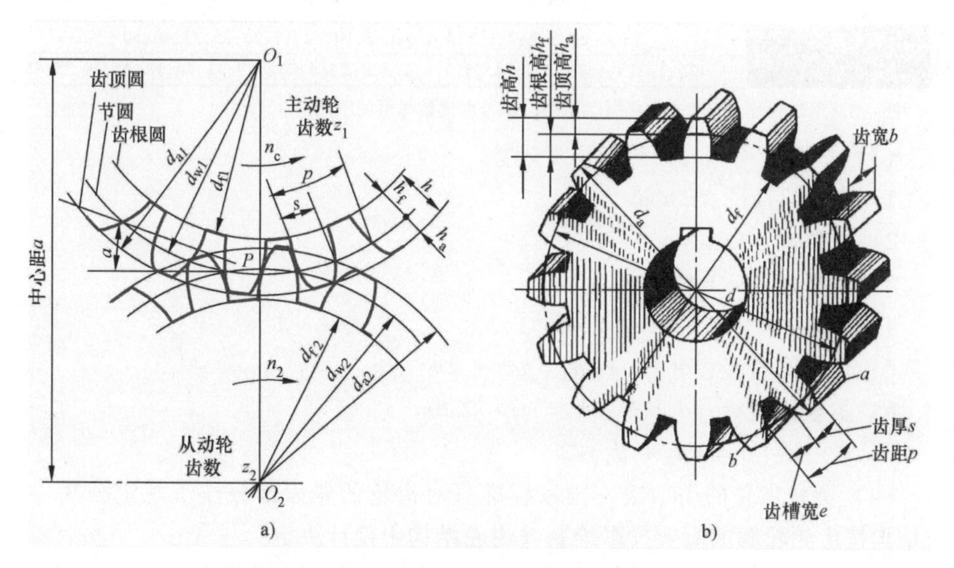

图 4-25 直齿圆柱齿轮轮齿部分名称术语

1）齿顶圆：通过轮齿顶部的圆，其直径用 d_a 表示。

2）齿根圆：通过轮齿根部的圆，其直径用 d_f 表示。

3）节圆与分度圆：两齿轮啮合时，轮齿的接触点将两轮的中心连线 O_1O_2 分为 O_1P、O_2P 两段，分别以 O_1P、O_2P 为半径画圆，此圆称为两齿轮的节圆，其直径用 d_w 表示。设计加工齿轮时，为了进行尺寸计算和方便分齿而设定的一个基准圆称为分度圆，其直径用 d 表示。

4）齿距：分度圆上，相邻两齿对应点之间的弧长称为齿距，用 p 表示。

5）齿厚：每个轮齿在分度圆上的弧长称为齿厚，用 s 表示。

6）齿槽宽：两轮齿间的槽在分度圆上的弧长称为齿槽宽，用 e 表示。在标准齿轮的分度圆上，齿厚与齿槽宽是相等的，即 $s=e$。

7）齿顶高：齿顶圆与分度圆之间的径向距离称为齿顶高，用 h_a 表示。

8）齿根高：齿根圆与分度圆之间的径向距离称为齿根高，用 h_f 表示。

9）齿高：齿顶圆与齿根圆之间的径向距离称为齿高，用 h 表示。

10）中心距：两啮合齿轮中心之间的距离称为中心距，用 a 表示。

11）齿宽：轮齿的宽度用 b 表示。

（2）直齿圆柱齿轮的主要参数

1）齿数：轮齿的个数用 z 表示。

2）模数：模数是已经标准化了的一系列数值，用 m 表示。模数主要用于齿轮的设计与制造，其标准值见表 4-3。

表 4-3　标准模数（GB/T 1357—2008）　　　　（单位：mm）

系列	模数
第Ⅰ系列	1,1.25,1.5,2,2.5,3,4,5,6,8,10,12,16,20,25,32,40,50
第Ⅱ系列	1.125,1.375,1.75,2.25,2.75,3.5,4.5,5.5,(6.5),7,9,11,14,18,22,28,35,45

注：在选用模数时，应优先选用第Ⅰ系列，括号内模数尽可能不用。

（3）标准直齿圆柱齿轮的尺寸计算

1）分度圆直径：$d=mz$

2）齿顶高：$h_a=m$

3）齿根高：$h_f=1.25m$

4）齿高：$h=h_a+h_f=2.25m$

5）齿顶圆直径：$d_a=d+2h_a=mz+2m$

6）齿根圆直径：$d_f=d-2h_f=mz-2.5m$

7）中心距：$a=(d_1+d_2)/2$

（4）圆柱齿轮的表示法　国家标准只对齿轮的轮齿部分作了规定画法，其余结构按齿轮轮廓的真实投影绘制（齿轮结构由设计决定）。

1）直齿圆柱齿轮的画法。直齿圆柱齿轮的主视图一般采用全剖视图表示。渐开线齿轮的轮齿部分规定画法如图 4-26 所示。

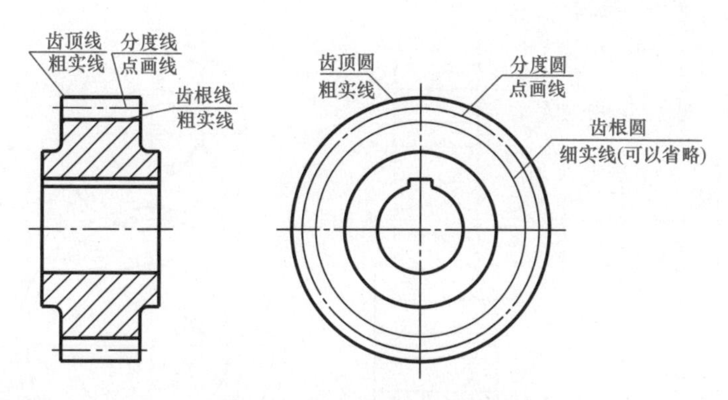

图 4-26 圆柱齿轮规定画法

2）斜齿、人字齿圆柱齿轮的画法。斜齿、人字齿圆柱齿轮的画法与直齿圆柱齿轮相同。当齿轮特征需要表示时，一般采用半剖视图表示，并在视图部分可用三条与齿线方向相同的细实线画出，如图 4-27 所示。

注意： 左视图中的齿根圆省略没画。

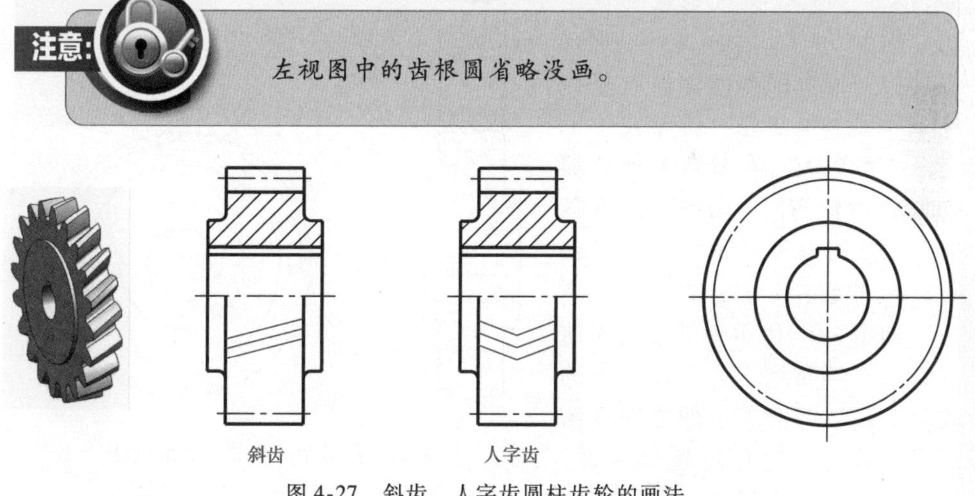

图 4-27 斜齿、人字齿圆柱齿轮的画法

3）两齿轮啮合的画法。一般两齿轮的啮合画法在装配图中表示。常用的表达方法是全剖视图或局部剖视图。如图 4-28 所示，直齿圆柱齿轮啮合画法通常主视图采用全剖视图。

当剖切平面通过两齿轮的轴线剖切时，两齿轮啮合区内共画五条线：两节线重合为一条线，画点画线；两条齿根线，画粗实线；两条齿顶线，一条可见画成粗实线，一条不可见画成虚线（一般从动轮视为不可见，画虚线或省略不画）。

如图 4-29 所示，斜齿圆柱齿轮啮合画法的主、左视图，其中主视图采用局部剖视图，在主视图的外形部分用三条细实线表示斜齿的方向。

4）齿轮、齿条啮合的画法。圆周运动与直线运动的转换一般采用齿轮、齿

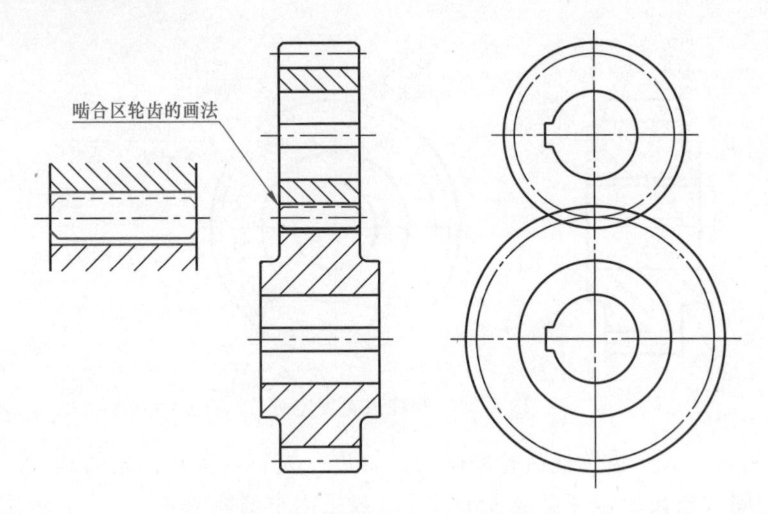

图 4-28　直齿圆柱齿轮啮合的画法

条传动。当一个圆柱齿轮的直径增加到无穷大时，齿轮的齿顶圆、分度圆、齿根圆和齿廓的曲线都变成了直线，于是，齿轮就成了齿条。齿条的所有参数及计算都与圆柱齿轮相同。齿轮、齿条啮合画法如图 4-30 所示。

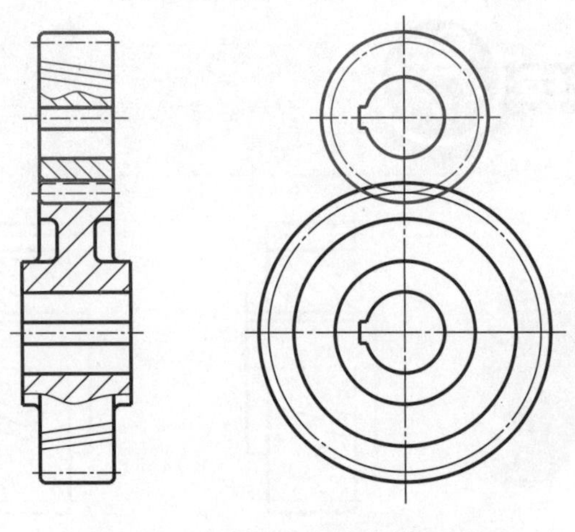

图 4-29　斜齿圆柱齿轮啮合的画法

4.3.3　锥齿轮

如图 4-31 所示，锥形齿轮的轮齿位于圆锥面上，所以轮齿的宽度、高度都沿着齿的方向逐渐变化，模数、直径也逐渐变化。

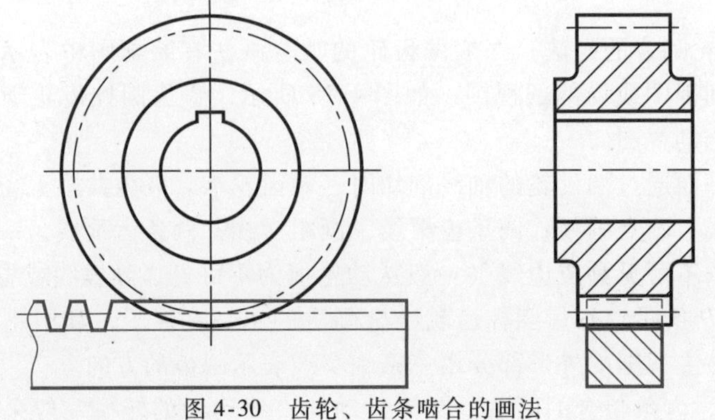

图 4-30　齿轮、齿条啮合的画法

为了便于设计和制造，国家标准规定，锥齿轮的大端作为齿轮的标准模数。

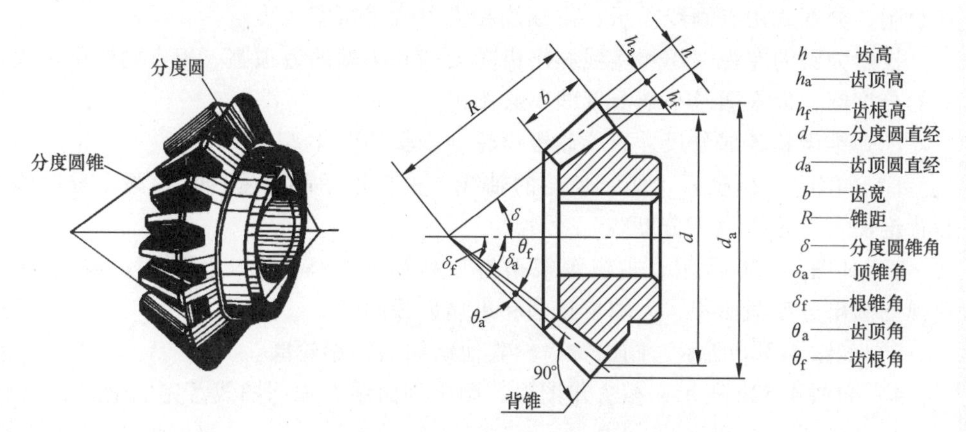

图 4-31 直齿锥齿轮各部分名称

1. 单个锥齿轮的表示法

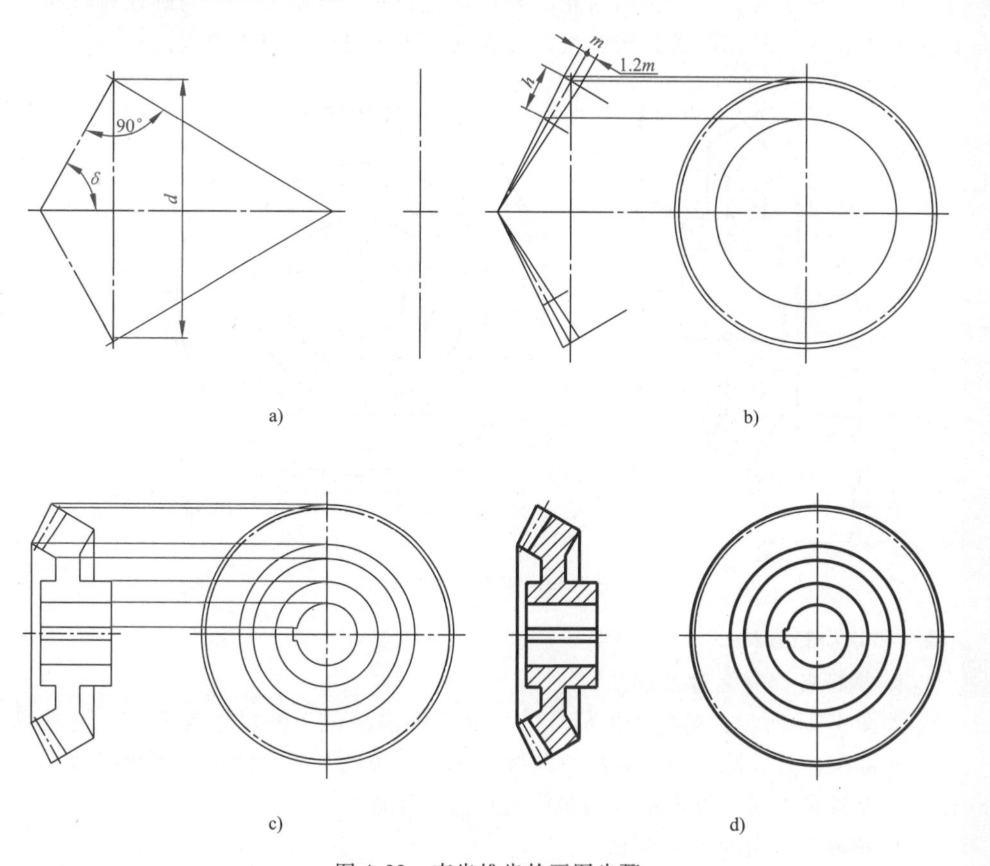

图 4-32 直齿锥齿轮画图步骤

如图4-31所示，非圆视图作为主视图，通常画成全剖视图。轮齿部分按不剖绘制，分度线用点画线表示；齿顶线和齿根线用粗实线表示。

投影为圆的左视图用粗实线画出齿轮大端和小端的齿顶圆，用点画线画出大端的分度圆，齿根圆及小端分度线不必画出。

已知锥齿轮各部分尺寸，绘制锥齿轮的步骤如图4-32所示。

1）如图4-32a所示，画锥齿轮的轴线，根据锥角和分度圆直径画出分度线和背锥面（背锥垂直于分度线）。

2）如图4-32b所示，主视图根据齿顶高和齿根高，画出齿顶线、齿根线。左视图画出分度圆面积、大端齿顶圆和小端齿顶圆。

3）如图4-32c所示，画出锥齿轮其他结构的投影轮廓。

4）如图4-32d所示，擦去作图线，画出剖面线，加深图线，完成全图。

2. 锥齿轮啮合表示法

一般锥形齿轮啮合在装配图中表示。一对锥齿轮的啮合画法如图4-33所示。主视图画成全剖视图，通常两齿轮的轴线垂直相交，其啮合画法与圆柱齿轮啮合画法基本相同。左视图画外形，投影重叠部分不可见处，可不必画出。

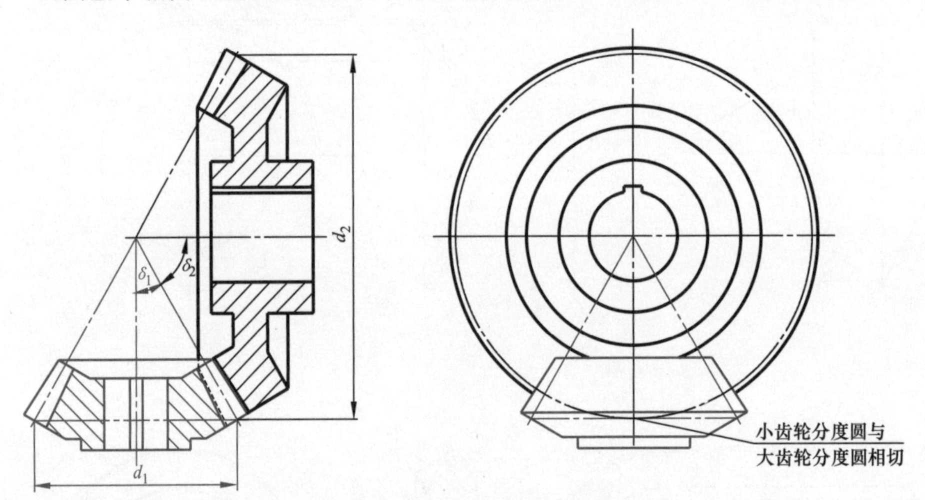

图4-33 锥齿轮啮合画法

4.3.4 蜗轮和蜗杆

1. 蜗杆各部分名称及画法

如图4-34所示，蜗杆齿形部分的尺寸以轴向剖面上的尺寸为准。一般主视图不作剖视，分度圆、分度线用点画线表示；齿顶圆、齿顶线用粗实线表示；齿根线、齿根圆用细实线表示（齿根圆也可省略不画）。

2. 蜗轮各部分名称及画法

如图4-35所示，蜗轮的齿形部分是以垂直蜗轮轴线的中间平面为准。主视

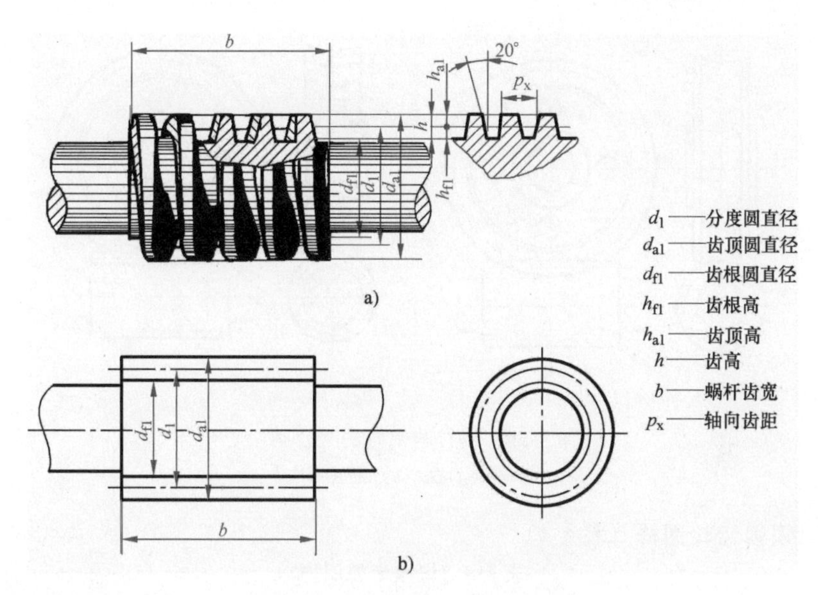

图 4-34　蜗杆各部分名称和画法

图一般画成全剖，其轮齿为圆弧，分度圆用点画线表示；喉圆用粗实线表示；齿根圆用粗实线表示（左视图中可省略不画）。蜗轮的其他结构按实际投影绘制。

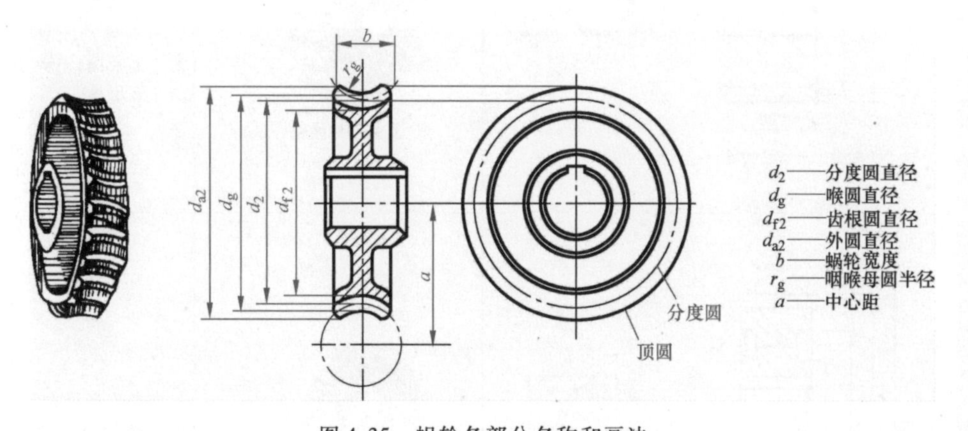

图 4-35　蜗轮各部分名称和画法

3. 蜗杆、蜗轮啮合画法

一般蜗杆、蜗轮的啮合画法在装配图中表达。蜗杆与蜗轮的啮合画法如图 4-36 所示。在蜗杆投影为圆的视图中，无论视图还是剖视图，蜗杆与蜗轮啮合部分只画蜗杆不画蜗轮。在蜗轮投影为圆的视图中，蜗杆的节圆与蜗轮的节圆应相切，其啮合区一般采用局部剖视图。

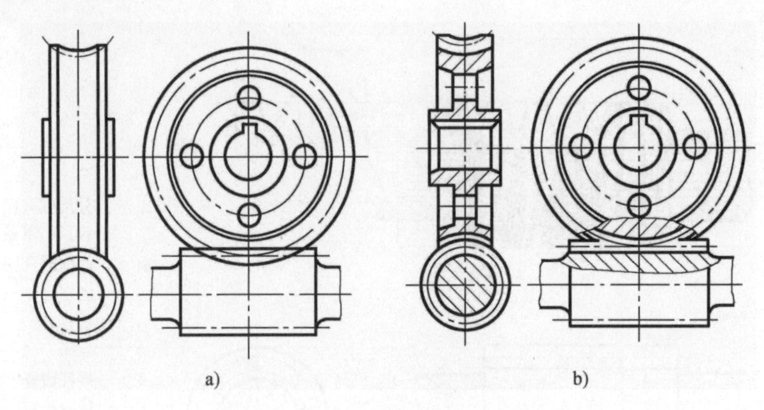

图 4-36 蜗杆与蜗轮的啮合画法

a）外形画法 b）剖视画法

4.3.5 识读齿轮图样（表 4-4）

表 4-4 识读齿轮图样

零件图	立体图	说 明
$\phi40$ $\phi37.5$ 20 4 15.6 $\phi14$ 模数：m=1.5 齿数：z=25；压力角α=20°	直齿圆柱齿轮	1）齿轮的齿根圆不标注尺寸 2）齿轮的左视图为局部视图，主要表达孔和键槽
$C2$ $C1$ 14 $R1$ $\phi88$ $\phi84$ $\phi64$ $\phi44$ $C1$ 24 8 31 $\phi28$ 模数：m=2 齿数：z=42；压力角α=20°	直齿圆柱齿轮	当齿轮直径大时，齿轮结构设计成两侧分别凹进，可以减少材料并减轻质量

（续）

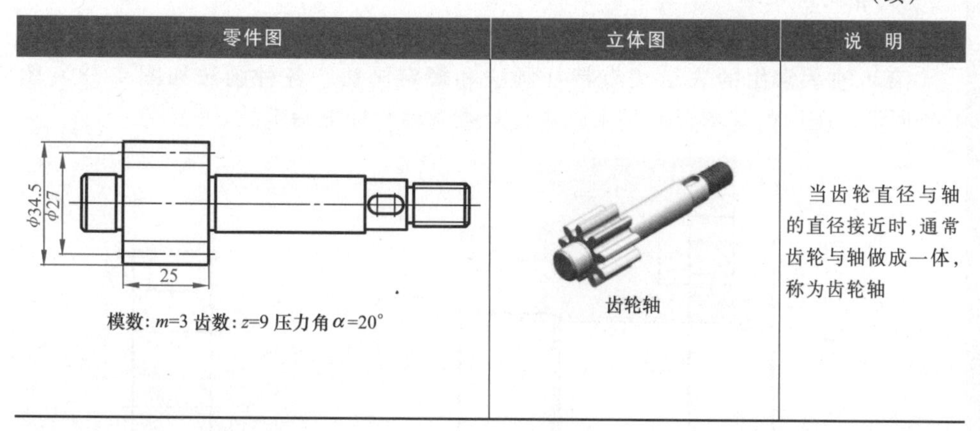

零件图	立体图	说　明
$\phi34.5$ $\phi27$ 25 模数: m=3 齿数: z=9 压力角 α=20°	齿轮轴	当齿轮直径与轴的直径接近时，通常齿轮与轴做成一体，称为齿轮轴

4.4 滚动轴承和弹簧

4.4.1 滚动轴承

在机器中，滚动轴承是用来支承轴的标准件。它具有摩擦阻力小，效率高，结构紧凑，维护简单等优点。它的规格、形式很多，可根据使用要求，经设计查阅有关标准选用。

1. 滚动轴承的结构

如图 4-37 所示，一般滚动轴承的结构由内圈、外圈、滚动体和保持架组成。

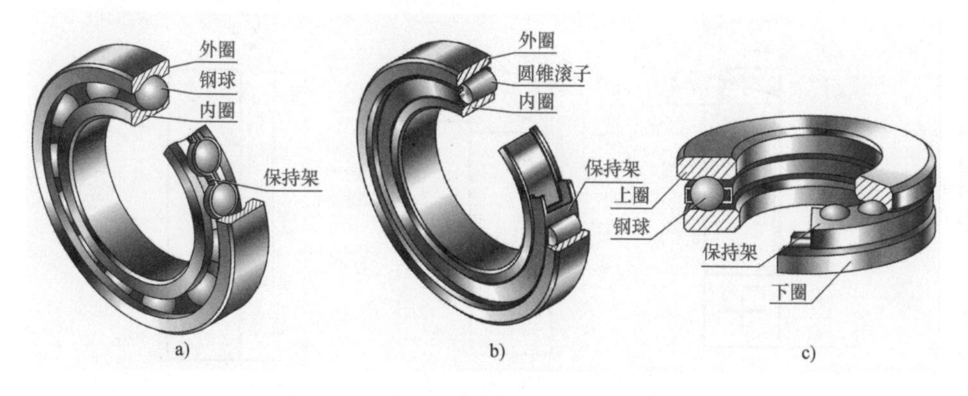

图 4-37　滚动轴承结构

a）深沟球轴承　b）圆锥滚子轴承　c）推力球轴承

2. 滚动轴承的种类

滚动轴承的种类很多，一般按其承载力的方向分为三类：

1）深沟球轴承：主要用于承受径向载荷。

2）圆锥滚子轴承：主要承受轴向载荷和径向载荷。

3）推力球轴承：主要承受轴向载荷。

3. 滚动轴承表示法

滚动轴承常用的表示法有特征画法和规定画法，各种画法如图4-38～图4-40所示。画图的基本尺寸是由轴承代号查阅轴承标准确定的。

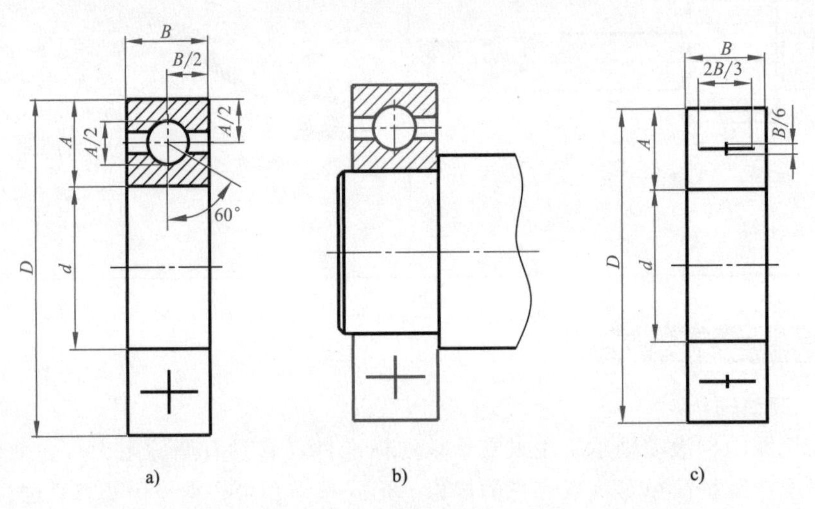

图4-38　深沟球轴承表示法

a）规定画法　b）装配画法　c）特征画法

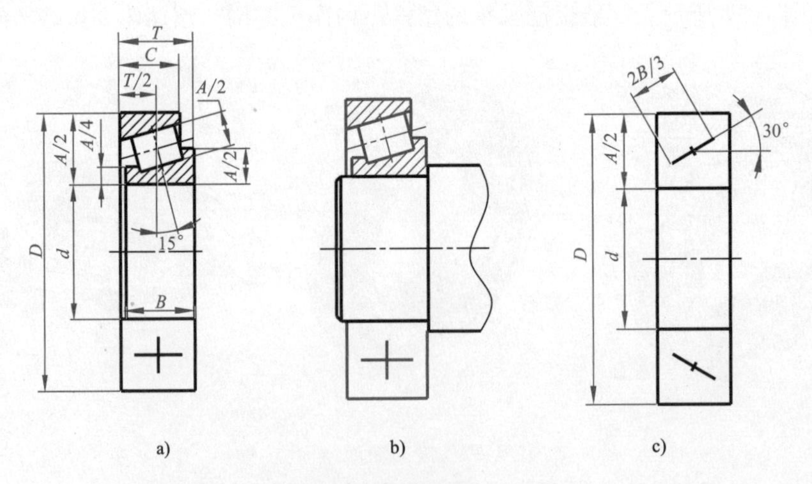

图4-39　圆锥滚动轴承表示法

a）规定画法　b）装配画法　c）特征画法

4. 滚动轴承的代号

一般滚动轴承的代号常用基本代号表示。基本代号由类型代号、尺寸代号、内径代号组成。

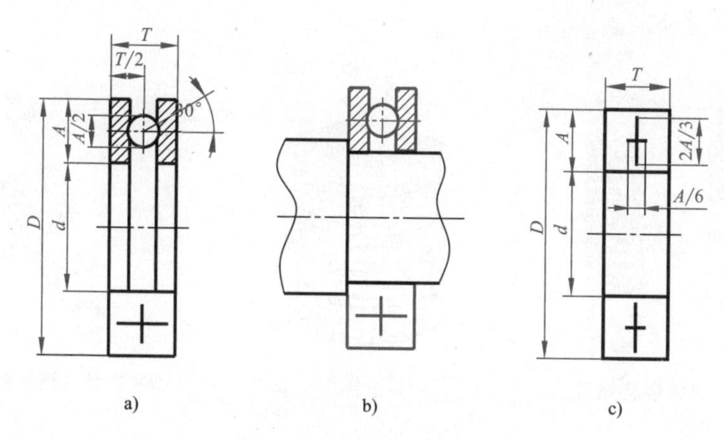

图 4-40 推力球轴承表示法

a）规定画法 b）装配画法 c）特征画法

滚动轴承的标记示例：

（1）轴承 6212 GB/T 276—1994

其中：

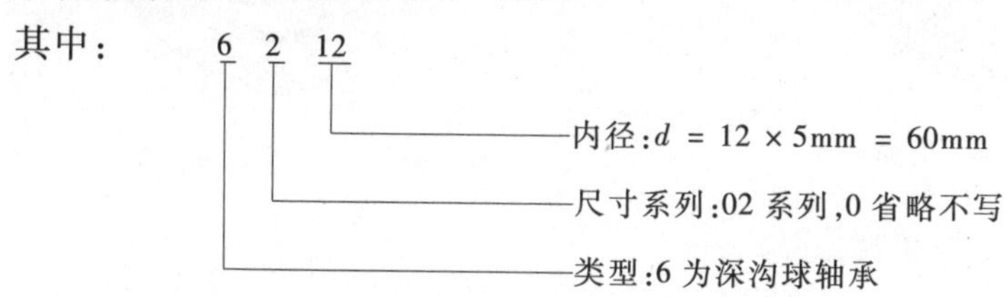

（2）轴承 30205 GB/T 297—1994

其中：

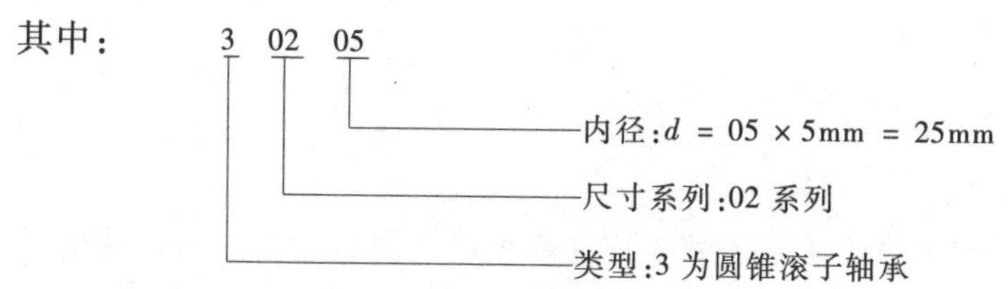

（3）轴承 51210 GB/T 301—1995

其中：

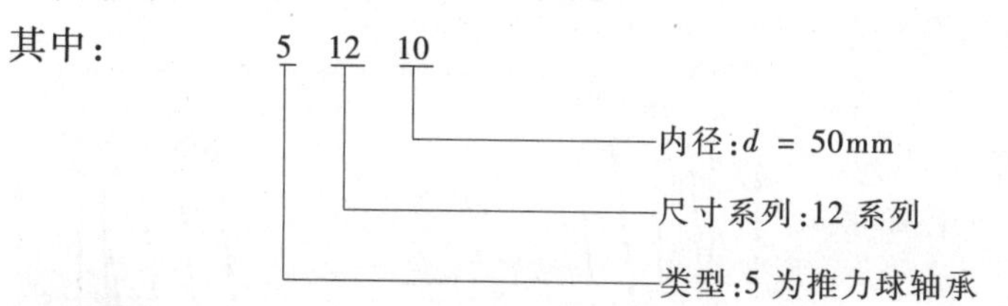

4.4.2 弹簧

弹簧是机器、车辆、仪表及电器中常用的零件，其作用一般为减振、夹紧和测力等。

弹簧的种类很多，常用的几种弹簧如图 4-41 ~ 图 4-45 所示。本节只介绍圆柱螺旋压缩弹簧的画法。

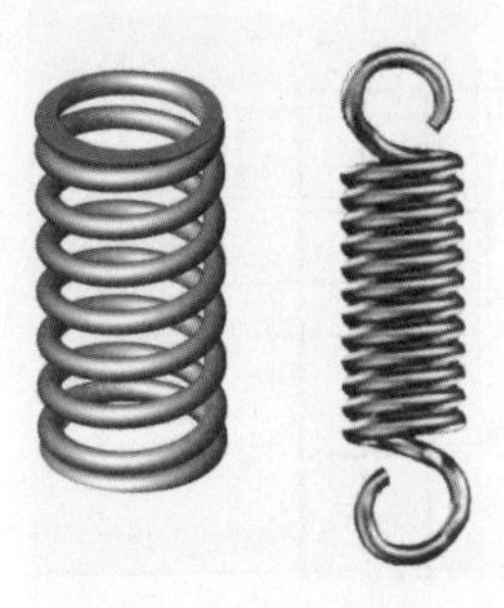

图 4-41　圆柱螺旋弹簧

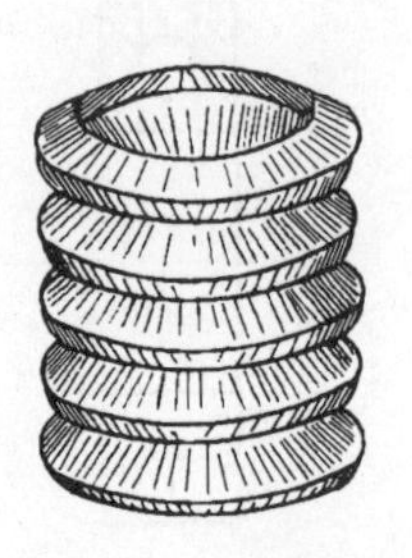

图 4-42　碟形弹簧

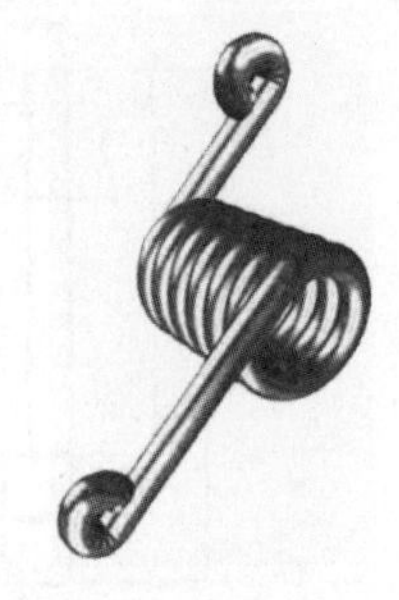

图 4-43　圆锥螺旋弹簧

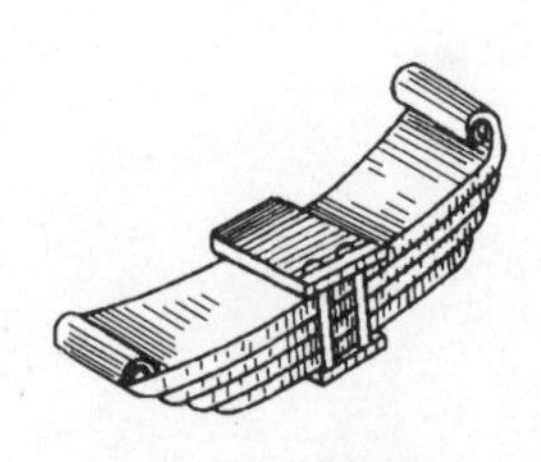

图 4-44　板弹簧

图 4-45　平面涡卷弹簧

1. 圆柱螺旋压缩弹簧各部分名称

如图 4-46 所示，圆柱螺旋压缩弹簧各部分名称如下：

1）弹簧丝直径 d。

2）弹簧内径 D_1。

3）弹簧外径 D。

4）弹簧中径 D_2。

5）支承圈数 n_2：是为了使压缩弹簧支承平稳，制造时将弹簧两端磨平，这部分只起支承作用，故称支承圈数。一般支承圈数有 1.5 圈、2 圈、2.5 圈三种，其中较常用的支承数为 2.5 圈。

6）节距 t：除支承圈外，相邻两圈的轴向距离称为节距。

7）有效圈数 n：除了支承圈数以外，节距相等的圈数称为有效圈数。

8）总圈数 n_1：支承圈

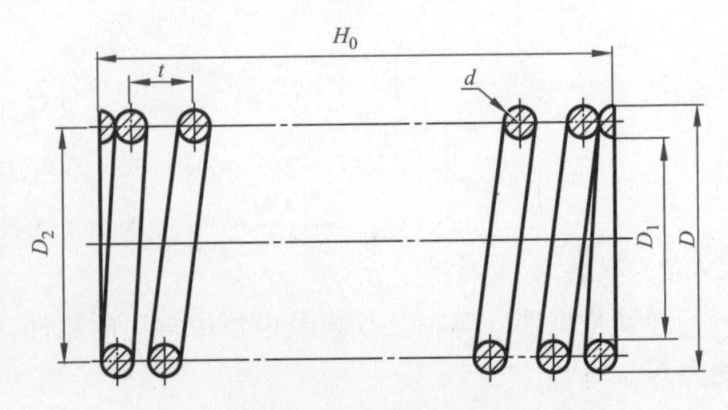

图 4-46　圆柱螺旋压缩弹簧各部分名称

数与有效圈数之和称为总圈数。$n_1 = n + n_2 = n + 1.5$（或 2、或 2.5）

9）自由高度 H_0：弹簧不受外力时的高度称自由高度。$H_0 = nt + (n_2 - 0.5)d$

10）旋向分“左旋”和“右旋”两种。

2. 圆柱螺旋压缩弹簧的画法

为了简化作图，国家标准规定了螺旋弹簧的视图、剖视图及示意图的画法，如图 4-47 所示。

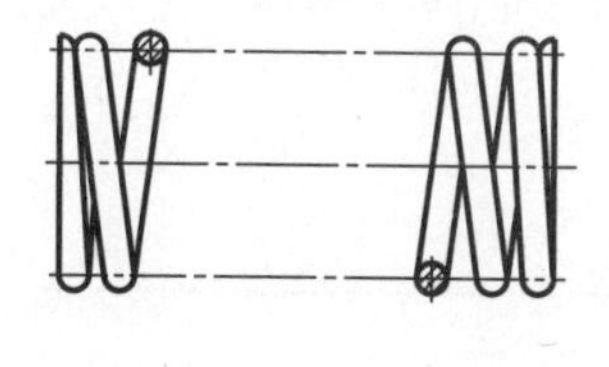

a)

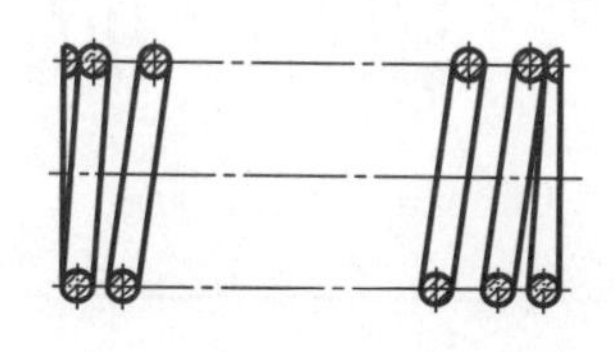

b)

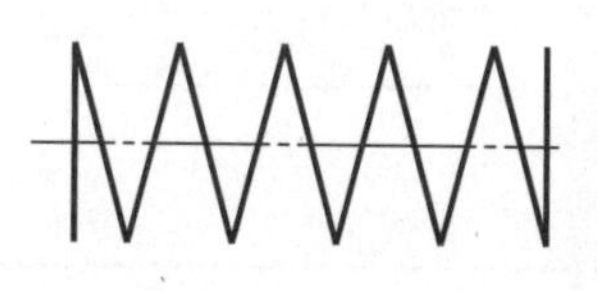

c)

图 4-47 圆柱螺旋压缩弹簧的画法

a）视图 b）剖视图 c）示意图

4.4.3 识读轴承和弹簧装配图（表 4-5）

表 4-5 识读轴承和弹簧装配图

零件在装配图中的表示法	零件表示法	说 明
		1）弹簧在装配图中示意表示法 2）弹簧后面零件的轮廓线画到弹簧外
		1）弹簧丝断面直径小于 ϕ2mm 时，断面用实心圆点表示 2）弹簧后面零件的轮廓线画到弹簧中径的点画线处

（续）

零件在装配图中的表示法	零件表示法	说　明
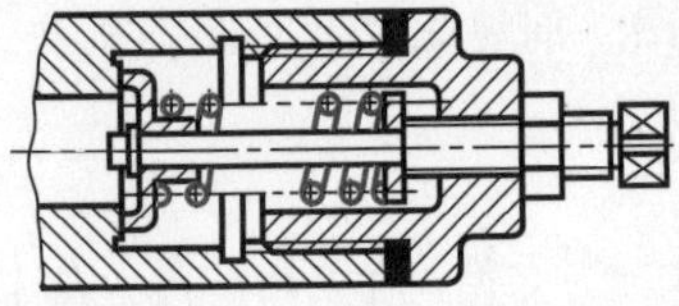	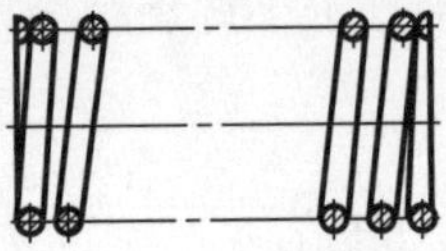	弹簧后面零件的轮廓线画到弹簧中径的点画线处

第5章 零件图的识读

零件图是制造和检验零件的依据。识读机械零件图是工程中必备的基础知识和技能。机械零件按其结构分为轴套、轮盘、叉架和箱座四大类，零件图中包括工件的结构表达、尺寸和精度要求、表面粗糙度和几何公差要求、材料及热处理要求等内容。本章主要介绍零件图涉及的有关知识和读零件图方法。

5.1 零件图的作用和内容

5.1.1 零件图的作用

任何机器都是由许多零件组成的，制造机器就必须先制造零件。表达单个零件的图样称为零件图，零件图是制造和检验零件的依据。实验室根据零件在机器中的位置和作用，对零件的外形、结构、尺寸、材料和技术要求等方面都提出了一定的要求。

5.1.2 零件图的内容

图 5-1 所示为泵盖零件图，一张完整的零件图应包括如下内容：

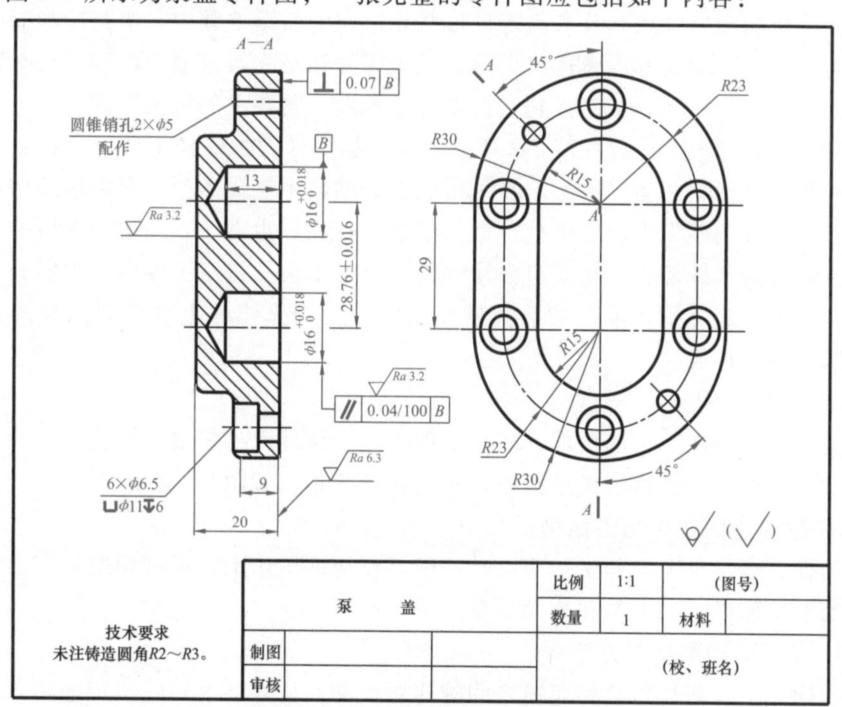

图 5-1 泵盖零件图

1. 一组图形

用必要的视图、剖视图、断面图及其他表达方法将零件的内、外结构形状正确、完整、清晰地表达出来。

2. 全部尺寸

正确、完整、清晰、合理地标注制造零件所需要的全部尺寸，表示零件及其结构的大小。

3. 技术要求

用符号标注或文字说明零件在制造和检验时应达到的一些要求。

4. 标题栏

填写零件的名称、材料、数量、图号、比例以及设计人员的签名等。

5.2 零件上常用的工艺结构

零件上的工艺结构，是通过不同的加工方法得到的。机械制造的基本加工方法有：铸造、锻造、切削加工、焊接、冲压等。下面仅对铸造工艺和切削加工工艺对零件的结构要求加以介绍。

5.2.1 零件上的铸造结构

1. 铸造过程

将熔化的金属浇入到具有与零件形状相适应的铸型空腔内，使其冷却凝固后获得铸件的加工方法称为铸造。大部分机械零件都是先铸造成毛坯件，再对某工作表面进行切削加工，从而得到符合设计要求和工艺要求的机械零件。

砂型铸造的生产流程如图 5-2 所示。即根据零件图由模样工做木模，若零件有空腔还需要做型芯箱；造型工将木模放在砂型箱中制成砂型和在型芯箱中制作型芯；然后，从砂型中取出木模，放入型芯，合箱。由图 5-2 可知，砂型中的空腔即是零件的实体部分。从浇口浇注铁液，直至铁液从冒口中溢出，说明铁液已充满砂型的空腔。待铁液冷却后落砂取出铸件，切除铸件上冒口和浇口的金属块，即得到铸件成品。

2. 铸造圆角

为了满足铸造工艺的要求，防止砂型落砂和铸件产生裂纹、缩孔等缺陷，在铸件的各表面相交处都要做成圆角，称为铸造圆角，如图 5-3 所示。

5.2.2 零件上的机械加工结构

铸件、锻件等毛坯的工作表面，一般要在切削机床上，通过切削加工，获得图样所要求的尺寸、形状和表面质量。

1. 常用的切削加工方法

切削加工是通过刀具和坯料之间的相对运动，从坯料上切除一定金属，从而达到零件表面要求的一种加工方法。不同的加工表面，在不同的机床上用不同的刀具及相对运动进行切削，常用的切削加工方法有：车削、铣削、钻削、刨削和磨削，如图 5-4 所示。

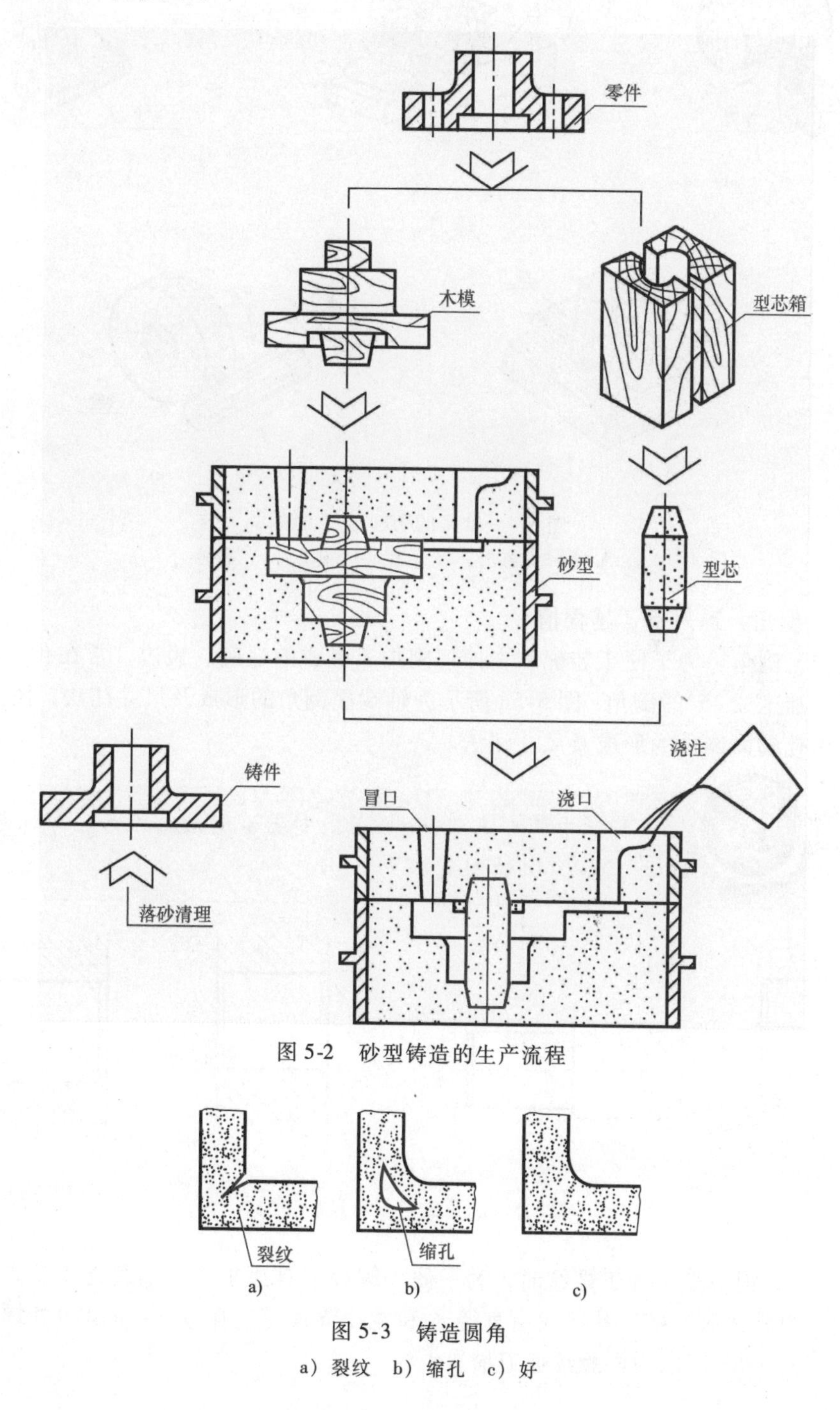

图 5-2 砂型铸造的生产流程

图 5-3 铸造圆角

a）裂纹 b）缩孔 c）好

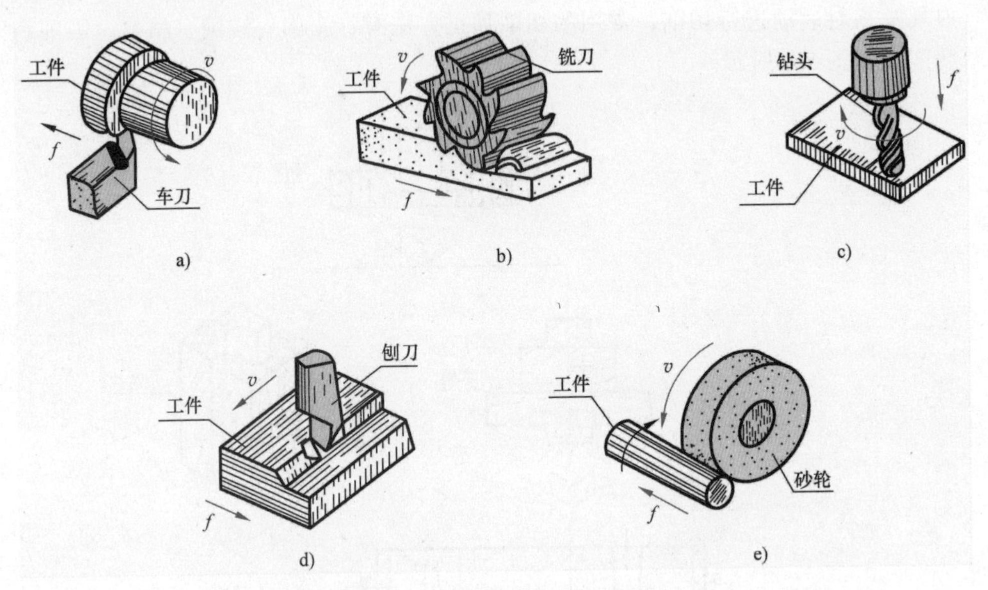

图 5-4 常用的切削加工方法

a）车削 b）铣削 c）钻削 d）刨削 e）磨削

2. 倒角、退刀槽、越程槽

（1）倒角 为了便于装配和去掉切削加工形成的毛刺、锐边，常在孔、轴的端部，加工成45°的倒角，图 5-5a 所示为轴端面倒角的形成及尺寸注法，图 5-5b 所示为孔端面倒角的形成及尺寸注法。

提示： 标注中的 C 表示45°倒角，1 表示倒角的距离。有时也加工成30°或60°的倒角。

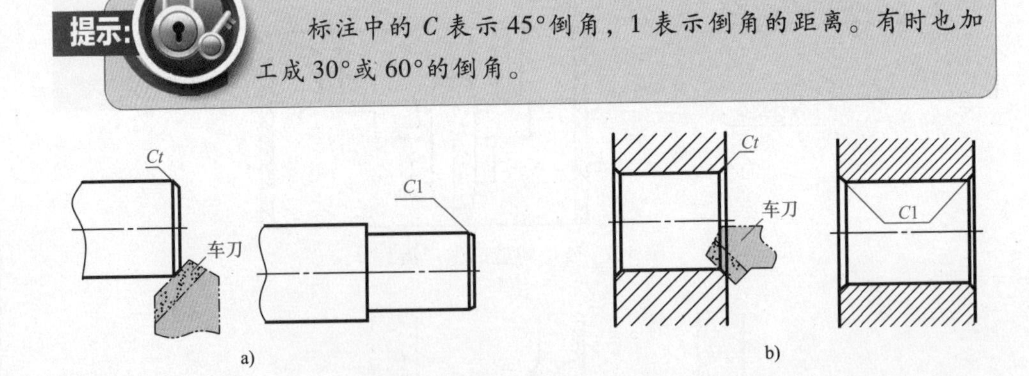

图 5-5 倒角的形成及尺寸注法

（2）退刀槽 加工螺纹时，为了便于螺纹刀具退出，在螺纹终止端先预先加工出圆槽称退刀槽。其尺寸由直径 ϕ 和宽度 b 决定。图 5-6a 所示为外螺纹退刀槽，图 5-6b 所示为内螺纹退刀槽。

退刀槽的尺寸通常有两种标注方法，槽宽 × 直径、槽宽 × 深度。图 5-6c、d 所示为退刀槽的尺寸注法。

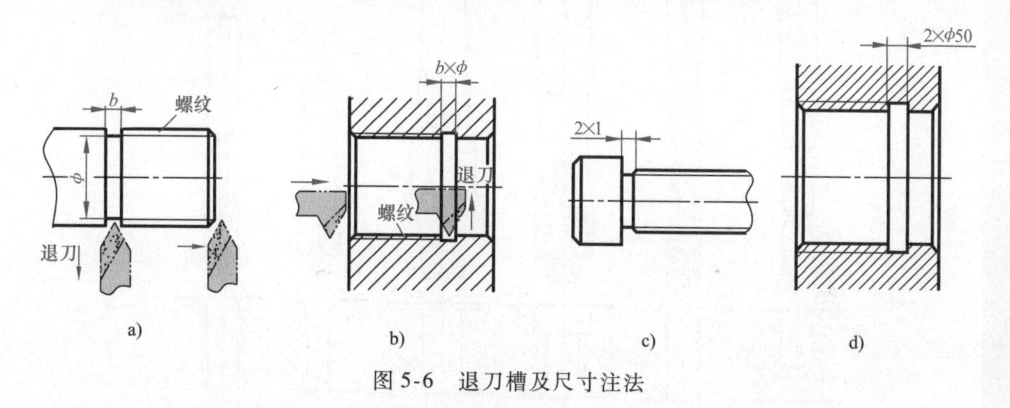

图 5-6　退刀槽及尺寸注法

（3）越程槽　磨削轴和孔的圆柱面时，便于砂轮略微越过加工面，预先加工出的圆槽称越程槽。图 5-7a 所示为轴表面越程槽，图 5-7b 所示为孔表面越程槽。

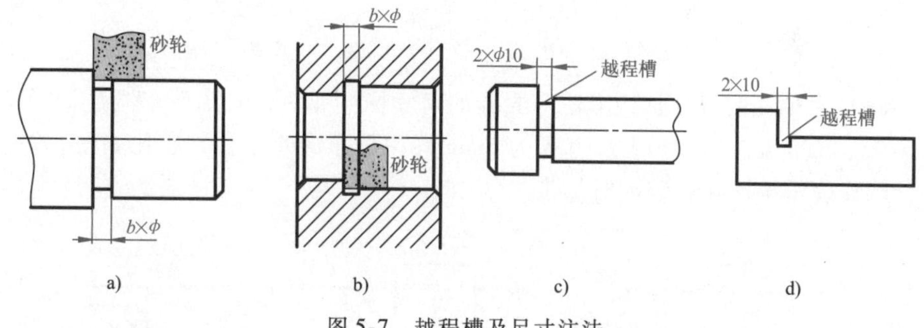

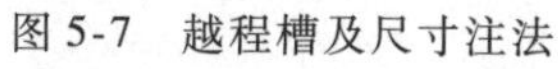
图 5-7　越程槽及尺寸注法

越程槽的尺寸标注与退刀槽的标注方法相同。图 5-7c、d 所示为越程槽的尺寸注法。

3. 常见孔的形成方法及尺寸注法

（1）各种常见孔的形成方法　零件上孔的结构很多，其获得的方法如图 5-8 所示。图 5-8a 所示为麻花钻头钻削直径不大的孔；图 5-8b 所示为定位销孔要求表面精度较高，需要用铰刀铰孔；图 5-8c、d、e 所示为圆柱沉孔、平面凹坑、圆锥沉孔，需要用锪刀加工；图 5-8f 所示为小螺纹孔，可用丝锥攻制螺纹。

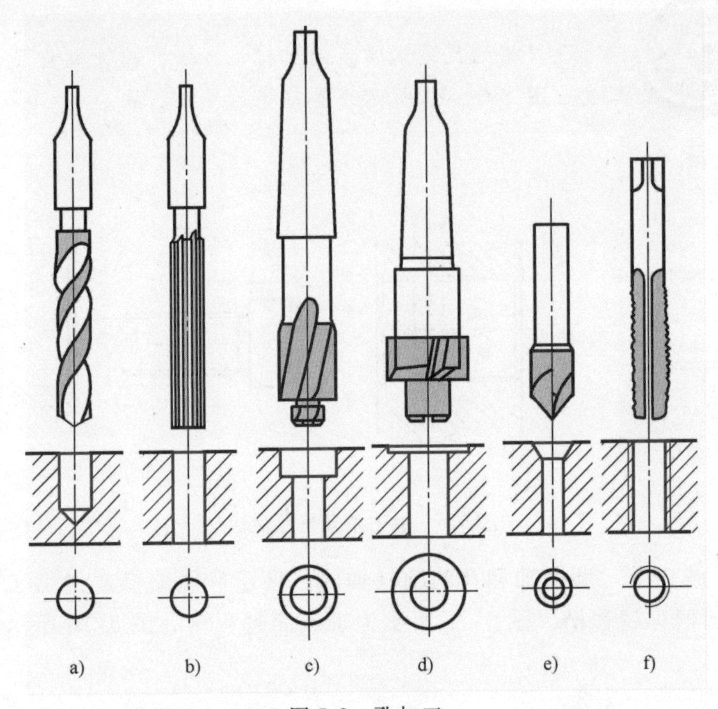

图 5-8　孔加工

a）钻孔　b）铰孔　c）、d）、e）锪沉孔　f）攻螺纹

（2）常见孔的尺寸标注方法　光孔的尺寸标注如图 5-9 所示。不通孔标注如图 5-9a、b 所示，4 × ϕ6 表示直径为 6mm 均匀分布的 4 个孔。通孔如图 5-9c 所示，配作表示锥销孔在装配时加工。

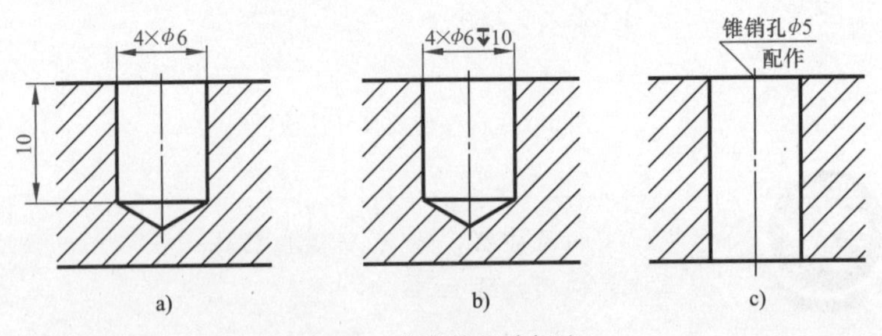

图 5-9　光孔的尺寸标注

沉孔的尺寸标注如图 5-10 所示。图 5-10a 所示为锥形沉孔的标注，6 × ϕ6. 5 表示直径为 6. 5mm 均匀分布的 6 个孔。ϕ10 × 90°表示沉孔形状为锥形，直径为 10mm，角度为 90°。图 5-10b 所示为柱形沉孔的标注，8 × ϕ6. 4 表示直径为 6. 4mm 均匀分布的 8 个孔。⌴ϕ12↧4.5表示沉孔形状为柱形，直径为 12mm，深度为 4. 5mm。

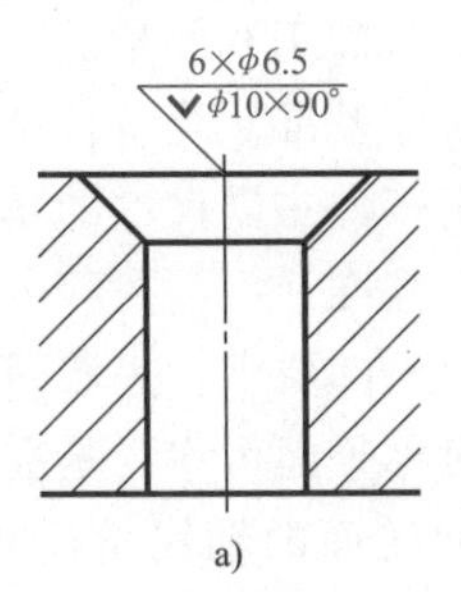

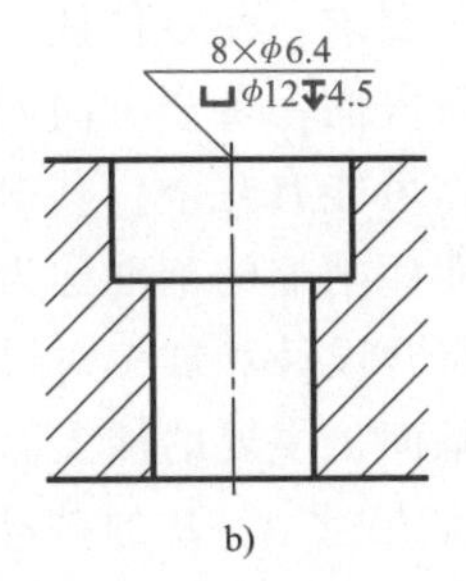

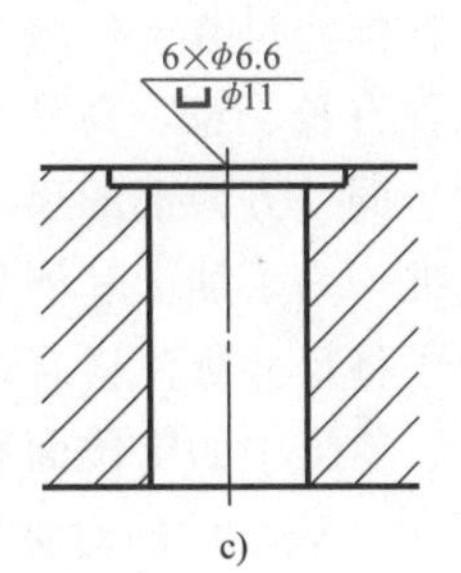

图 5-10　沉孔的尺寸标注

螺纹孔的尺寸标注如图 5-11 所示。图 5-11a 所示为螺纹通孔的标注，4 × M6-7H 表示公称直径为 6mm 均匀分布的 4 个螺纹孔，7H 表示螺纹中径、顶径的公差带代号。图 5-11b、c 所示为不通孔螺纹的标注。

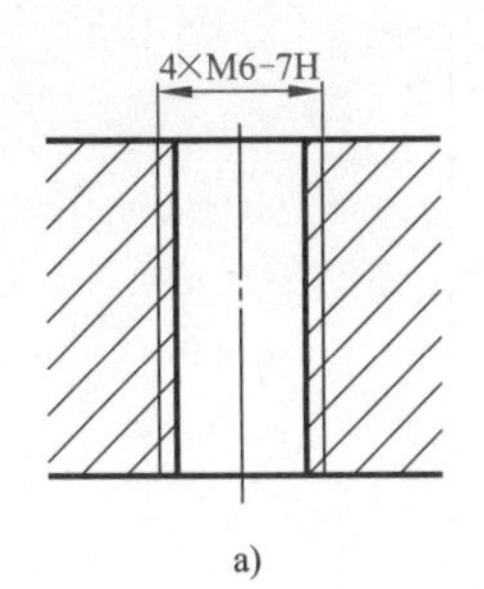

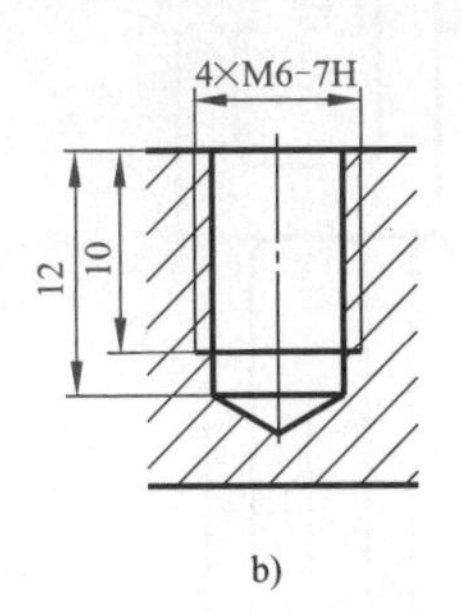

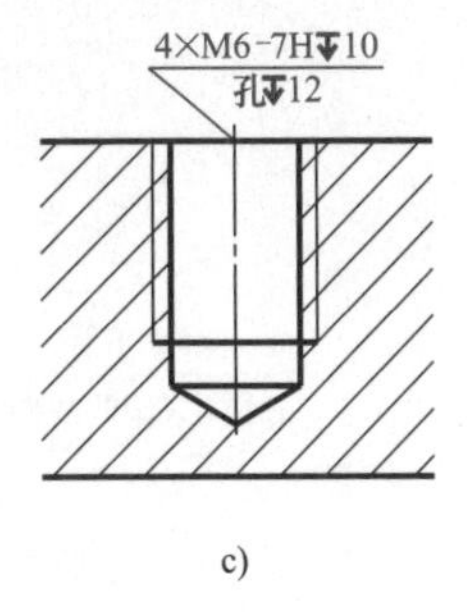

图 5-11　螺纹孔的尺寸标注

5.3　零件图的尺寸标注

零件图是制造、检验零件的重要文件，图形只表达零件的形状，而零件的大小则由图上标注的尺寸来确定。因此，零件图的尺寸标注除了要正确、完整、清晰以外，还要求合理。

5.3.1　尺寸基准

一般尺寸基准选择零件上的线或面。通常线基准选择轴或孔的轴线、对称中心线等。面基准选择零件上较大的加工面、两零件的结合面、零件的对称平面、重要端面或轴肩等。由于用途不同，基准可以分为两类。

1）设计基准：根据零件在机器中的位置、作用所选择的基准。

2）工艺基准：在加工或测量零件时所确定的基准。

从设计基准出发标注的尺寸，其优点是在标注尺寸上反映了设计要求，能保证所设计的零件在机器中的工作性能。

从工艺基准出发标注的尺寸，其优点是把尺寸的标注与零件的加工制造联系起来，在标注尺寸上反映了工艺要求，使零件便于制造、加工和测量。

零件有长、宽、高三个度量方向，每个方向均有尺寸基准。当零件结构比较复杂时，同一方向上的尺寸基准可能有几个，其中决定零件主要尺寸的基准称为主要基准，为了加工和测量方便而附加的基准称为辅助基准。

为了将尺寸标注得合理，符合设计和加工对尺寸提出的要求，一般回转结构的轴线、装配中的定位面和支承面、主要的加工面和对称平面可作为基准。如图5-12所示，该零件的对称平面是尺寸 A、B 的基准；回转面的轴线是尺寸 C、E 的基准；底面是尺寸 D 的基准。

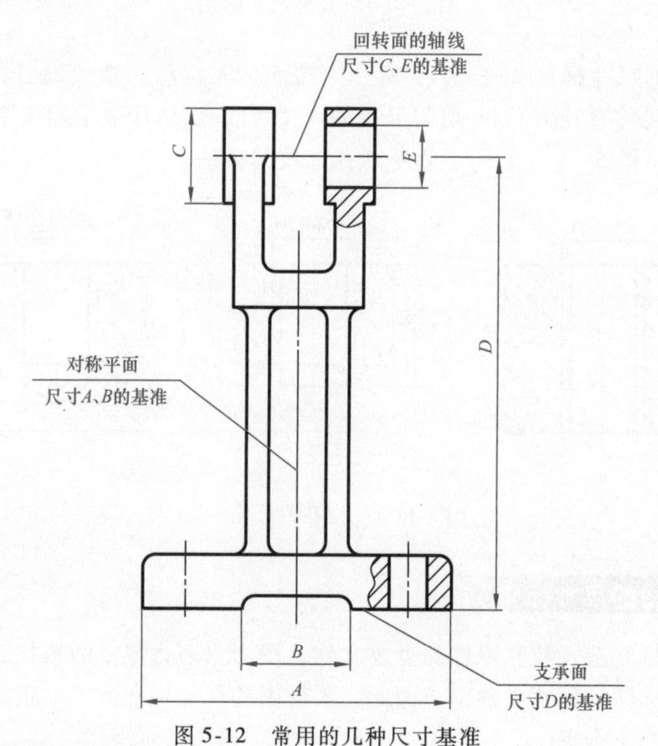

图5-12　常用的几种尺寸基准

5.3.2　标注尺寸的一般原则

1. 零件上的重要尺寸必须直接给出

重要的尺寸主要是指直接影响零件在机器中的工作性能和相对位置的尺寸。常用的如零件间的配合尺寸、重要的安装尺寸等。零件的重要尺寸应从基准直接注出，避免尺寸换算，以保证加工时能达到尺寸要求。如图5-13所示，支架轴孔直径 E、中心孔 D 都是直接标注的，用以保证中心高尺寸的精度。

2. 避免出现封闭的尺寸链

封闭的尺寸链是指头尾相接，绕成一圈的尺寸。如图5-14a所示的阶梯轴，长度方向尺寸 A_1、A_2、A_3、A_0 首尾相接，构成一条封闭尺寸链，应当避免这种情况。因为，尺寸 A_1 是尺寸 A_2、A_3、A_0 之和，而尺寸 A_1 有一定的精度要求。但在加工时，尺寸 A_2、A_3、A_0 各自都产生误差，这样所有的误差便会积累到尺寸 A_1 上，不能保证设计的精度要求。若要保证尺寸 A_1 的精度要求，就必须提高尺寸 A_2、A_3、A_0 每段尺寸的精度，这将给加工带来困难，并提高成本。

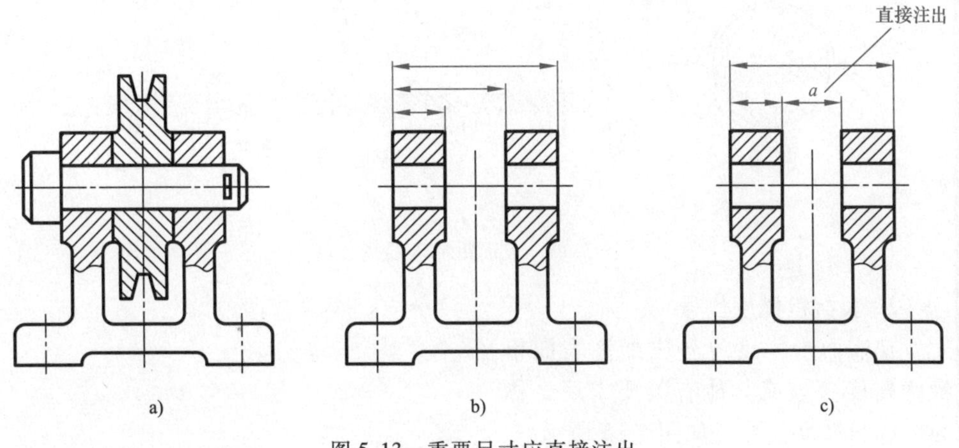

图 5-13 重要尺寸应直接注出

a）装配图 b）不好 c）好

所以当几个尺寸构成封闭的尺寸链时，应当在尺寸链中挑选一个不重要的尺寸空出不标注（开口环），以使所有的误差都积累有此处，如图 5-14b 所示。

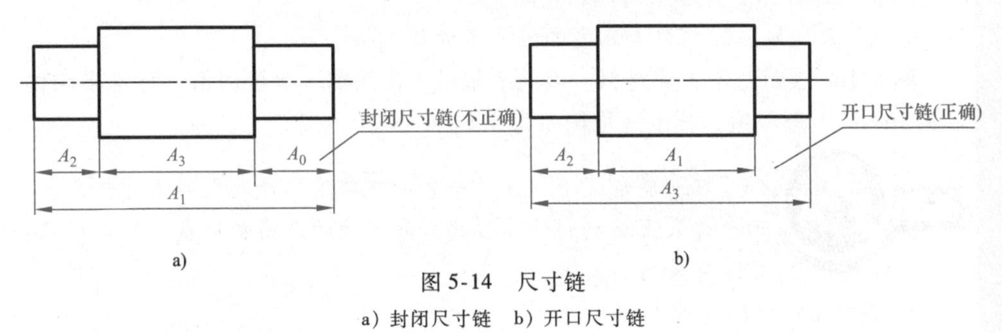

图 5-14 尺寸链

a）封闭尺寸链 b）开口尺寸链

5.4 零件的技术要求

零件的表面粗糙度、零件的尺寸精度、零件的几何精度，在零件的加工中必须按设计给定的要求制造。本节主要介绍零件的表面粗糙度符号在零件图上的标注方法，尺寸公差与配合的标注方法，几何公差的表示方法。

5.4.1 表面粗糙度

1. 表面粗糙度的概念

表面粗糙度是指加工表面上所具有的较小间距和峰谷所组成的微观几何形状

特性。是指零件表面加工后遗留的痕迹，在微小的区间内形成的高低不平的程度（即粗糙的程度）用数值表现出来，作为评价表面状况的一个依据。

若将加工表面横向剖切，经放大若干倍就会看出它高低不平的状况，如图 5-15 所示。

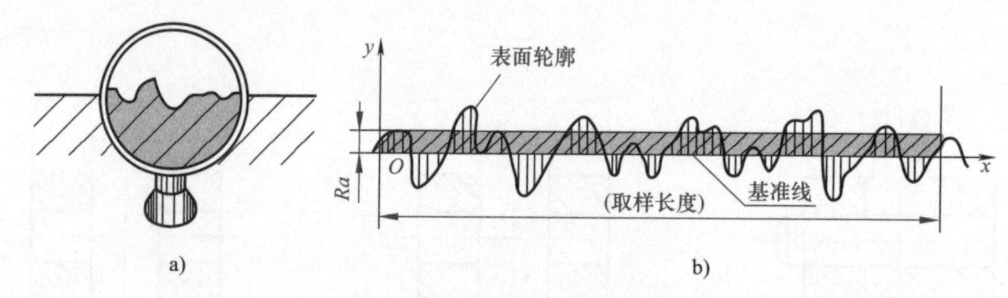

图 5-15　表面粗糙度的概念

2. 表面粗糙度代号

在表面粗糙度符号中加注表面粗糙度高度参数或其他有关要求后，称为表面粗糙度代号，如图 5-16 所示。

Ra 3.2　　*Rz* 0.4　　U *Ra* max 3.2 L *Ra* 0.8

a)　　b)　　c)

图 5-16　图样中表面粗糙度代号

图 5-16a 表示：去除材料，单向上限值，*R* 轮廓，算术平均偏差 3.2μm。

图 5-16b 表示：不去除材料，单向上限值，*R* 轮廓，轮廓最大高度的最大值为 0.4μm。

图 5-16c 表示：不去除材料，双向上限值，*R* 轮廓，上极限值，算术平均偏差 3.2μm；下极限值，算术平均偏差为 0.8μm。

注意：在一般情况下标注的是表面粗糙度高度参数的上限值，表示允许表面粗糙到什么程度。所标注的表面粗糙度要求是对完工零件表面的要求。

3. 表面粗糙度标注要求

表面粗糙度符号一般注在可见轮廓线、尺寸线或其延长线上，符号的尖端必须从材料外指向材料被注表面，数字及符号的注写方向必须与尺寸数字方向一致。各方向符号的标注如图 5-17 所示。

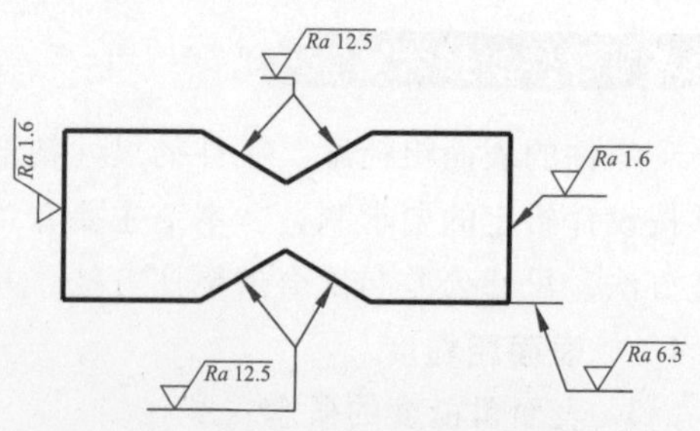

图 5-17　图样中表面粗糙度代号的方向

4. 表面粗糙度在零件图上的标注方法示例（图 5-18 ~ 图 5-20）

如图 5-18 所示，圆柱表面和切平面处表面粗糙度的标注。

如图 5-19 所示，表面粗糙度可以用带箭头或实心圆点的引线标注。

如图 5-20 所示，当工件有多数相同的表面粗糙度要求时，可以统一标注在标题栏附近。如图 5-20a 表示其余表面粗糙度为 *Ra*3.2μm，如图 5-20b 表示除 *Ra*1.6μm 和 *Ra*6.3μm 以外，其余表面粗糙度值为 *Ra*3.2μm。

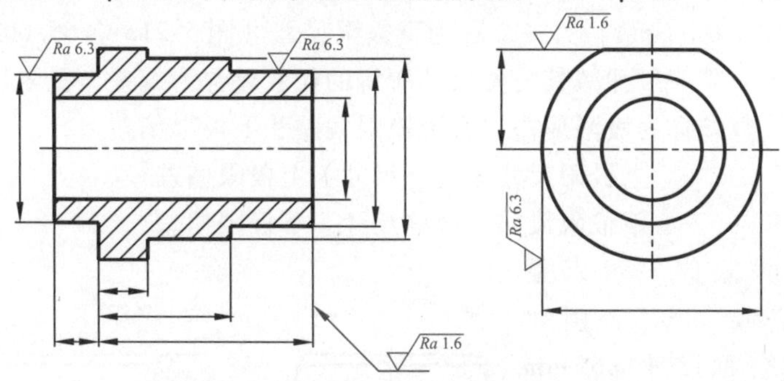

图 5-18 表面粗糙度要求标注（一）

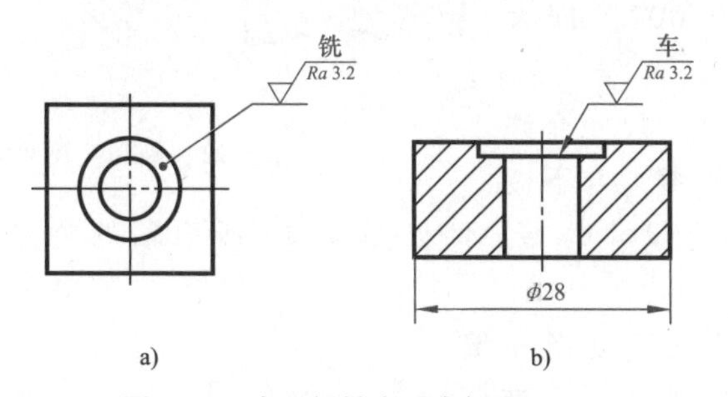

图 5-19 表面粗糙度要求标注（二）

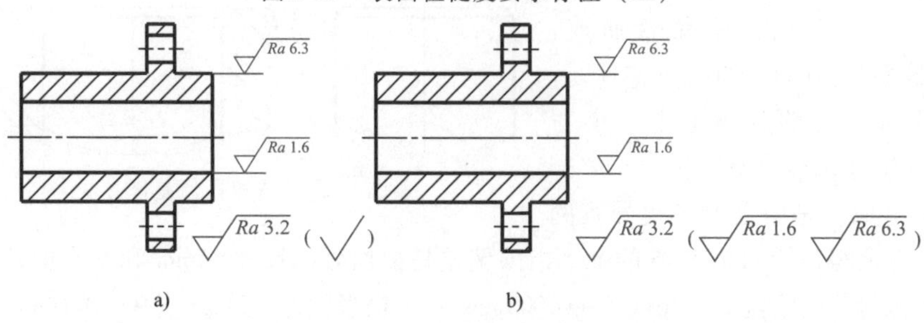

图 5-20 表面粗糙度要求标注（三）

5.4.2 极限与配合

机器和部件是由各种零件组成的。根据设计要求的不同，这些零件在工作中可以是相对静止或者相对运动，即形成了不同性质的配合。为了保证零件装配后能达到性能要求，并具有互换性，这些零件加工后应当满足尺寸要求。所谓满足尺寸要求，即是要求尺寸保持在某个合理的范围内。这个范围应该既能够满足使用性能的要求，又能够在制造上经济合理。

1. 部分术语及简介

(1) 公称尺寸　设计给定的尺寸称为公称尺寸。例如图 5-21 中，孔或轴的直径尺寸 ϕ65mm 称为公称尺寸。

(2) 极限尺寸　允许尺寸的两个极端称为极限尺寸。一个称为上极限尺寸 (图 5-21a 中 65.021mm)，另一个称为下极限尺寸 (图 5-21a 中 65.002mm)。

(3) 偏差　某一尺寸减其公称尺寸所得的代数差称为偏差。极限尺寸减公称尺寸所得的代数差称为极限偏差，有上极限偏差和下极限偏差之分。

上极限尺寸 - 公称尺寸 = 上极限偏差

下极限尺寸 - 公称尺寸 = 下极限偏差

上、下极限偏差可以是正值、负值或“零”。例如图 5-21a 中公称尺寸 ϕ65mm 右边的“+0.021”即为上极限偏差，“+0.002”即为下极限偏差。

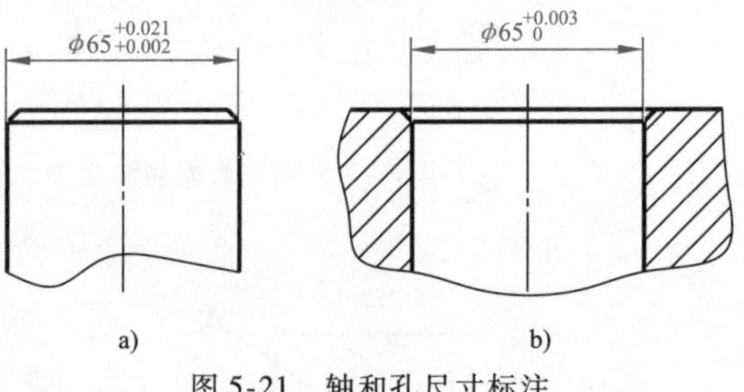

图 5-21　轴和孔尺寸标注

(4) 尺寸公差　尺寸允许的变动量 (上极限偏差与下极限偏差之差) 称为尺寸公差。例如图 5-21a 所示轴的公差为：0.021mm - 0.002mm = 0.019mm。

(5) 公差带代号　由基本偏差代号的拉丁字母和表示标准公差等级的阿拉伯数字组合而成，例如图 5-22 中的“k6”、“H7”；大写字母为孔的基本偏差，小写字母为轴的基本偏差。

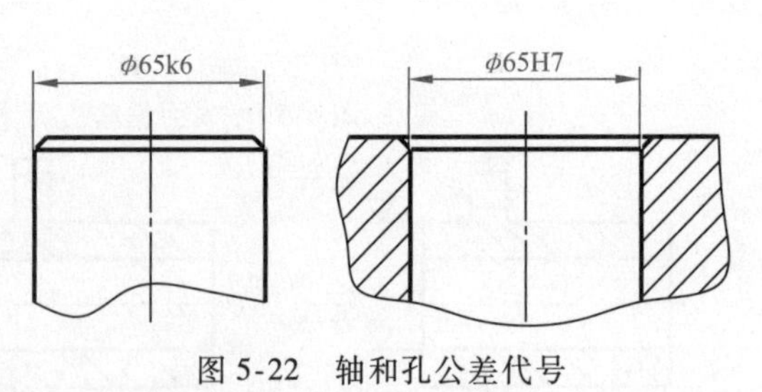

图 5-22　轴和孔公差代号

尺寸偏差是由公差带代号查阅有关标准所得，例如 ϕ65 k6 的上下极限偏差是根据公称尺寸 65mm 和基本偏差代号 k6，查表得下极限偏差 +2μm (+0.002mm)；上极限偏差 +21μm (+0.021mm)。

(6) 配合代号　公称尺寸相同的轴和孔互相结合时公差带之间的关系称为配合。由孔、轴的公差带代号以分式的形式组成配合代号，例如图 5-22 中轴与孔结合时组成的配合代号为“H7/ k6”。

2. 在零件图中线性尺寸公差的标注方法

在零件图中有三种标注线性尺寸公差的方法：一是标注公差带代号，二是标注极限偏差值，三是同时标注公差带代号和极限偏差值。这三种标注形式具有同等效力，可根据具体需要选用，如图 5-23 所示。

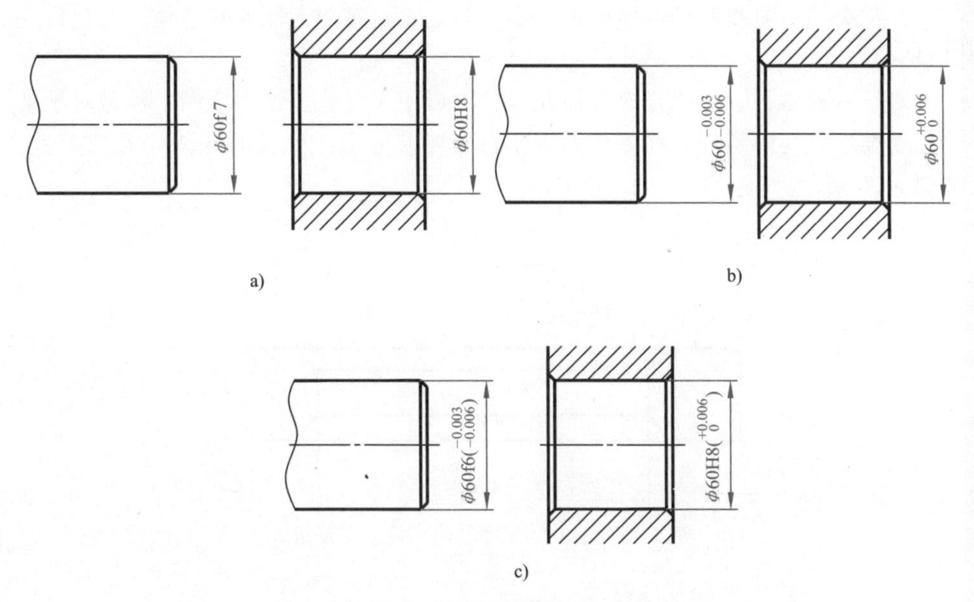

图 5-23 零件图标注线性尺寸公差的方法

a）只标注公差带代号 b）只标注上、下极限偏差值 c）同时标注公差带代号和极限偏差值

3. 在装配图中配合尺寸的标注方法

一般在装配图中标注线性尺寸的配合代号或分别标出孔和轴的极限偏差值。

1）在装配图中标注线性尺寸的配合代号时，在尺寸线的上方用分数形式标注，分子为孔的公差带代号（字母用大写），分母为轴的公差带代号（字母用小写），如图 5-24 所示。

2）标注标准件与零件的配合代号时，可以只标注相配零件的公差带代号，如图 5-25 所示，图中轴承与零件轴、孔表面处的配合，只标注轴、孔的公差带代号，不标注轴承的公差带代号。

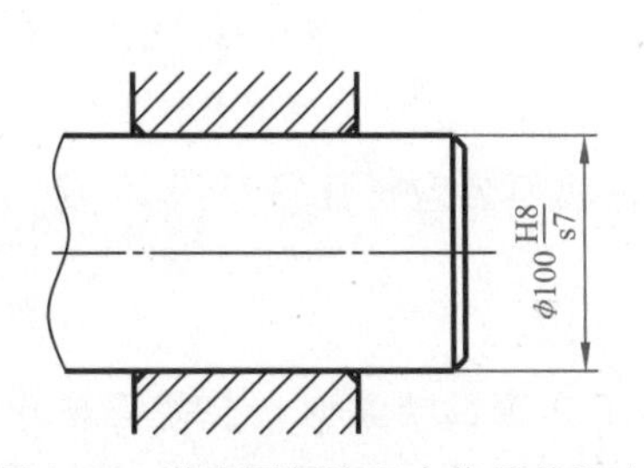

图 5-24 装配图标注配合代号的注法

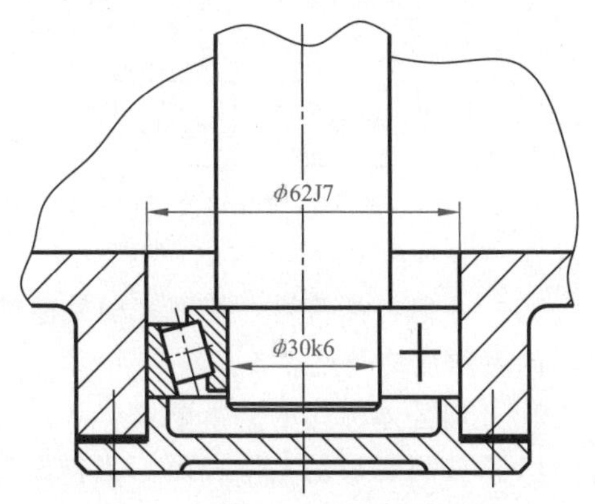

图 5-25 轴承与零件配合的标注

5.4.3 几何公差

几何公差，是指零件的实际形状和实际位置对理想形状和理想位置的允许变动量。

对于一般零件，如果没有标注几何公差可用尺寸公差加以限制，但是对于某些精度要求较高的零件，在零件图中不仅规定尺寸公差，而且还规定几何公差，如图 5-26 所示。

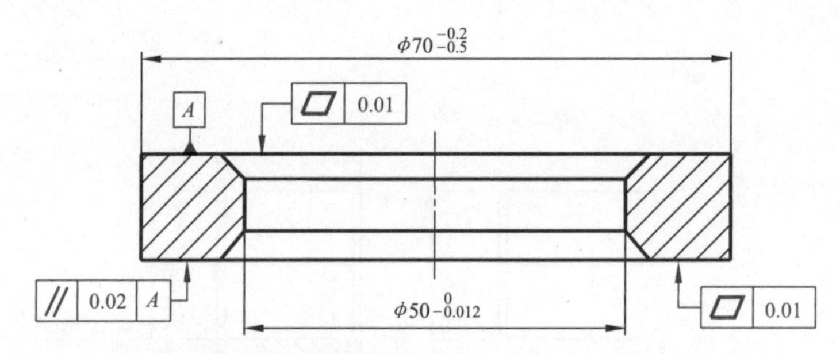

图 5-26　推力轴承轴盘的几何公差要求

1. 几何公差代号和基准符号

在图样上，一般几何公差要求用代号标注，当无法用代号标注时，允许在技术要求中用文字说明。

（1）几何公差代号　几何公差代号为带引线的框格，箭头指向被测要素。框格由两格或多格组成，框格自左向右填写，各格内容如图 5-27 所示。

（2）基准符号　与被测要素相关的基准用一个大写字母表示，字母标注在基准方框内，与一个涂黑或空白的三角形相连表示基准，如图 5-28 所示。无论基准符号在图中的位置如何，框中的字母一律水平书写。

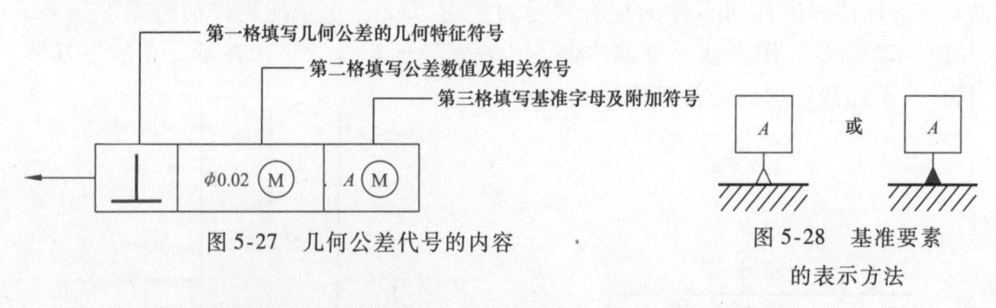

图 5-27　几何公差代号的内容

图 5-28　基准要素的表示方法

（3）几何特征符号　按国家相关标准规定，几何公差特征项目共 19 项，各项目的名称及符号见表 5-1。

2. 几何公差标注的基本要求

（1）被测要素是工作表面　当被测要素是工作表面要素时，公差框格指引线的箭头垂直于要指向的被测要素。如图 5-29a 所示，上、下两平面分别有平面度要求；如图 5-29b 所示，ϕ30 圆柱表面有圆柱度要求；如图 5-29c 所示，ϕ15 孔表面有圆度要求。

表 5-1 几何特征符号

公差类型	几何特征	符号	有无基准	公差类型	几何特征	符号	有无基准
形状公差	直线度	—	无	位置公差	位置度	⌖	有或无
	平面度	▱	无		同心度（用于中心点）	◎	有
	圆度	○	无		同轴度（用于轴线）	◎	有
	圆柱度	⌭	无		对称度	⌯	有
	线轮廓度	⌒	无		线轮廓度	⌒	有
	面轮廓度	⌓	无		面轮廓度	⌓	有
方向公差	平行度	//	有	跳动公差	圆跳动	↗	有
	垂直度	⊥	有		全跳动	⌰	有
	倾斜度	∠	有				
	线轮廓度	⌒	有				
	面轮廓度	⌓	有				

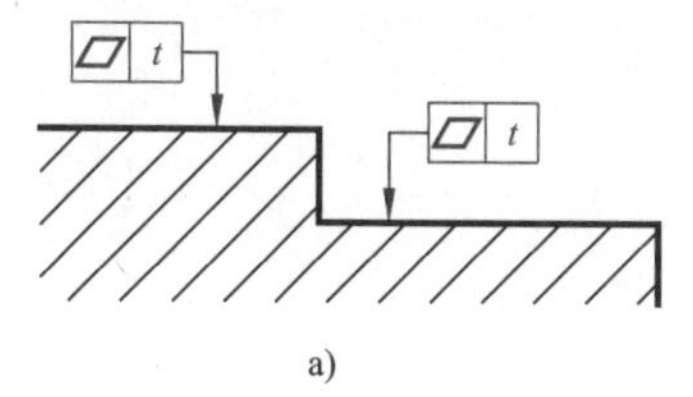

a)

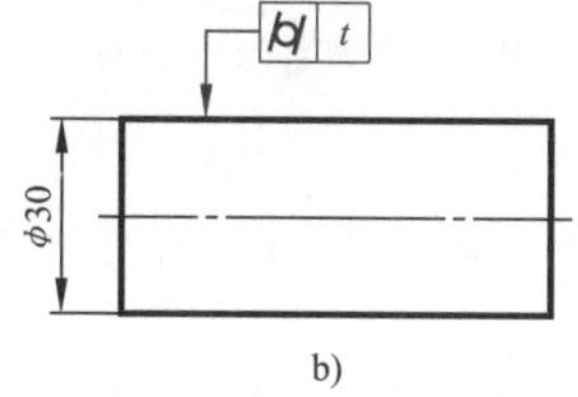

b)

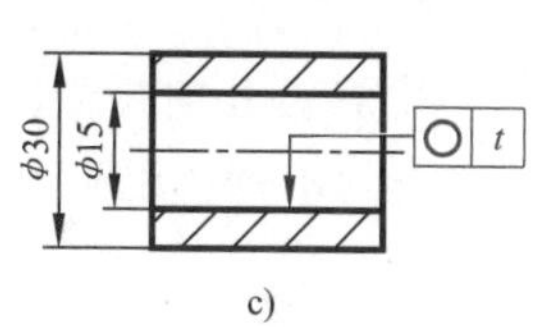

c)

图 5-29 被测要素是工作表面的标注方法

（2）基准要素是工作表面 当基准要素是工作表面要素时，基准符号的三角形要对着基准要素，如图 5-30 所示。

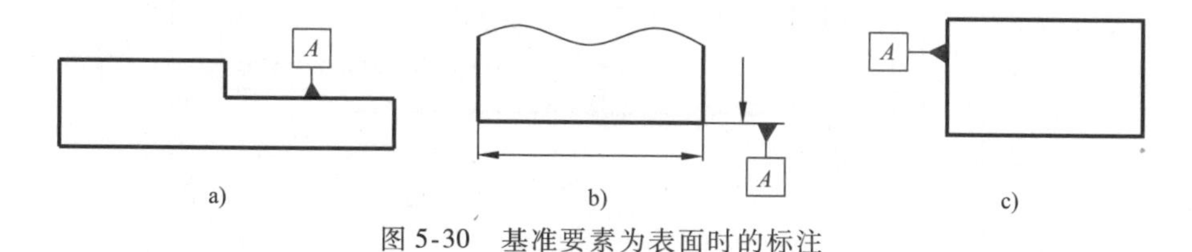

a) b) c)

图 5-30 基准要素为表面时的标注

（3）被测要素是中心要素 当被测要素是回转体的轴线或对称中心线时，公差框格指引线的箭头垂直于指向被测要素的轴线或中心线，并且要与尺寸线对齐。如图 5-31a 所示，ϕ30 圆柱的轴线有直线度要求；如图 5-31b 所示，ϕ30 圆柱的轴线有同轴度要求；如图 5-31c 所示，槽的中心线有对称度要求。

（4）基准要素是中心要素 当基准要素是回转体的轴线或对称中心线时，基准符号的三角形要对着基准轴线，并且要与尺寸线对齐不能错开。如图 5-32a 所示，基准是 ϕ30 圆柱的轴线；如图 5-32b 所示，基准是 ϕ30 圆柱的轴线；如图 5-32c 所示，基准是槽的中心线。

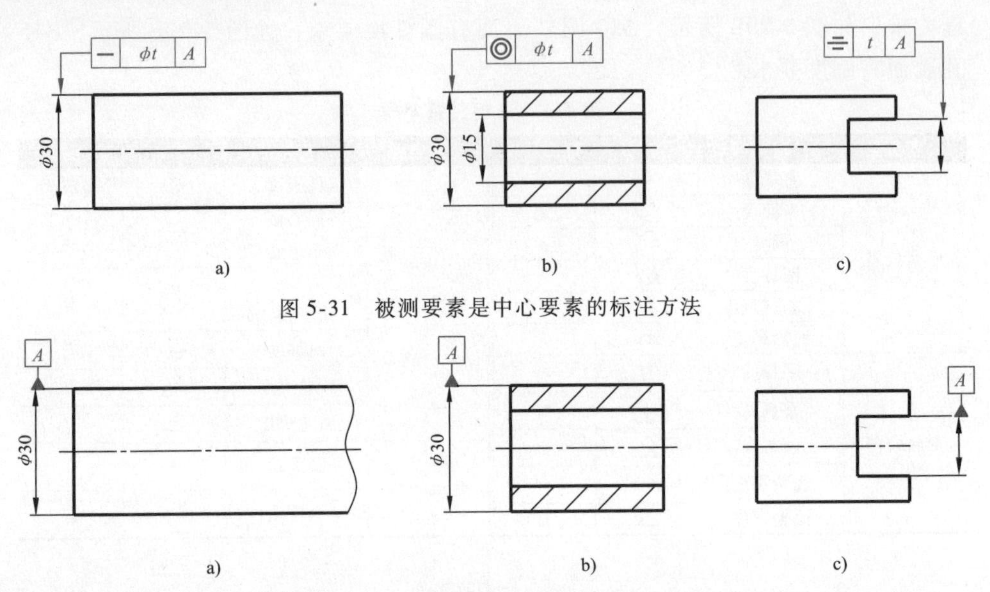

图 5-31　被测要素是中心要素的标注方法

图 5-32　基准要素为中心要素时的标注

3. 识读几何公差标注

读图示例：说明图 5-33 所示的几何公差的含义。

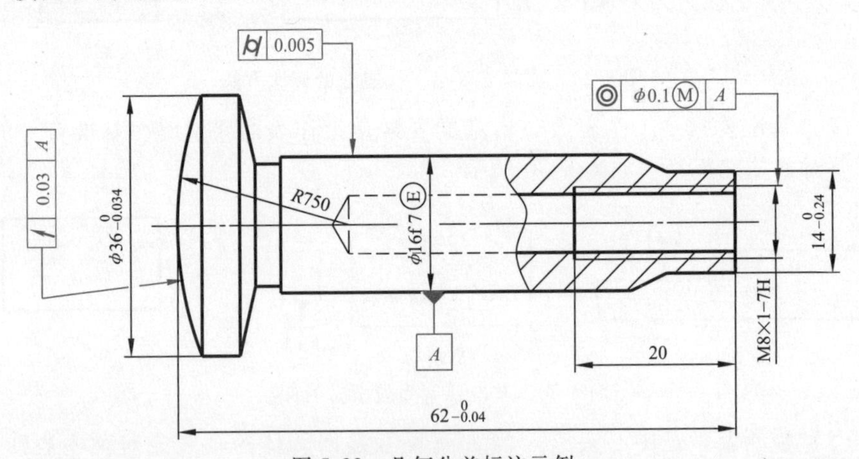

图 5-33　几何公差标注示例

↗ 0.03 A 的含义：被测要素是 $R750$mm 球面，基准要素是 $\phi16$f7 轴段的轴线，公差项目是圆跳动，公差值为 0.03mm。

⌭ 0.005 的含义：被测要素是 $\phi16$f7 的圆柱表面，公差项目是圆柱度，公差值为 0.005mm。

◎ ϕ0.1Ⓜ A 的含义：被测要素是 M18×1－7H 孔的轴线，基准要素是 $\phi16$f7 轴段的轴线，公差项目是同轴度；公差值是 ϕ0.1mm。

5.5 识读零件图

根据零件的形状特征、表达方法和加工方法的某些共同点，将零件分为四大类：轴套类零件、轮盘类零件、叉架类零件和箱座类零件。

5.5.1 轴套类零件

轴一般用来支承传动零件和传递动力。套一般是安装在轴上，起轴向定位、传动或连接等作用。轴类零件通常指回转的实心结构，并且轴向长度大于直径 3 倍以上的零件，套类零件通常是指带孔的回转结构并且轴向长度小于直径 3 倍的零件。轴套类零件如图 5-34 所示。

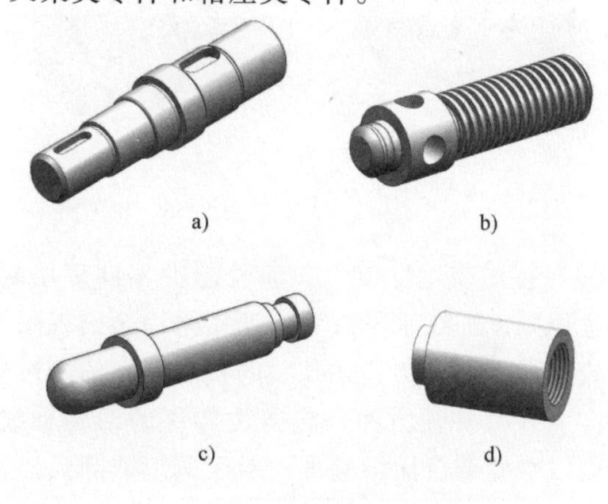

图 5-34 轴套类零件

轴套类零件的主要特点：

（1）结构特点　通常轴套类零件由几个不同直径的同轴回转体组成，上面常有键槽、退刀槽、越程槽、中心孔、销孔以及螺纹等结构。

（2）主要加工方法　一般轴套类零件的毛坯用棒料，主要加工方法是车削、镗削和磨削。

（3）视图表达特点　轴套类零件的主视图按加工位置表达其主体结构。采用断面图、局部剖视图、局部放大图等表达零件的局部结构。

（4）尺寸标注方面　轴套类零件以回转轴线作为径向尺寸基准，以重要端面作为轴向尺寸基准。主要尺寸直接注出，其余尺寸按加工顺序标注。

（5）技术要求　轴套类零件有配合要求的表面，其表面粗糙度值较小。有配合要求的轴颈、主要端面一般有几何公差要求。

5.5.2 轮盖类零件

轮盖类零件包括带轮、齿轮、手轮、端盖、压盖、法兰盘等。一般轮用来传递动力和转矩，盖主要起轴向定位以及密封等作用。轮盖类零件如图 5-35 所示。

轮盖类零件的主要特点：

（1）结构特点　轮盖类零件的主体部分由回转体组成，也可能是其他几何形状的扁平盘形状。零件通常有键槽、轮辐、均匀分布的螺孔、销孔、光孔、凸凹台等结构，并且常有一个端面与部件中的其他零件结合。

（2）主要加工方法　轮盖类零件的毛坯多为铸件，主要在车床上加工，较薄的工件采用刨床或铣床加工。

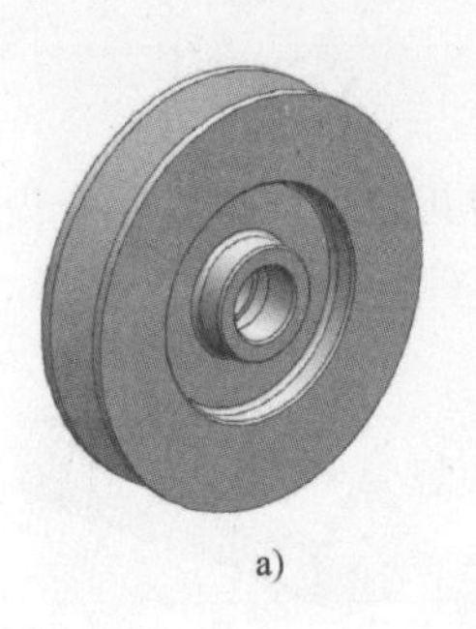
a)

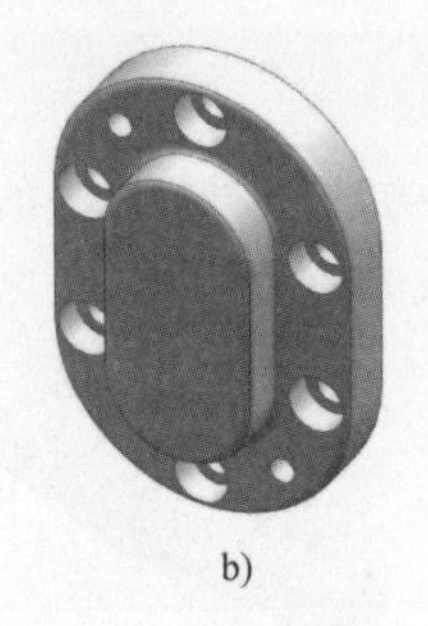
b)

c)

图 5-35　轮盖类零件

(3) 视图表达特点　一般轮盖类零件采用两个基本视图表达。主视图按加工位置原则，轴线水平放置，通常采用全剖视图表达内部结构；另一个视图表达外形轮廓和其他结构，如孔、肋板、轮辐的相对位置等。

(4) 尺寸标注方面　轮盖类零件的回转轴线是径向尺寸的主要基准，轴向尺寸则以主要结合面为基准。对于圆形或圆弧形盖类零件上的均布孔，一般采用"$n \times \phi x$ EQS"的形式标注时，角度定位尺寸可省略。

(5) 技术要求　轮盖类零件重要的轴、孔和端面尺寸精度要求较高，且一般都有几何公差要求，如同轴度、垂直度、平行度和轴向圆跳动等。配合的内、外表面及轴向定位端面的表面有较高的表面粗糙度要求。材料多数为铸件，有时效处理和表面处理要求。

5.5.3　叉架类零件

叉架类零件包括拨叉、连杆、支架、支座等。拨叉主要用于机床、内燃机等各种机器上的操纵机构。支架主要起支承和连接作用。叉架类零件如图 5-36 所示。

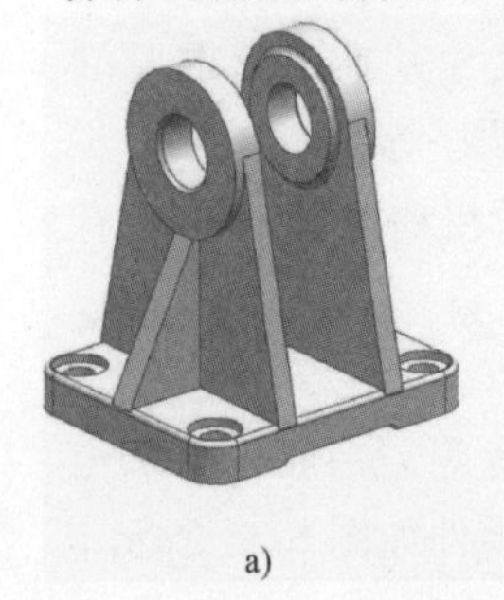
a)

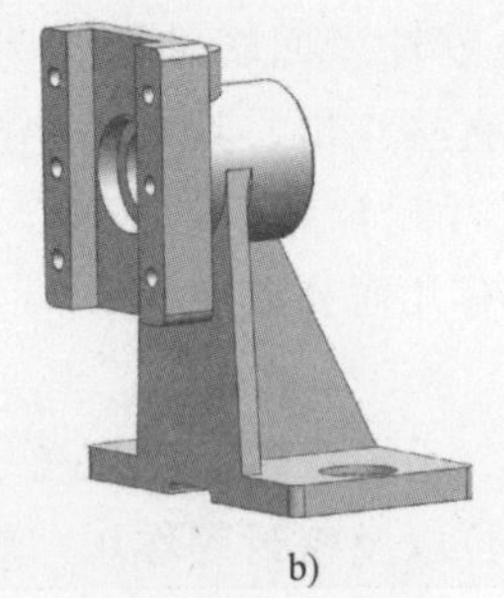
b)

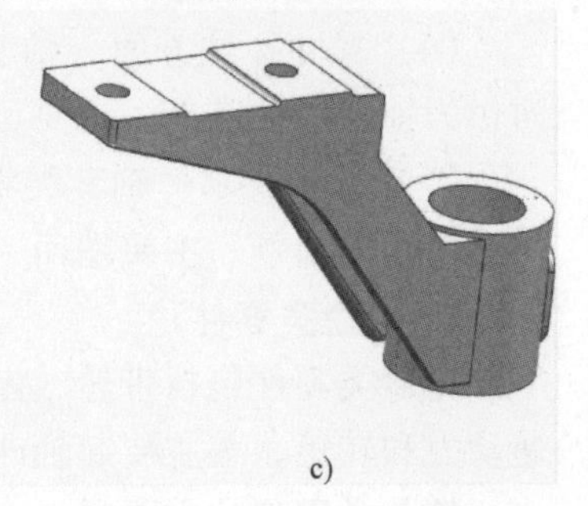
c)

图 5-36　叉架类零件

叉架类零件的特点：

(1) 结构特点　通常叉架类零件由工作部分、支承部分及连接部分组成，形状比较复杂且不规则。零件上常有叉形结构、肋板、孔和槽等。

(2) 加工方法　叉架类零件毛坯多为铸件或锻件，经车、镗、铣、刨、钻等多种工序加工而成。

（3）视图表达　一般叉架类零件，需要两个以上的基本视图表达。常以工作位置为主视图，反映主要形状特征。连接部分和细小部分结构采用局部视图或斜视图，并用剖视图、断面图、局部放大图表达局部结构。

（4）尺寸标注方面　叉架类零件的尺寸标注比较复杂。各部分的形状和相对位置的尺寸要直接标注。尺寸基准常选择安装基面，对称中心平面、孔的中心线和轴线。

叉架类零件的定位尺寸较多，往往还要有角度尺寸。为了便于制作木模，一般采用形体分析法标注定位尺寸。

（5）技术要求　支承部分、运动配合面及安装面均有较严格的尺寸公差、几何公差和表面粗糙度要求。

5.5.4　箱座类零件

箱座类零件包括各种箱体、壳体、阀体和泵体等，结构形状比较复杂。箱座类零件多为铸件，是机器或部件的主要零件，一般可以起支承、容纳、定位和密封等作用。箱座类零件如图 5-37 所示。

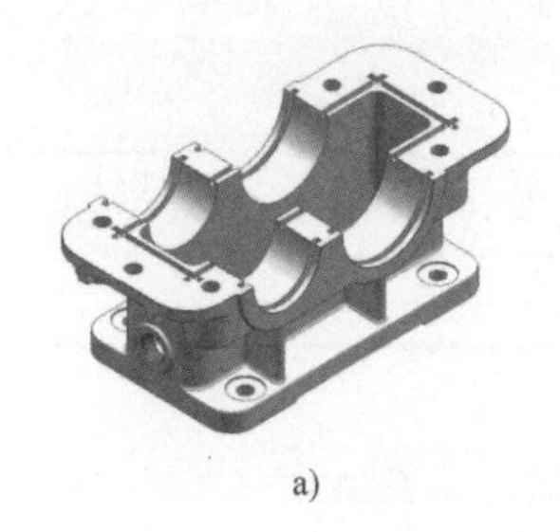
a)

b)

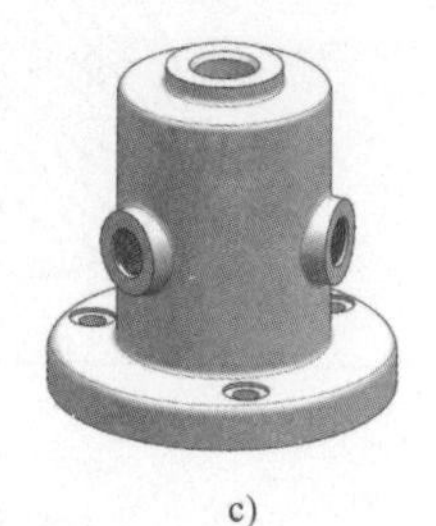
c)

图 5-37　箱座类零件

箱座类零件的特点：

（1）结构特点　箱座类零件上常有薄壁围成的不同形状的空腔，并有轴承孔、凸台、肋板、安装底板及安装孔等结构。

（2）加工方法　箱座类零件毛坯多为铸件，经过镗、铣、刨、钻等多种工序加工而成。

（3）视图表达　一般箱座类零件的结构形状比较复杂，一般需要三个以上的视图来表达。常以工作位置为主视图，并采用全剖视图，主要反映内部形状特征。俯、左视图一般采用视图或局部剖视图补充表达内、外结构。必要时增加局部视图或局部放大图表达局部结构。

（4）尺寸标注方面　箱座类零件的尺寸标注比较复杂，尺寸数量较多，各部分的形状和相对位置的尺寸要直接标注。尺寸基准常选择安装基面，对称平中心面、孔的中心线和轴线。

（5）技术要求　箱座类零件各加工表面的表面结构和尺寸精度一般根据使用要求确定。重要轴线之间常有几何公差要求。

5.5.5 识读零件图 （表 5-2 ~表 5-7）

表 5-2 识读输出轴零件图

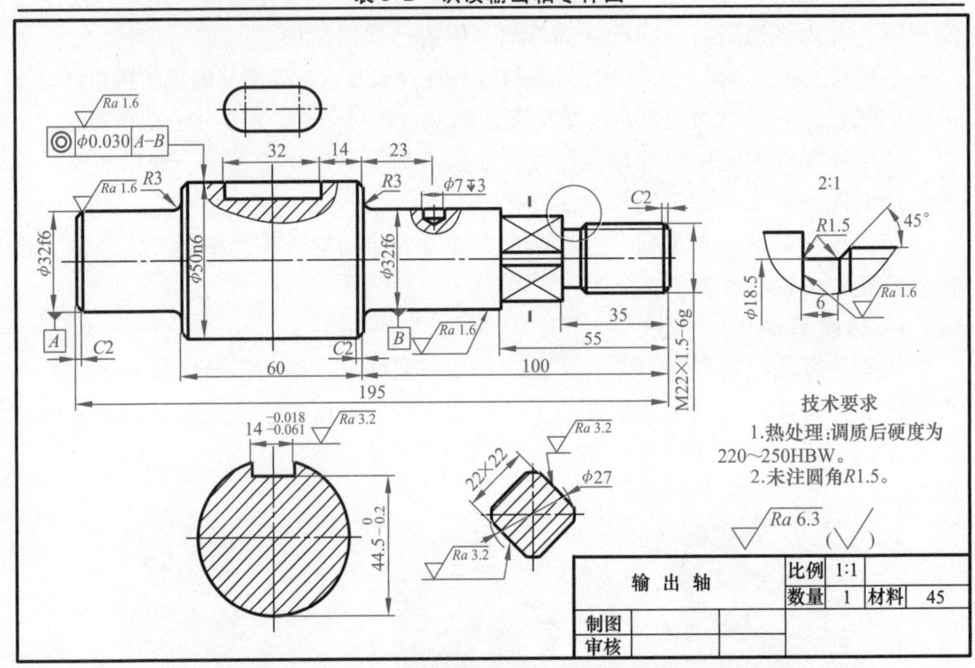

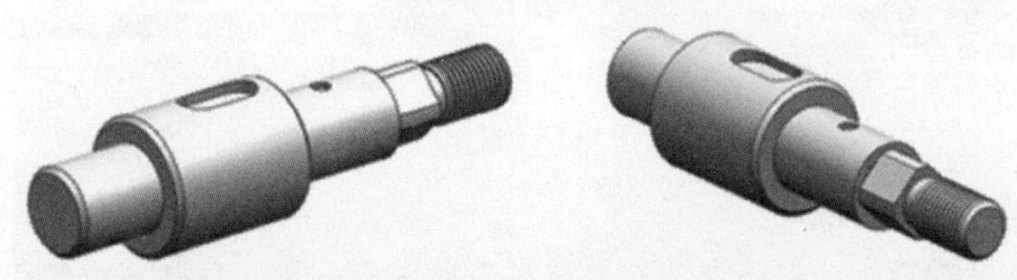

识读方法	识读内容
识读标题栏	零件名称:输出轴 零件材料:45 钢 绘图比例:1∶1 零件数量:1
识读视图表达	输出轴的径向尺寸基准为轴线,轴向尺寸基准为右端面 输出轴由五个图形表达:基本视图(主视图),两个移出断面图,局部视图,局部放大图,放大比例为 2∶1
识读零件结构及尺寸	1)输出轴共有五个主要轴段,总长为 195mm 2)左端第一个轴段直径 φ32f6,长度为 35mm(195mm − 100mm − 60mm)。左端面倒角 C2,C 表示 45°倒角,2 表示倒角距离为 2mm。 3)左端第二个轴段直径 φ50n6,长度为 60mm。其上有一普通平键槽,键槽的形状由局部剖视图和局部视图表示。键槽定位尺寸为 14mm,键槽长 32mm,宽 4mm,深 5.5mm(50mm − 44.5mm),由轴段下方的移出断面图表示。轴段两端面倒角 C2 4)左端第三个轴段直径 φ32f6,长度为 45mm(100mm − 55mm)。其上钻有一孔,由局部剖视图表示。孔的定位尺寸为 23mm,孔的尺寸 φ7↧3 表示孔的直径为 7mm,孔深为 3mm 5)右端第一个轴段直径 M22 × 1.5 − 6g,长度为 35mm,表示螺纹。M 表示普通螺纹,22 表示公称直径(螺纹大径),1.5 表示螺距,螺纹旋向为右旋(省略标注),6g 表示螺纹中径和顶径公差带代号,右端面倒角 C2 6)螺纹左端是螺纹退刀槽,槽的尺寸在局部放大图中表示

（续）

识读方法	识读内容
识读零件结构及尺寸	7）右端第二个轴段直径 ϕ27mm，圆柱面上加工四个平面（两对角细实线表示平面）。断面形状由轴段下方的移出断面图表示，尺寸 22 × 22 表示断面为正方形，轴段的长度为 20mm（55mm − 35mm）
识读零件技术要求	1）识读表面粗糙度要求：两处 ϕ32f6 轴段的表面粗糙度值为 *Ra*1.6μm，ϕ50n6 轴段的表面粗糙度值为 *Ra*1.6μm，键槽两侧面及四个平面的表面粗糙度值为 *Ra*3.2μm，其余表面粗糙度值 *Ra*6.3μm 在技术要求中给定 2）识读几何公差要求：ϕ50n6 轴段有同轴度要求，◎ ϕ0.030 *A−B* 表示被测要素为 ϕ50n6 轴段的轴线，基准要素为两 ϕ32f6 轴段的公共轴线，公差项目为同轴度，公差值为 0.030mm 3）识读其他技术要求：调质后硬度为 220～250HBW。图中没标注的圆角为 *R*1.5mm

表 5-3　识读端盖件图

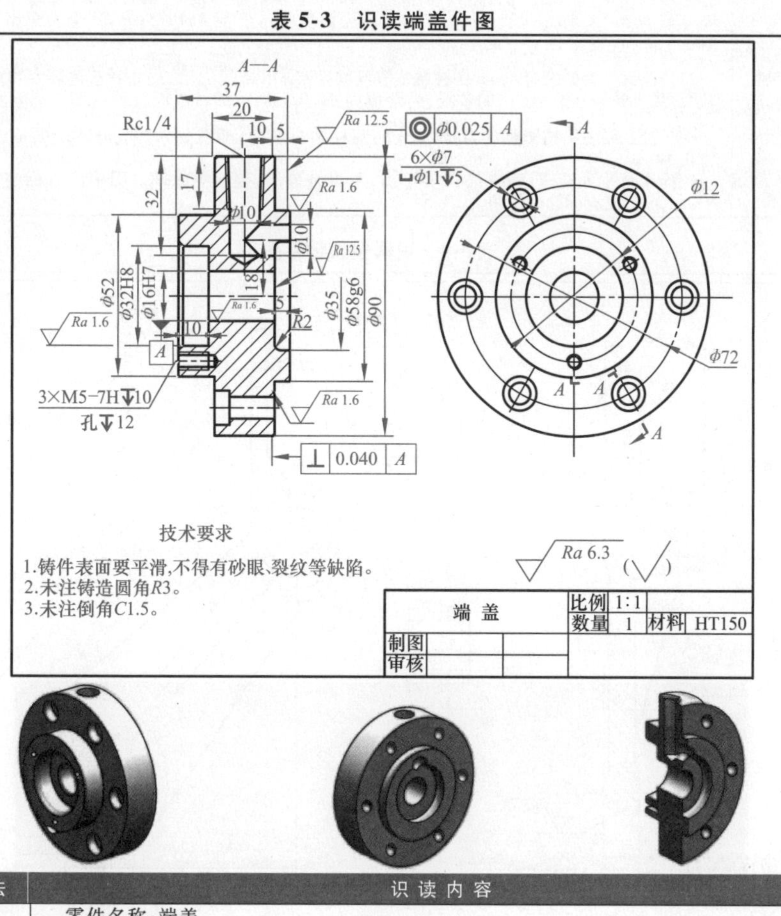

识读方法	识读内容
识读标题栏	零件名称：端盖 零件材料：45 钢 绘图比例：1∶1 零件数量：1
识读视图表达	端盖的径向尺寸基准为轴线，轴向尺寸基准为 ϕ90mm 圆柱的右端面 端盖由两个图形表达：主视图采用全剖视图表达端盖的内部结构，左视图表达端盖的外形以及端盖左端孔的分布
识读零件结构及尺寸	1）主要由三个圆柱同轴组合，直径尺寸分别为 ϕ52mm、ϕ90mm 和 ϕ58g6；轴向尺寸为 12mm（37mm − 20mm − 5mm），20mm 和 5mm

（续）

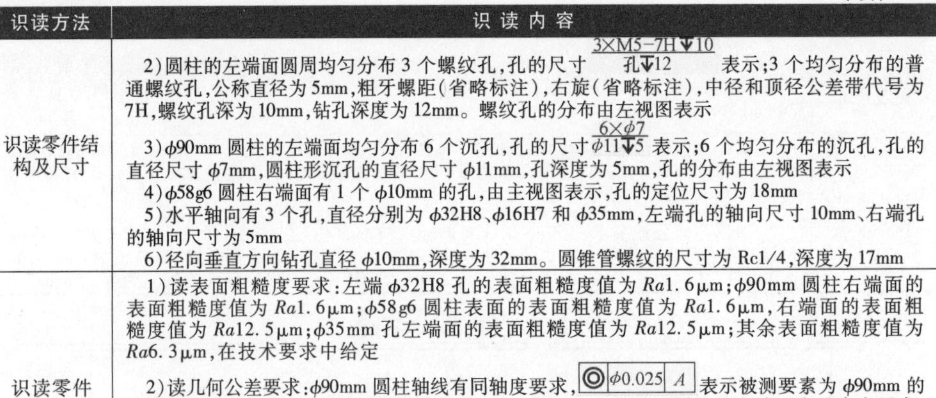

识读方法	识读内容
识读零件结构及尺寸	2）圆柱的左端面圆周均匀分布3个螺纹孔，孔的尺寸 3×M5−7H↧10 / 孔↧12 表示；3个均匀分布的普通螺纹孔，公称直径为5mm，粗牙螺距（省略标注），右旋（省略标注），中径和顶径公差带代号为7H，螺纹孔深为10mm，钻孔深度为12mm。螺纹孔的分布由左视图表示 3）ϕ90mm圆柱的左端面均匀分布6个沉孔，孔的尺寸 6×ϕ7 / ⌴ϕ11↧5 表示；6个均匀分布的沉孔，孔的直径尺寸ϕ7mm，圆柱形沉孔的直径尺寸ϕ11mm，孔深度为5mm，孔的分布由左视图表示 4）ϕ58g6圆柱右端面有1个ϕ10mm的孔，由主视图表示，孔的定位尺寸为18mm 5）水平轴向有3个孔，直径分别为ϕ32H8、ϕ16H7和ϕ35mm，左端孔的轴向尺寸10mm、右端孔的轴向尺寸为5mm 6）径向垂直方向钻孔直径ϕ10mm，深度为32mm。圆锥管螺纹的尺寸为Rc1/4，深度为17mm
识读零件技术要求	1）读表面粗糙度要求：左端ϕ32H8孔的表面粗糙度值为Ra1.6μm；ϕ90mm圆柱右端面的表面粗糙度值为Ra1.6μm；ϕ58g6圆柱表面的表面粗糙度值为Ra1.6μm，右端面的表面粗糙度值为Ra12.5μm；ϕ35mm孔左端面的表面粗糙度值为Ra12.5μm；其余表面粗糙度值为Ra6.3μm，在技术要求中给定 2）读几何公差要求：ϕ90mm圆柱轴线有同轴度要求，[◎ | ϕ0.025 \| A]表示被测要素为ϕ90mm的轴线，基准要素为孔ϕ16h7的轴线，公差值为ϕ0.025mm。ϕ90mm圆柱的右端面有垂直度要求，[⊥ \| 0.040 \| A]表示被测要素为ϕ90mm的圆柱的右端面，基准要素为孔ϕ16h7的轴线，公差值为0.040mm 3）读其他技术要求：铸件表面要平滑，不得有砂眼、裂纹等缺陷。图中没有标注的圆角为R3mm，图中没有标注的倒角为C1.5

表5-4 识读拨叉零件图

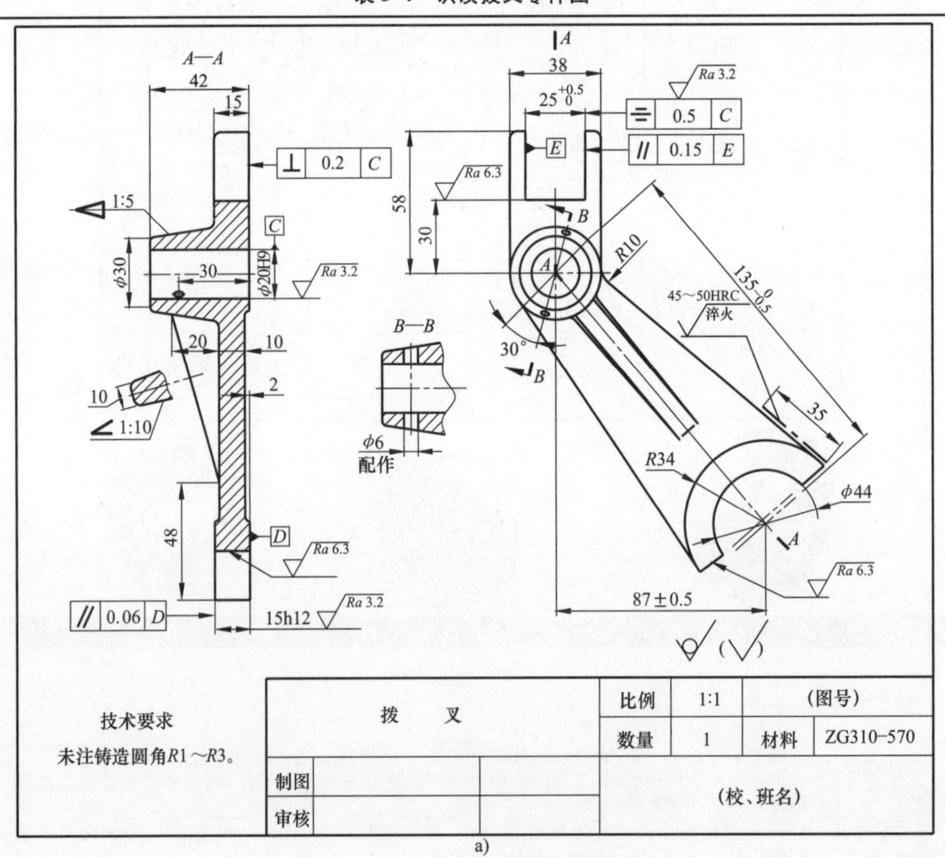

a)

（续）

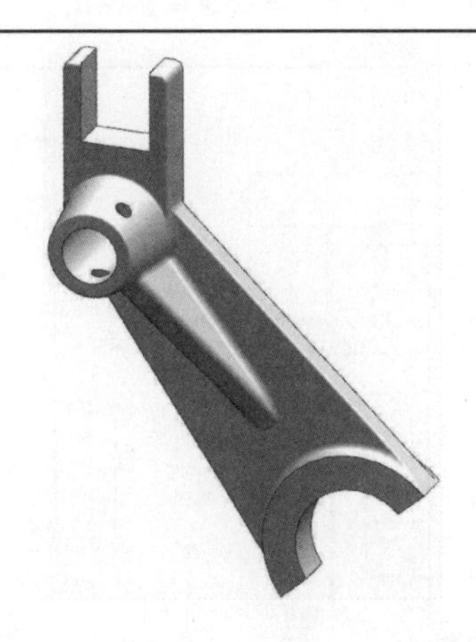

b)

识读方法	识 读 内 容
识读标题栏	零件名称:拨叉 零件材料:ZG310—570 绘图比例:1∶1 零件数量:1
识读视图表达	高度和宽度方向的主要尺寸基准均为圆台上 ϕ20mm 的轴线,长度方向的主要尺寸基准为拨叉的右端面 拨叉由两个基本视图、一个局部剖视图和一个移出断面图组成。根据视图的配置可知,*A—A* 剖视图为主视图,左视图主要表达拨叉的外形,并表示了 *B—B* 局部剖视图的剖切位置
识读件结构及尺寸	1)由主、左视图可以看出拨叉的主要结构形状:上部呈叉状,方形叉口开了宽 25mm、深 28mm(58mm - 30mm)的槽 2)中间是圆台,圆台中有 ϕ20H9 的通孔。结合 *B—B* 局部剖视图可看出圆柱台壁上开有销孔 ϕ6mm 3)下部圆弧叉口是比半圆柱略小的圆柱体,半径为 *R*34mm,其上开了一个 ϕ44mm 的圆柱形叉口,叉口厚为 15h12 4)圆弧形叉口与圆台之间有连接板,连接板上有一个三角肋肋板厚度为 10mm 5)中间圆台的孔与圆弧形叉口与圆台孔的相对位置尺寸为 $135^{0}_{-0.5}$mm 和 87mm ±0.5mm 6)左视图中用粗点画线表示的是:在尺寸 35mm 范围内淬火硬度为 45 ~ 50HRC,是局部热处理的标注形式
识读零件技术要求	1)表面粗糙度要求:图中标注的表面粗糙度值分别为 *Ra*3.2μm 和 *Ra*6.3μm,其余表面粗糙度为铸造表面 2)几何公差要求:[⊥ 0.2 C] 表示右端面对圆台孔 ϕ20H9 轴线的垂直度公差为 0.2mm,[⌯ 0.5 C] 表示方形叉口的中心面对圆台孔 ϕ20H9 轴线的对称度公差为 0.5mm,[// 0.06 D] 表示方形叉口的两侧面平行度公差为 0.15mm,[// 0.15 E] 表示圆弧形叉口右端面对左端面的平行度公差为 0.06mm 3)其他技术要求:图中没有标注的圆角为 *R*1 ~ *R*3mm

表 5-5　识读泵体零件图

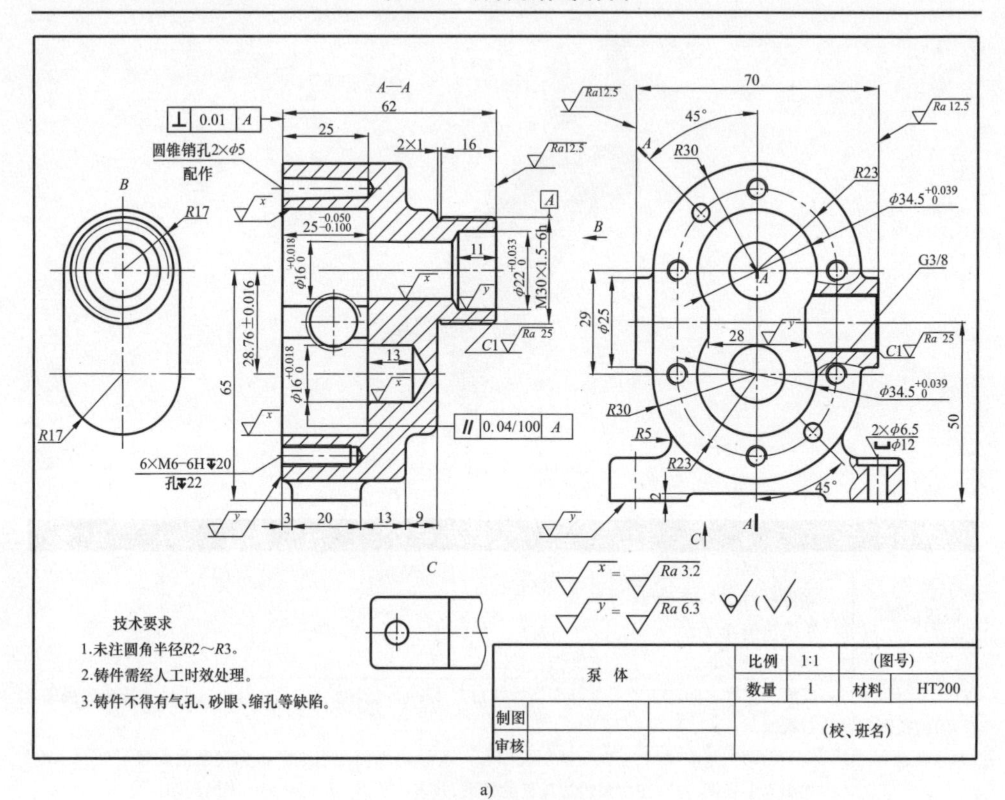

a)

b)

识读方法	识读内容
识读标题栏	零件名称:泵体 零件材料:HT200 绘图比例:1∶1 零件数量:1
识读视图表达	泵体长度方向的尺寸基准为左端面,高度方向尺寸基准为底面,宽度方向的尺寸基准为对称平面 泵体采用了主、左两个基本视图和两个局部视图

（续）

识读方法	识读内容
识读零件结构及尺寸	通过尺寸分析可以看出，泵体中比较重要的尺寸（轴孔的尺寸和内腔的尺寸）均标注偏差数值，说明此处与轴和齿轮配合，因此要求较高 主视图采用按工作位置确定，并在主视图上取全剖，重点反映其内腔形状和轴孔的结构。左视图主要反映了泵体的内、外轮廓形状、端面销孔和螺纹孔的分布。两处局部剖视图反映了进、出油孔和底板安装孔。*B* 向局部视图表达泵体右侧凸起部分的形状，*C* 向局部视图表达连接底板的形状
识读零件技术要求	1）识读表面粗糙度要求：尺寸精度要求高的表面，其表面粗糙度要求也较高，轴孔和内腔的表面粗糙度值均为 *Ra*3.2μm；泵体左端面等其他加工表面的表面粗糙度要求稍低，表面粗糙度值为 *Ra*6.3μm 和 *Ra*12.5μm；其他非加工表面为铸造表面 2）几何公差要求：泵体有两处几何公差要求，左端面相对孔 M30×1.5 轴线的垂直度公差为 0.01mm，两个 ϕ16mm 轴孔轴线的平行度公差为 0.04mm/100mm 3）其他技术要求：铸件不得有气孔、砂眼、缩孔等缺陷；图中没有标注的圆角半径为 *R*3mm

表 5-6　识读顶杆零件图

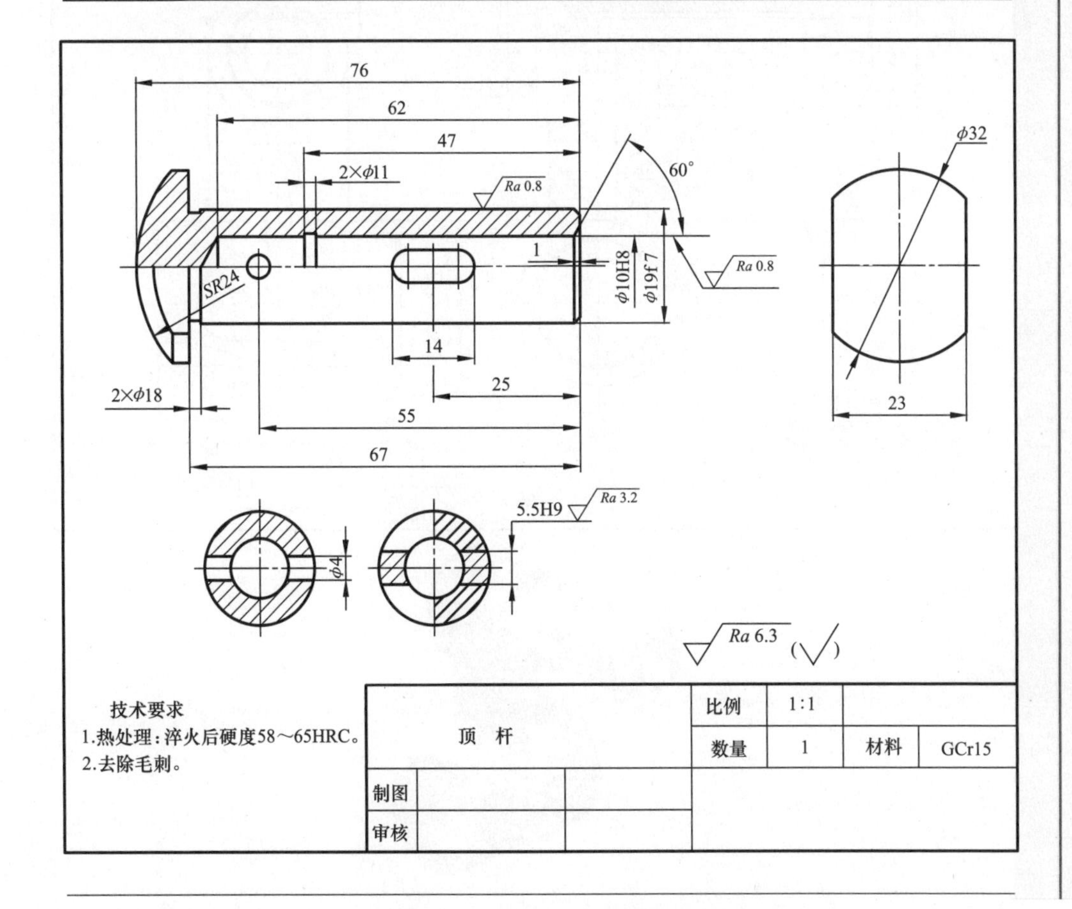

（续）

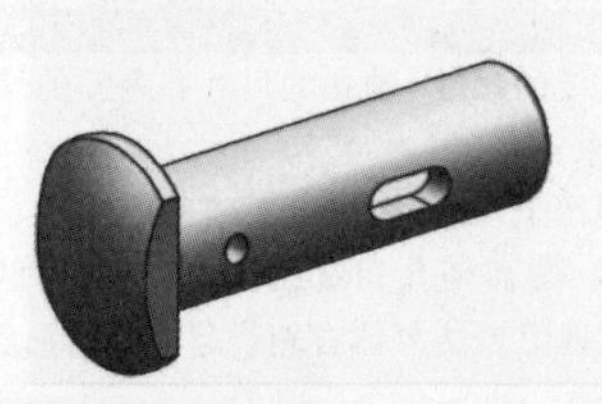

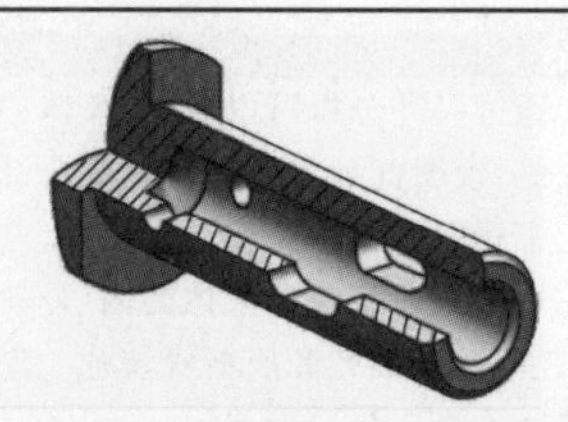

识读方法	识 读 内 容
识读标题栏	读者自行分析
识读视图表达	读者自行分析
识读零件结构及尺寸	读者自行分析
识读零件技术要求	读者自行分析

表 5-7　识读十字接头零件图

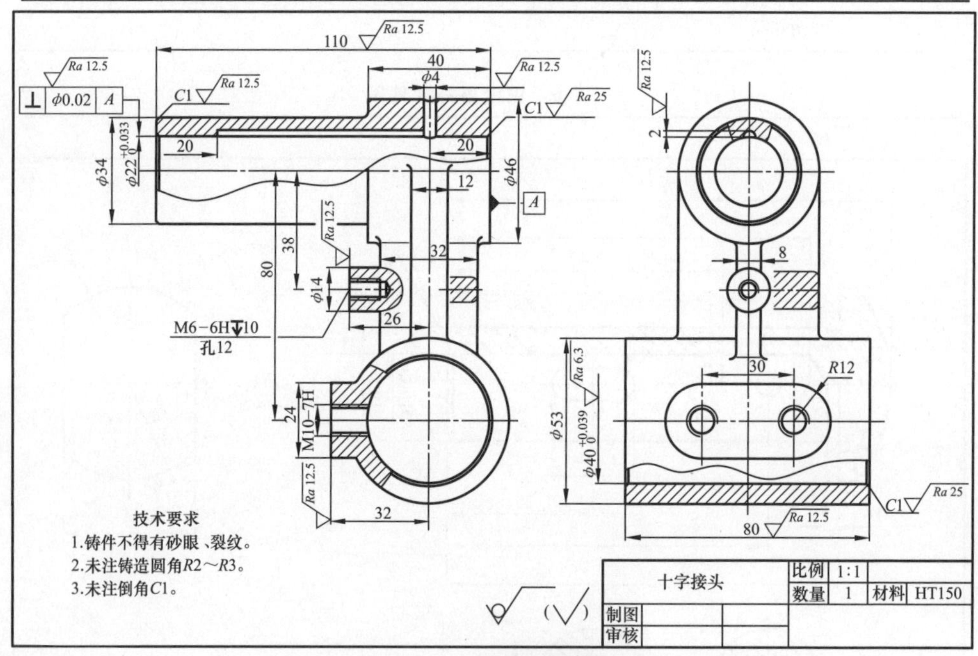

（续）

识读方法	识 读 内 容
识读标题栏	读者自行分析
识读视图表达	读者自行分析
识读零件结构及尺寸	读者自行分析
识读零件技术要求	读者自行分析

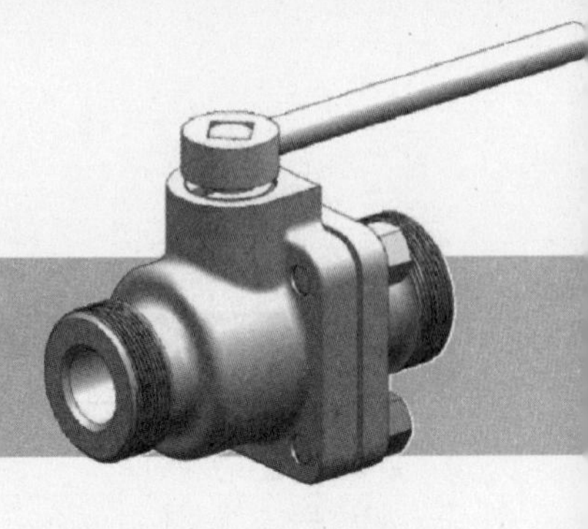

第6章 装配图的识读

表达机器或部件的图样，称为装配图。本章主要介绍装配图的作用和内容、部件或机器的表达方法、装配图的画法和读装配图的方法。

6.1 装配图的作用和内容

6.1.1 装配图的作用

1）在产品设计中，一般先画出装配图，用以表达机器或部件的工作原理、主要结构和各零件的装配关系，然后根据装配图设计零件并画出零件图。

2）在产品制造中，装配图是制订装配工艺规程、进行装配和检验的技术依据。即根据装配图把制成的零件装配成合格的部件或机器。

3）在使用或维修机械设备时，也通过装配图来了解机器的性能、结构、传动路线、工作原理、维护和使用的方法。

4）装配图反映设计者的技术思想，因此装配图与零件图都是生产和技术交流中的重要技术文件。

6.1.2 装配图的内容

如图6-1a所示为球心阀的轴测图，如图6-1b所示为球心阀的装配图，由此可以看出一张完整的装配图应该具备如下内容：

（1）一组图形　用一组视图（包括剖视图、断面图等）表达机器或部件的传动路线、工作原理、结构特点、零件之间的相对位置、装配关系、连接方式和主要零件的结构形状等。

（2）几类尺寸　标注出表示机器或部件的性能、规格、外形，以及装配、检验、安装时所必需的几类尺寸。

（3）技术要求　用文字或符号说明机器或部件的性能、装配、检验、调整、运输、安装、验收及使用等方面的技术要求。

（4）零件编号、明细栏和标题栏　在装配图上应对每种不同的零件编写序号，并在明细栏内依次填写零件的序号、名称、数量、材料等内容。标题栏内填写机器或部件的名称、比例、图号以及设计人员、制图人员、校核人员等。

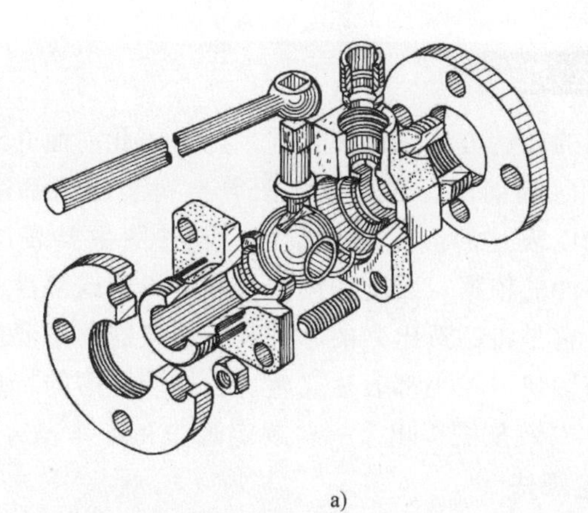

a)

公称压力 p_g	3.92×10^5Pa
密封压力 p	3.92×10^5Pa
试验压力 p_s	5.88×10^5Pa
适用介质	醋酸磷酸浓硫酸
适用温度 t	≤100℃

250 7 8 9 10 11 12 13 M42×2 108 6 5 4 3 1、2 φ80 M70×3 φ25 φ85 φ115 φ12 61 14 142 φ85 19×19 开

技术要求

1.制造与验收技术条件应符合有关的规定。

2.不锈钢材料进厂后做化学分析的腐蚀性试验,合格后方可投产。

序号	名称	数量	材料	附注
13	阀杆	1	1Cr18Ni12Mo2Ti	
12	扳手	1	Q235	
11	螺纹压环	1	25	
10	阀体	1	1Cr18Ni12Mo2Ti	
9	密封环	1	聚四氟乙烯	
8	垫环	1	聚四氟乙烯	
7	垫片	1	聚四氟乙烯	
6	法兰	2	25	
5	阀体接头	1	1Cr18Ni12Mo2Ti	
4	球心	1	1Cr18Ni12Mo2Ti	
3	密封圈	2	聚四氟乙烯	
2	螺柱M12×25	4	40	GB/T898—1988
1	螺母M12	4	Q235	GB/T6170—2000

制图	王光明	球心阀	1:2	
校核	向中		共1张	第1张
(校名、班号)		(图号)		

b)

图 6-1 球心阀

a) 轴测图 b) 装配图

6.2 装配图的表达方法

装配图和零件图的表达方法有许多相同之处，因此前面介绍工件的各种表达方法（视图、剖视图、断面图、局部放大图等）对装配图都适用。但是，两种图样的要求不同，所以表达的侧重点也不同。零件图主要表达零件的大小、形状，它是加工制造零件的依据；装配图则主要表达机器或部件的工作原理、各组成零件的装配关系，它是将制造出来的零件装配成机器的主要依据。因此，装配图不必将每个零件的形状、大小都表达完整。根据装配图的特点和表达要求，国家标准《机械制图》对装配图提出了一些规定画法和特殊表达方法。

6.2.1 装配图的规定画法

1. 接触面和配合面的画法

两个零件的接触表面或有配合关系的工作表面，其分界处规定只画一条线。不接触或没有配合关系时，即使间隙很小，也必须画出两条线。

2. 零件剖面符号的画法

1）在剖视图中，相邻两零件的剖面线方向应相反；或者方向一致，但间隔不同，如图 6-2 所示。但是，同一个零件，在不同视图中的剖面线应该保证方向相同、间隔相同。当断面的宽度小于 2mm 时，允许以涂黑来代替剖面线，如图 6-2 所示垫片的画法。

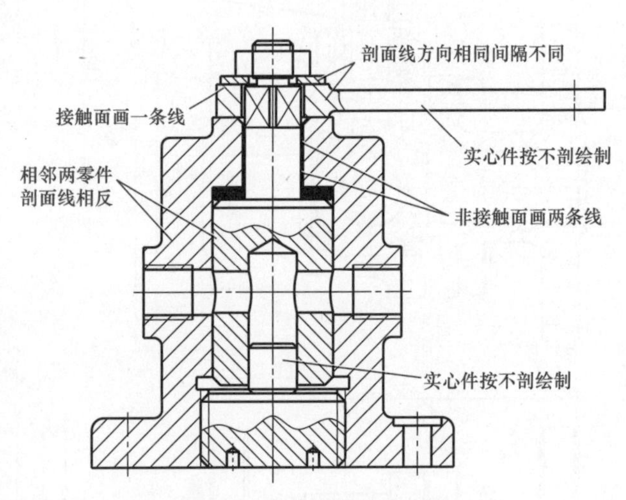

图 6-2 装配图的规定画法

2）对于紧固件（如螺钉、螺栓、螺母、垫圈、键、销等）、轴、连杆、手柄、球等实心件，当剖切平面通过其轴线或对称面时，则这些零件都按不剖绘制。但必须注意，当剖切平面垂直于这些零件的轴线剖切时，则在这些零件的剖面上应该画出剖面线。

6.2.2 装配图的特殊表达方法

1. 拆卸画法

在装配图的某一视图中，为了表示某些零件被遮盖的内部构造或其他零件的形状，可假想拆去一个或几个零件后绘制该视图。如图 6-3a 所示为滑动轴承的爆炸图。图 6-3b 所示为滑动轴承的装配图，其主视图、左视图采用了半剖画法，表达该部件的内、外形状及装配关系；俯视图左右对称，其右边采用了拆卸画法，即拆去轴承盖等零件，以表达该部件的内部形状。

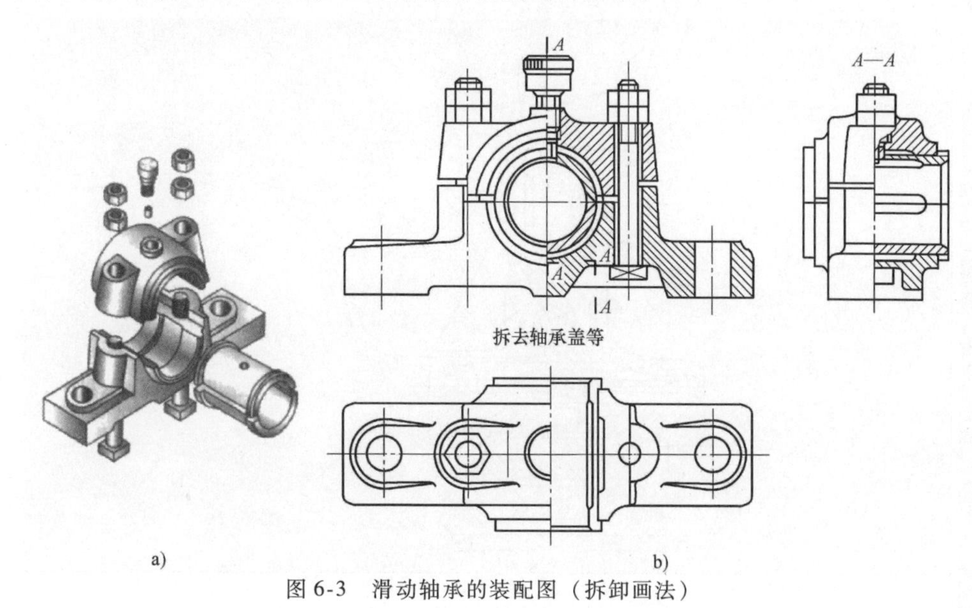

图 6-3 滑动轴承的装配图（拆卸画法）

a）滑动轴承的爆炸图 b）滑动轴承的装配图

2. 沿结合面剖切画法

为了表达部件的内部结构形状，可采用沿结合面剖切画法（一般是在盖处的结合面剖切）。如图 6-4 所示为转子液压泵装配图，其中右视图“*A—A*”，即是沿结合面剖切而得到的剖视图。这种画法，零件的结合处不画剖面线，但剖切到的其他零件，如右视图中的螺钉等零件仍需要画出剖面线。

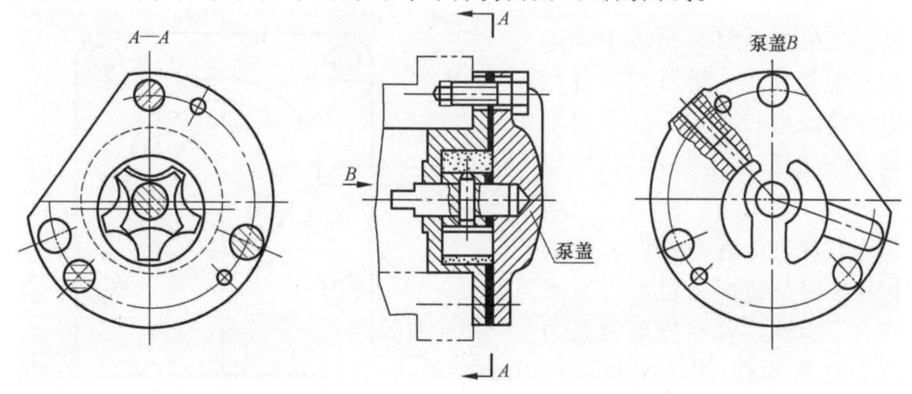

图 6-4 转子液压泵（沿结合面剖切和单独表达某零件画法）

3. 单独表示某个零件

在装配图中，当某个零件的形状未表达清楚，该结构又对理解装配关系有影

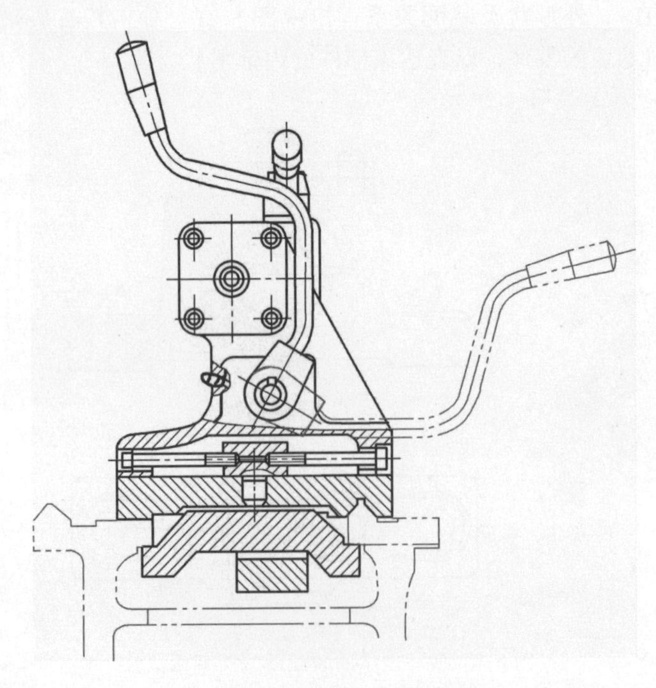

图 6-5　车床导轨（假想画法）

响时，可单独画出该零件的某一视图。如图 6-4 所示为转子液压泵中的泵盖，采用 *B* 向视图单独表示其形状。此时，一般应在视图的上方标注零件名称及投影符号。

4. 假想画法

在装配图中，为了表示与本部件有装配关系但又不属于本部件的其他相邻零、部件时，可用双点画线画出相邻零、部件的部分轮廓，如图 6-5 所示的车床导轨。

当需要表示运动零件的运动范围或极限位置时，也可用双点画线表示运动零件在极限位置的轮廓，如图 6-5、图 6-6 所示的手柄。

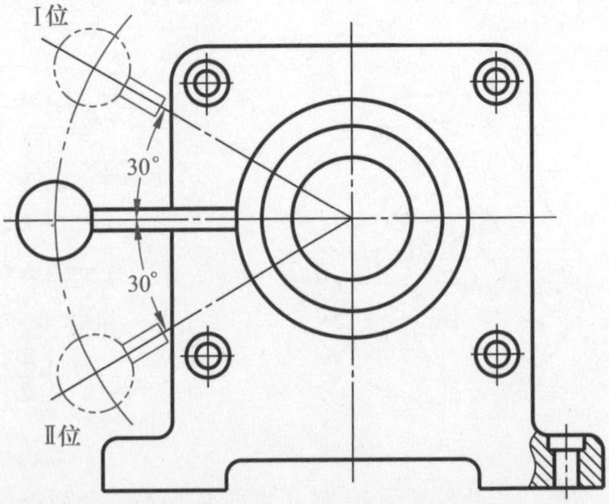

图 6-6　表示运动零件的极限位置（假想画法）

5. 夸大画法

在装配图中，对于薄的垫片、簧丝很细的弹簧、微小的间隙等，为了表达清楚，可将它们适当夸大画出。

6. 展开画法

在装配图中，当很多轴的轴线不在同一平面时，为了表达各轴上零件的装配关系以及它们之间的传动路线，可假想按传动顺序沿各轴线剖切，再依次展开在一个平面上画出其剖视图，并在该视图上方标注“×—×展开”，如图 6-7 所示。

6.2.3 装配图的简化画法

1）对于装配图中若干相同的零件组，如螺栓联接件等，可仅详细地画出一组或几组，其余的组件只需用点画线表示其装配位置即可，如图 6-8 所示的螺钉。

2）装配图中的滚动轴承允许按规定画法只画一半，而另一半则采用图 6-8 所示的简化画法表示。

3）在装配图中，当剖切平面通过某些标准件的轴线（如油杯、油标、管接头等)，且该部件已经在其他视图中表达清楚时，则可以只画外形。

4）在装配图中，零件的工艺结构如倒角、圆角、退刀槽等允许不画。

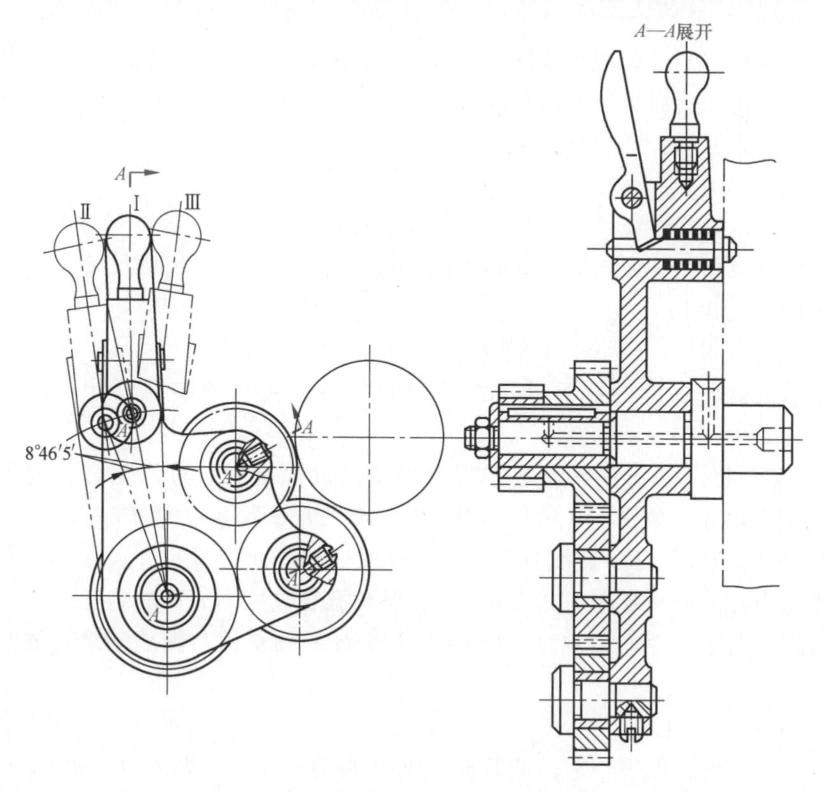

图 6-7 交换齿轮架（展开画法）

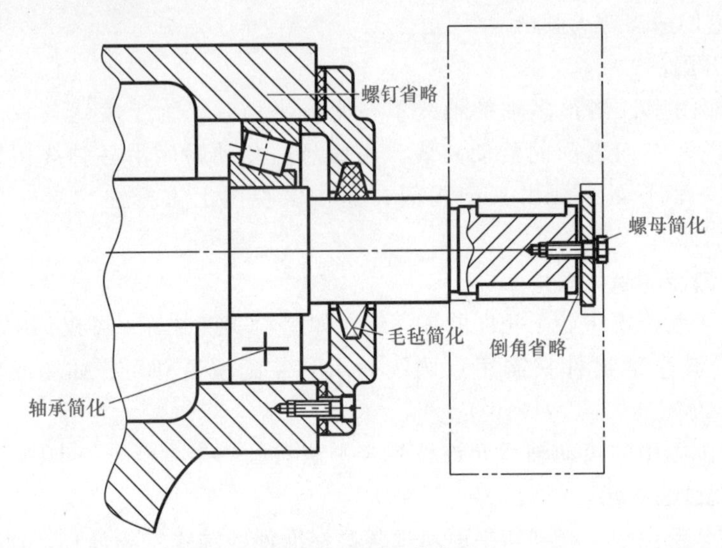

图 6-8　装配图的简化画法

6.3　装配图的尺寸标注

由于装配图不直接用于零件的制造生产，所以在装配图上无需标注出各组成零件的全部尺寸，而只需标注与部件性能、装配、安装等有关的尺寸。这些尺寸一般可以分为五类：

1. 规格或性能尺寸

部件的规格或性能尺寸是设计和选用部件的主要依据，这些尺寸在设计时就已经确定了。如图 6-9 所示滑动轴承的轴孔直径 ϕ50H8 为规格尺寸，它表示所适用的轴径尺寸。

2. 装配尺寸

表示机器或部件中有关零件之间装配关系的尺寸叫装配尺寸。这类尺寸包括：

1）配合尺寸。保证零件之间配合性质（间隙配合、过渡配合、过盈配合等）的配合尺寸，如图 6-9 中的 80H9/f9；100H9/f9 和 ϕ60H7/k7。

2）相对位置尺寸。装配时零件间需要保证的相对位置尺寸，常用的有重要的轴距，中心距的间隙等。如图 6-9 中，轴承孔轴线距离底面的高度尺寸 58mm，两联接螺栓的中心距离尺寸为（100 ± 0.3）mm 和轴承盖与轴承座之间的间隙尺寸 2mm 等。

3. 安装尺寸

部件安装到其他零、部件或基座上所需要的尺寸叫安装尺寸。如图 6-9 中，轴承座底板上安装孔尺寸 2 × ϕ24mm 及其位置尺寸 204mm。

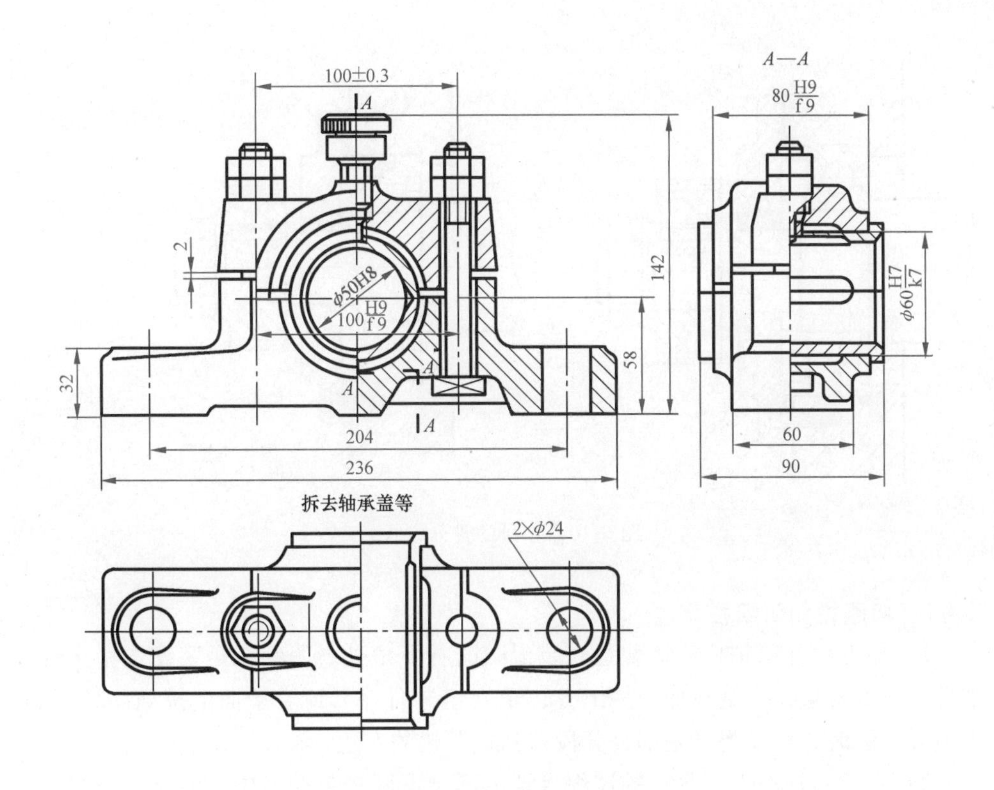

图 6-9 装配图的尺寸标注

4. 外形尺寸

表达部件总长、总宽和总高的尺寸叫外形尺寸。它表明部件所占空间的大小，以供产品包装、运输和安装时参考。如图 6-9 中的尺寸 236mm、90mm 和 142mm。

5. 其他重要尺寸

在装配图中除了上述尺寸外，有时还应该标注出诸如运动零件的活动范围，非标准零件上的螺纹标记，以及设计时经计算确定的重要尺寸等。

6.4 装配图的零件序号和明细栏

为了便于读图、装配产品、图样管理和做好生产准备工作，需要在装配图上对各种零件或组件进行编号，称为零件的序号，同时要编制相应的零件明细栏。

6.4.1 序号的编排方法与规定

1）将装配图上的零件按一定的顺序用阿拉伯数字进行编号，如图 6-10a 所示。装配图上相同的零件只编写一个序号，而且只标注一次。

2）在装配图中也可以将标准件的代号在引线上注出，对其他零件进行编号，如图 6-10b 所示。

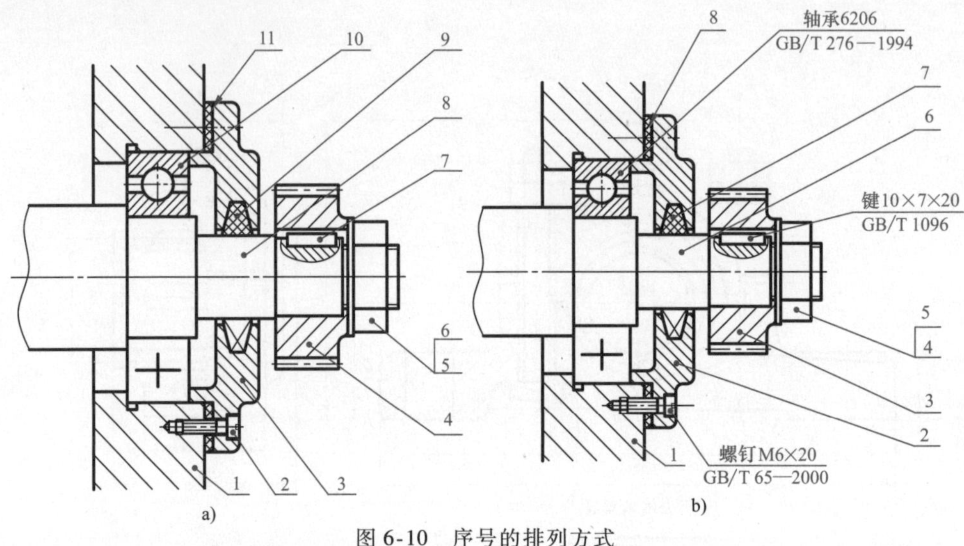

图 6-10　序号的排列方式

a）所有零件编写序号　b）标准件不编写序号

6.4.2　标题栏和明细栏

1）标题栏和明细栏应该配置在装配图的右下角处。明细栏是装配图中全部零件的详细目录，应画在标题栏上方，零（组）件序号应自下而上按顺序填写。当地方不够时，可以将其余部分分段移到标题栏的左边。

2）在特殊情况下，零件的详细目录也可以不画在装配图中，而将明细栏作为装配图的续页单独编写在另一张 A4 图纸上。单独编写时，序号应由上向下按顺序填写。

3）标题栏和明细栏的内容和格式可参照 GB/T 10609.2—2009 的有关规定，如图 6-11 所示。

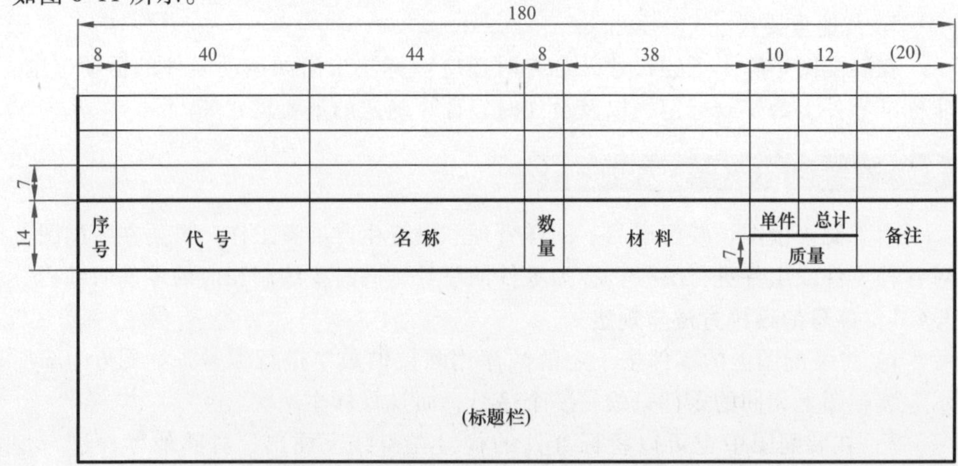

图 6-11　标题栏和明细栏的内容和格式

6.5 常用的装配工艺结构和装置

了解部件上一些有关的装配工艺结构和常用装置，可使图样中的零、部件的结构形状画得更合理；而且在读装配图时，也有助于理解零件间的装配关系和零件的结构形状。

6.5.1 装配工艺结构

1）如图 6-12 所示，两个零件在同一方向上只能有一对接触面，这样既可以保证接触面达到良好的接触，又便于零件的加工。

2）如图 6-13 所示，两个配合零件的接触面的转角处应做出倒角、圆角或凹槽，保留一定间隙，以保证两接触面紧密接触。

6.5.2 部件上常用的装置

1. 防松装置

为了防止机器上的螺钉、螺母等紧固件因受振动而松动，以致影响机器的正常工作，常采用各种防松装置，如图 6-14 所示。

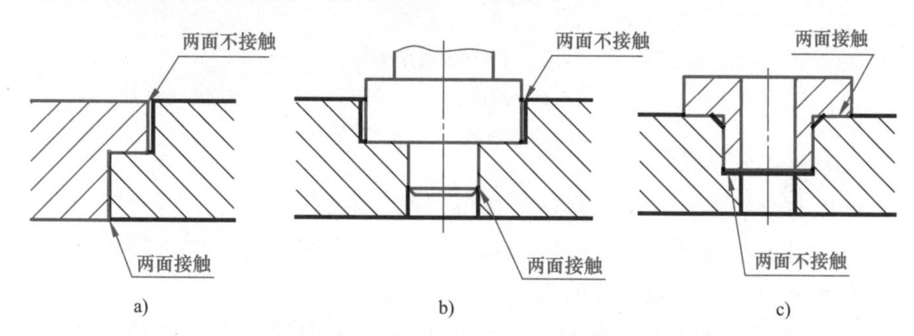

图 6-12 同一方向上接触面的数量

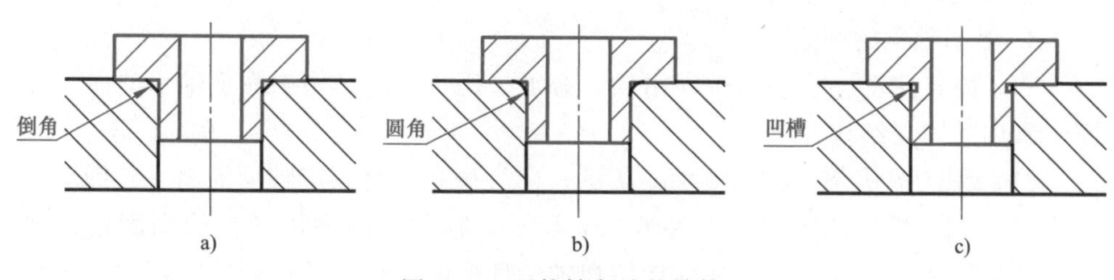

图 6-13 两件转角处的结构

（1）双螺母锁紧 如图 6-14a 所示，它主要依靠两螺母在拧紧后，螺母之间产生轴向力，使螺母牙与螺栓牙之间的摩擦力增大而防止螺母自动松脱。

（2）弹簧垫圈锁紧 如图 6-14b 所示，当螺母拧紧后，垫圈受压变平，依靠这个变形力，使螺牙之间的摩擦力增大以及垫圈开口以阻止螺母转动而防止螺母松动。

（3）用开口销防松 如图 6-14c 所示，开口销装在螺栓的孔和槽形螺母的

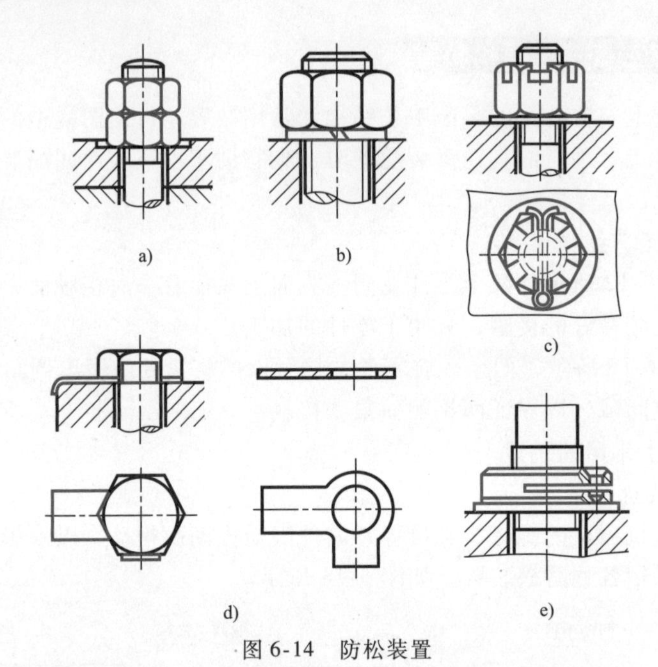

图 6-14 防松装置

a）用双螺母锁紧 b）用弹簧垫圈锁紧 c）用开口销和六角槽型螺母锁紧
d）用双耳止动垫片锁紧 e）用开缝圆螺母锁紧

槽中，所以开口销直接锁住六角槽形螺母，使之不能松脱。

（4）用止动垫片锁紧　如图 6-14d 所示，螺母拧紧后，将止动垫片的止动边弯倒在螺母的一个面和零件的表面上，即可锁紧螺母。

（5）开缝圆螺母锁紧　如图 6-14e 所示，拧紧圆螺母上的螺钉，使螺母上的开缝靠紧，起防松作用。

2. 滚动轴承的固定

为了防止滚动轴承产生轴向窜动，必须采用一定的结构来固定轴承的内、外圈。常用的固定结构如下：

（1）用轴肩固定　如图 6-15a 所示，用台肩和轴肩固定轴承的内、外圈。

（2）用弹性挡圈固定　如图 6-15b 所示，轴承的内圈用弹性挡圈固定；轴承的外圈用轴承端盖固定。弹性挡圈和轴端环槽的尺寸，可根据轴的直径，从有关手册中查取。

（3）用轴端挡圈固定　如图 6-16 所示，轴端挡圈是标准件。为了使挡圈能够压紧轴承内圈，轴颈的长度要小于轴承的宽度，否则挡圈起不到固定轴承的作用。

（4）用圆螺母及止退垫圈固定　如图 6-17 所示，圆螺母及止退垫圈均为标准件。圆螺母外边有四个槽；止退垫圈孔中的止退片卡在轴的槽中，外边六个止退片中一个卡在圆螺母的一个槽中，螺母轴向固定，使轴承轴向固定。

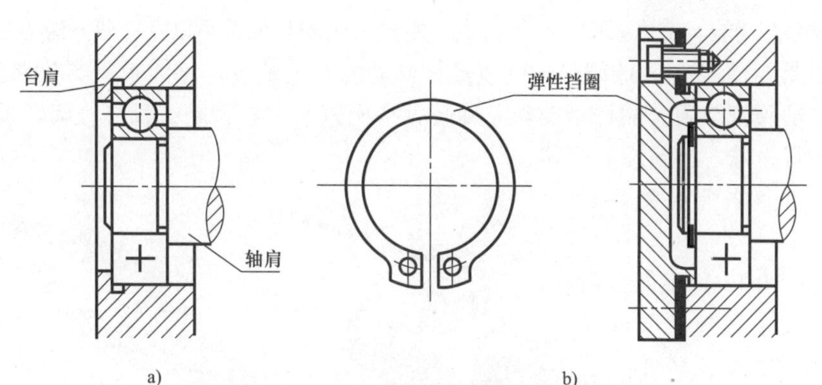

图 6-15　滚动轴承的轴向固定装置

a）用轴肩和台肩固定轴承内、外圈　b）用轴肩端盖和弹性挡圈固定内、外圈

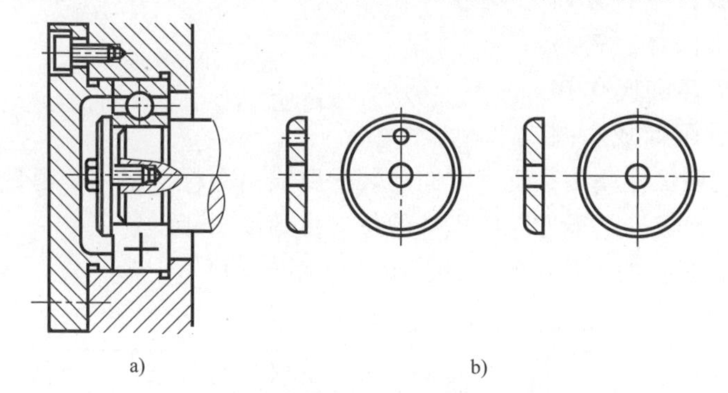

图 6-16　用轴端挡圈固定轴承内圈

a）轴承固定　b）轴承端盖

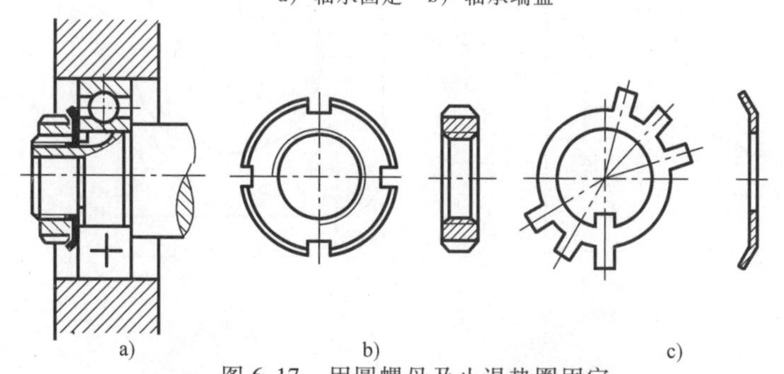

图 6-17　用圆螺母及止退垫圈固定

a）轴承内圈的固定　b）圆螺母　c）止退垫圈

6.6　由零件图画装配图

6.6.1　了解部件

1. 了解部件的工作原理

在画图前，应对部件进行了解和分析，通过观察实物，查阅有关资料，弄清部

件的用途、性能、工作原理、结构特点、零件之间的装配关系以及拆装方法等。

如图 6-18 所示，球阀是气体或液体流动的开关装置。旋转扳手与管路垂直，扳手带动阀杆旋转，阀杆带动球芯旋转，从而阻断左右管路。反之，旋转扳手与管路平行，球芯接通左右管路。

2. 了解各零件的装配关系

球阀由 12 种零件组装而成，其中螺柱、螺母是标准件。球阀各零件的装配有左右方向和垂直方向两条装配路线：左右方向的装配路线由阀体、密封圈、球芯、垫环和阀体接头从左向右装配而成，阀体与阀体接头用螺柱联接；垂直方向的装配路线由阀杆、垫片、密封环、螺纹压环和扳手装配而成，上下方向各零件的位置由螺纹压环压紧定位。

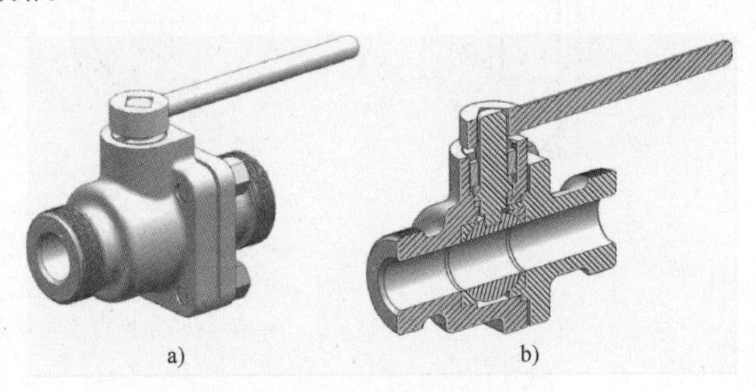

图 6-18　球阀

a）球阀外形结构　b）球阀内部结构

3. 了解各零件的工作图和零件的形状（图 6-19）

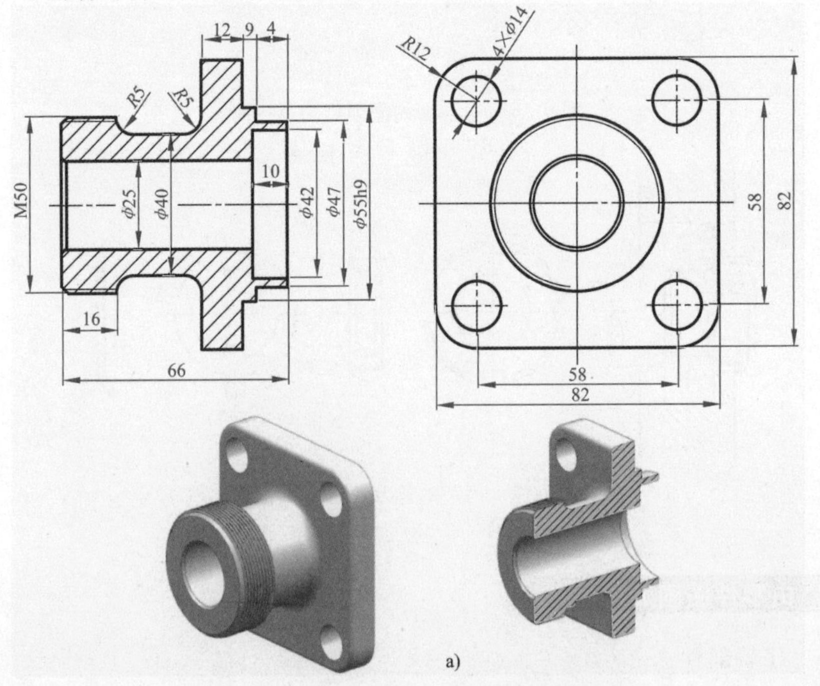

图 6-19　球阀各零件工作图及实体形状

a）阀体接头

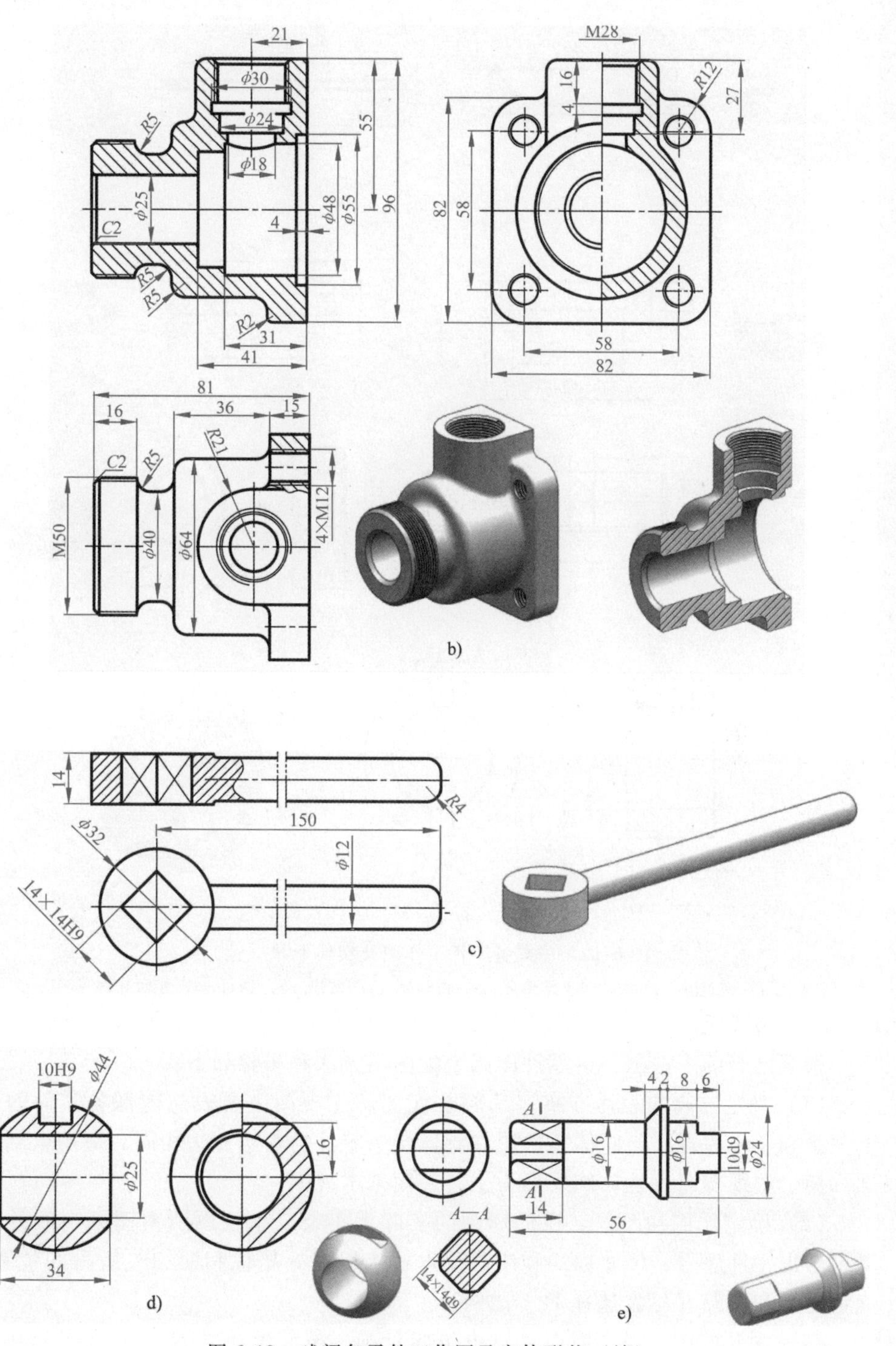

图 6-19　球阀各零件工作图及实体形状（续）

b）阀体　c）扳手　d）球芯　e）阀杆

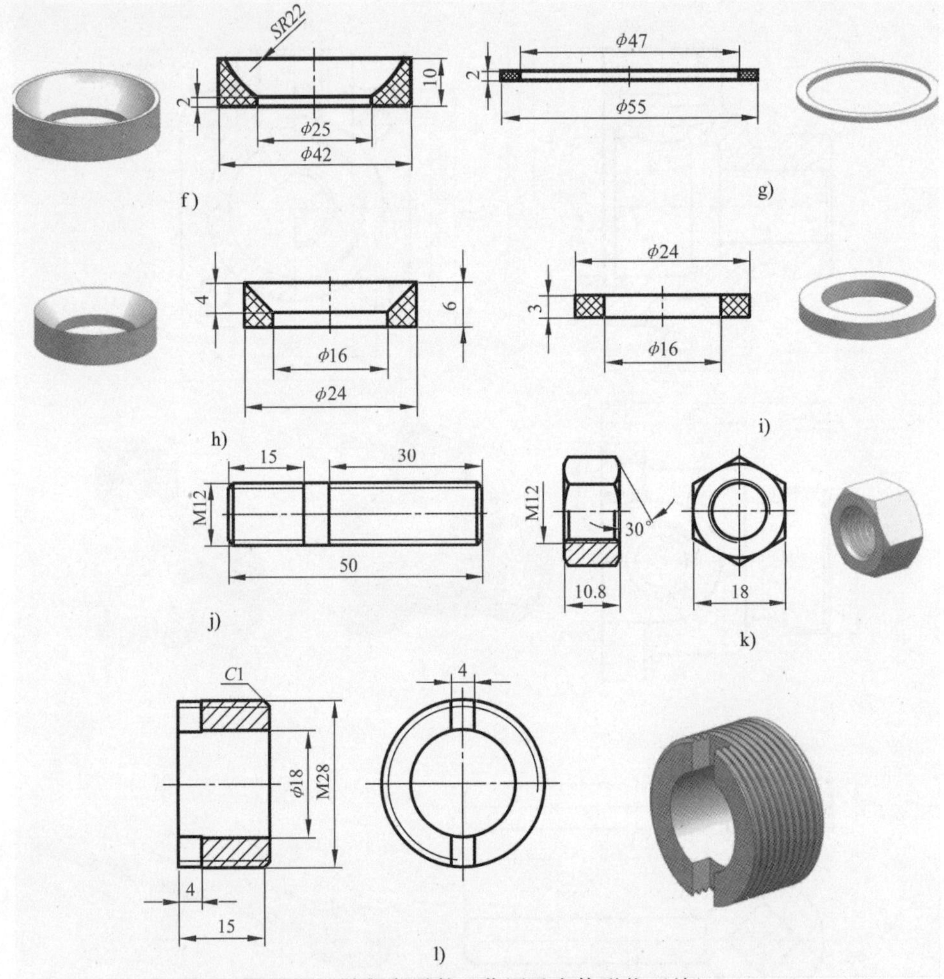

图 6-19　球阀各零件工作图及实体形状（续）

f）密封圈　g）垫片　h）垫环　i）密封环　j）螺柱　k）螺母　l）螺纹压环

6.6.2　画装配图

根据已有的零件图，由零件图画装配图的方法和步骤如下：

（1）确定球阀的表达方案　球阀装配图的主视图主要表达内部各零件的装配关系和工作原理，与阀体零件图和阀体接头零件的表达方法相同，采用全剖视图。俯、左视图以表达球阀外形为主，采用基本视图。

（2）确定比例和图幅　根据球阀的实际大小及三个视图所占图纸空间的位置，考虑零件序号、尺寸标注和注写技术要求以及标题栏和明细栏所占的位置，确定比例和图幅（尽量选择 1∶1 比例）。

（3）画装配图　画图时，可以由里向外画，按装配干线首先画出装配基准件，然后依次画出其他零件。也可以由外向里画，如本例中先画阀体然后将其他零件依次逐个画上去。

一般先画主要零件，后画次要零件。通常画每个零件的顺序与装配关系相近，两个相邻零件有定位关系的先画，然后一个件挨着一个件画。边画边改，完成装配图的底稿。

（4）标注尺寸和序号　标注规格、性能尺寸（ϕ25），配合尺寸（10H9/d9、ϕ55H9/h9、14×14H9/d9），安装尺寸（58×58），总体尺寸（长 136、宽 82、高 114）和装配尺寸（M28、M50）。按照顺时针方向垂直和水平画出指引线填写序号。

（5）完成全图　填写标题栏，按零件的序号对应填写明细栏。检查、整理、加深图线。

球阀装配图的画图步骤如图 6-20 所示。

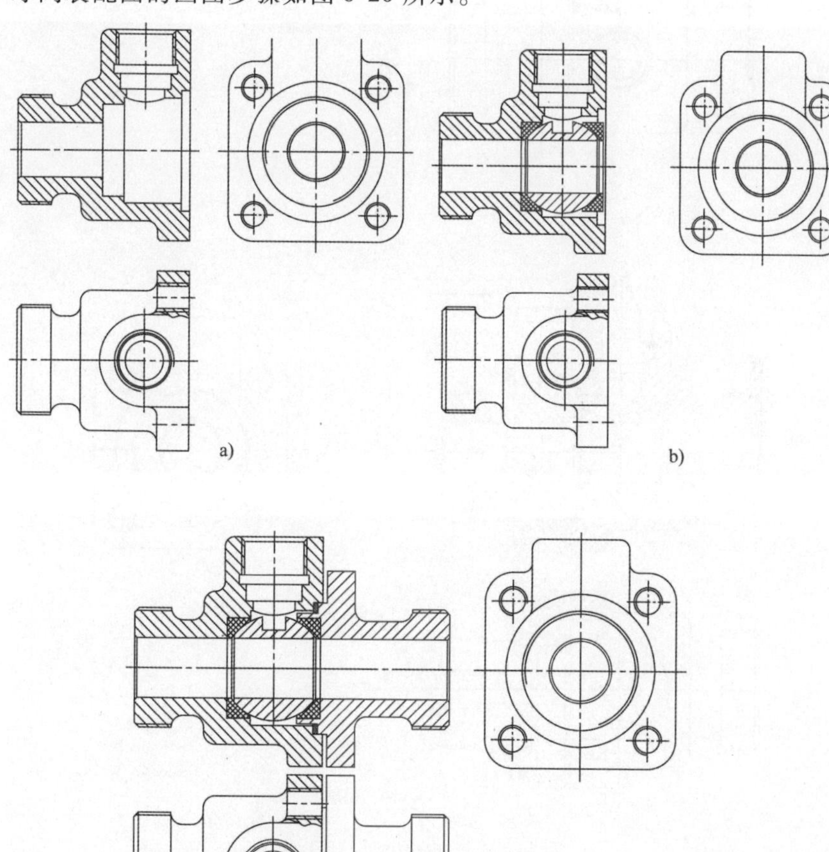

图 6-20　球阀装配图的画图步骤

a）画阀体零件图　b）画密封圈和球芯（由左向右依次画）

c）画垫片和阀体接头（先画垫片，再画阀体接头）

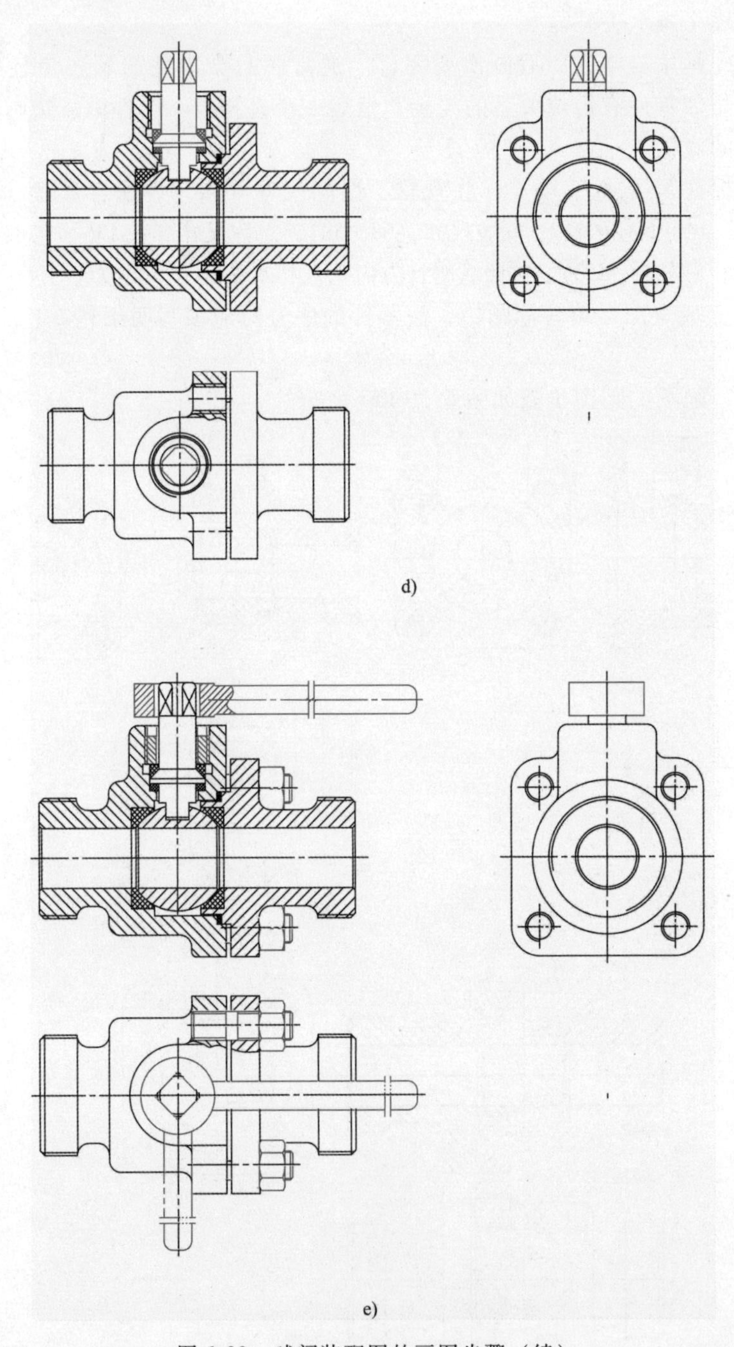

图 6-20　球阀装配图的画图步骤（续）

d）画阀杆、垫环和密封环（先画垫环，再画阀杆，最后画密封环）

e）画螺纹压环、扳手和螺柱螺母（扳手的另一极限位置用细双点画线画出）

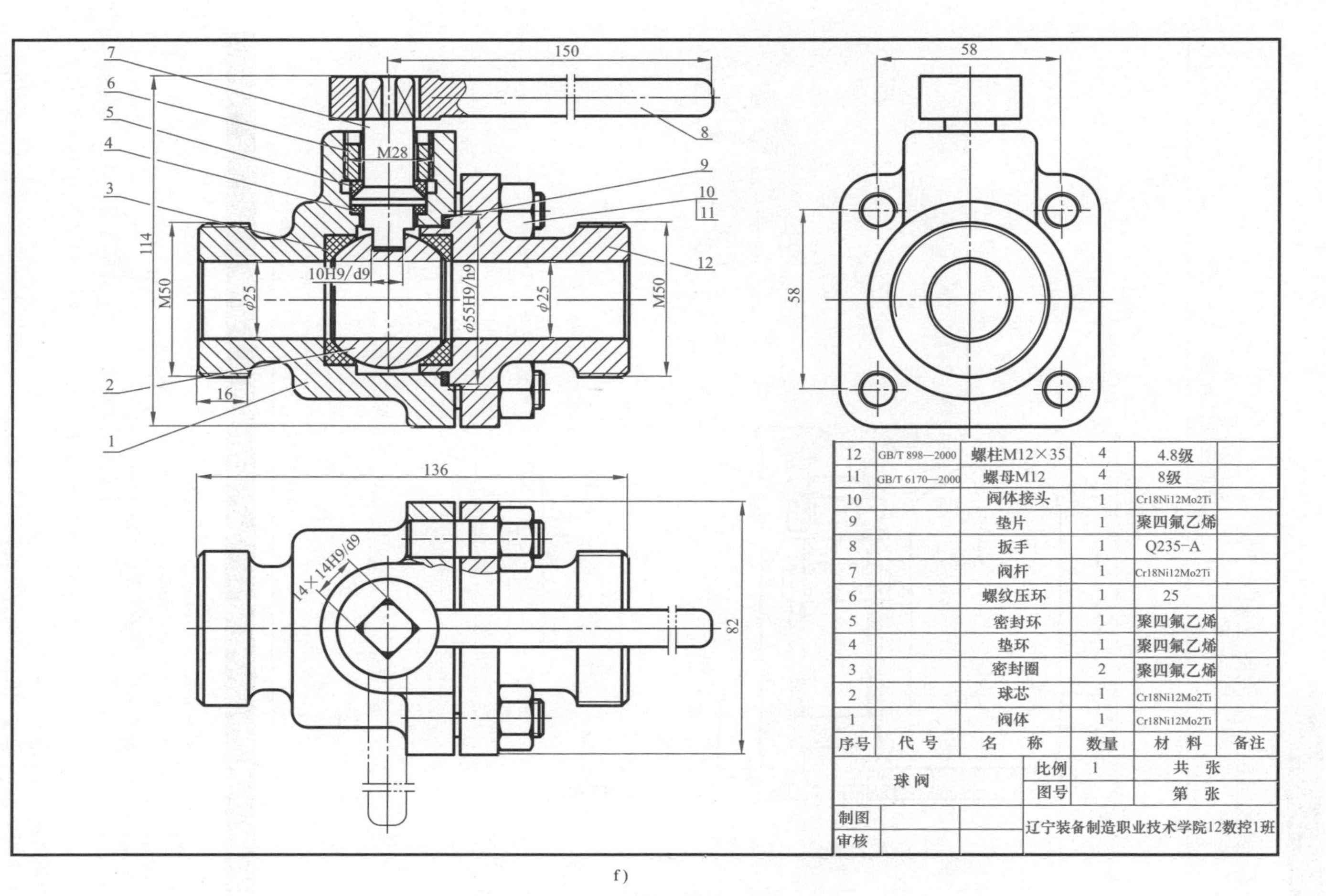

f)

图 6-20 球阀装配图的画图步骤（续）

f）标注尺寸、零件序号、填写标题栏和明细栏（注意序号对应）

6.7 识读装配图

1. 识读定位器装配图（表 6-1）

表 6-1 识读定位器装配图

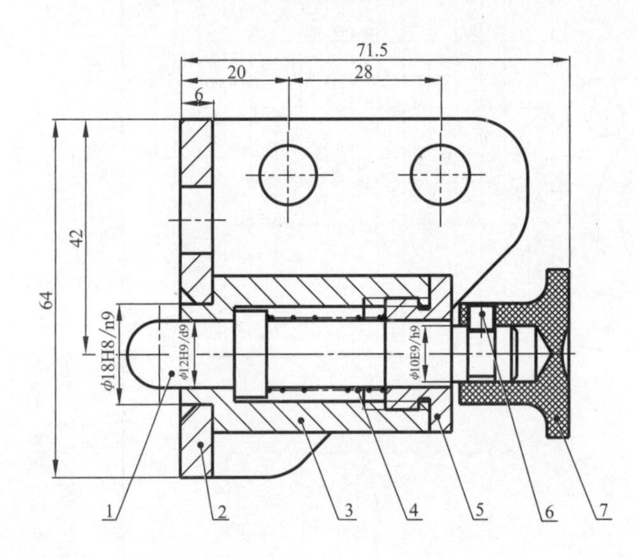

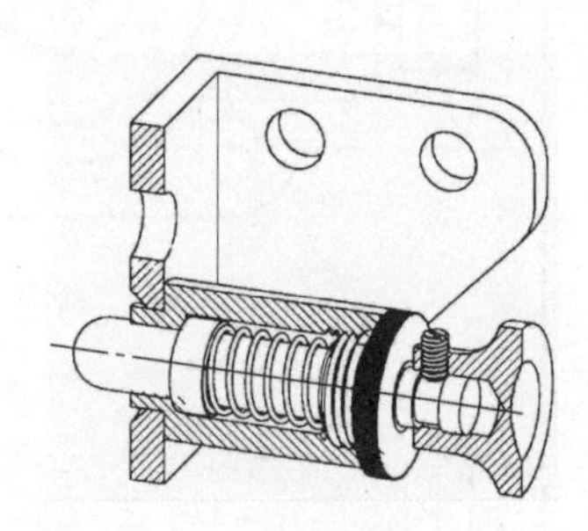

明细栏

序号	代号	名称	数量	材料	备注
1		定位轴	1	45	
2		支架	1	35	
3		套筒	1	35	
4		压簧	1	50	
5		盖	1	15	
6	GB/T 173	螺钉 M5 ×8	1	35	
7		把手	1	塑料	

识读方法	识读内容
读标题栏及明细栏	部件名称“定位器”(标题栏省略) 定位器共有 7 种零件,其中标准件 1 个,非标准件 6 个 读明细栏了解各零件的名称、材料、数量
对照明细栏读视图	主视图采用全剖视图,主要表达了定位器的工作原理及装配关系,表达各零件在部件中的位置 根据装配图中各零件的序号与明细栏对照,通过零件名称可以了解各零件在部件中的作用

（续）

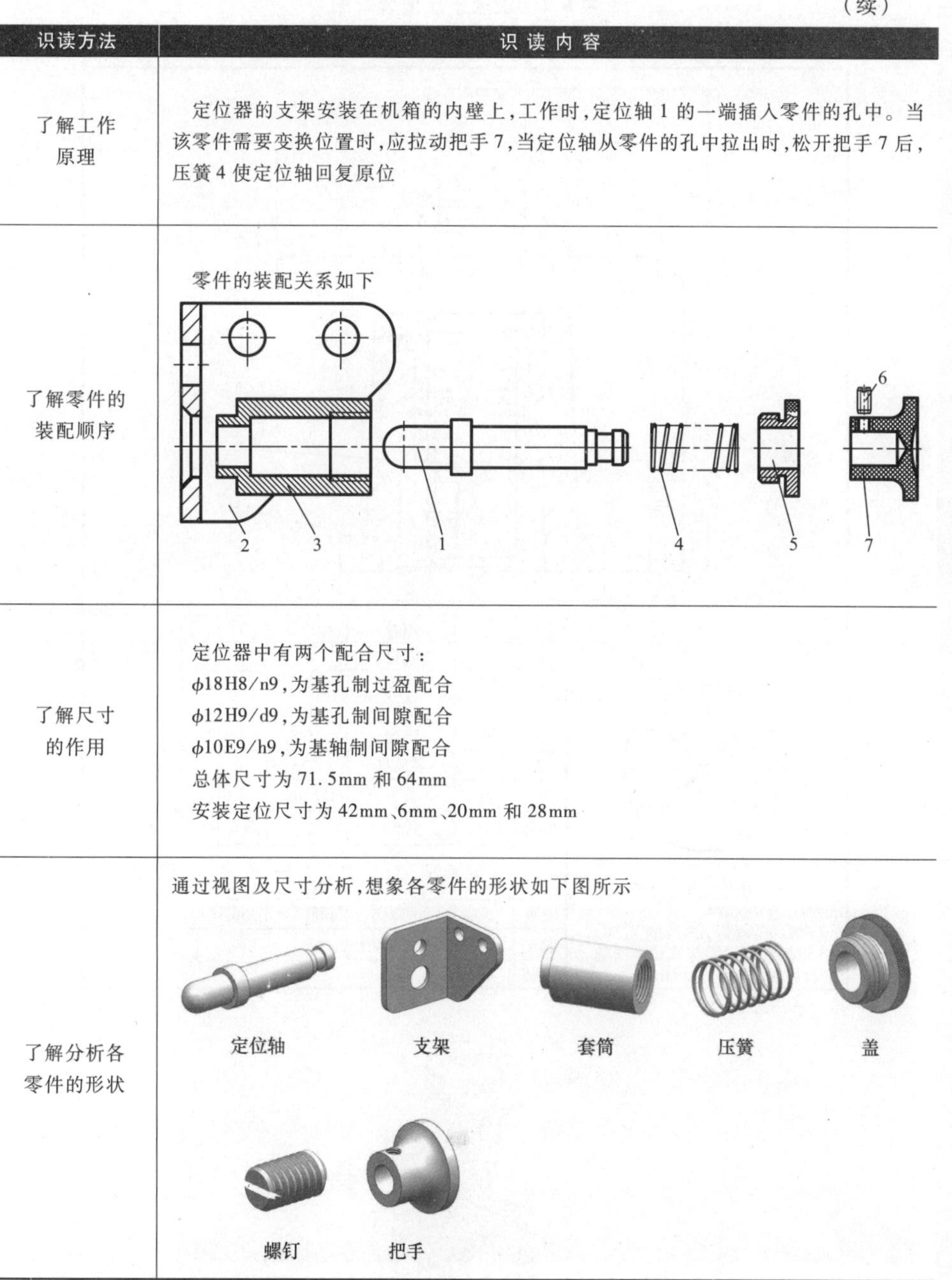

识读方法	识读内容
了解工作原理	定位器的支架安装在机箱的内壁上，工作时，定位轴 1 的一端插入零件的孔中。当该零件需要变换位置时，应拉动把手 7，当定位轴从零件的孔中拉出时，松开把手 7 后，压簧 4 使定位轴回复原位
了解零件的装配顺序	零件的装配关系如下 2 3 1 4 5 6 7
了解尺寸的作用	定位器中有两个配合尺寸： ϕ18H8/n9，为基孔制过盈配合 ϕ12H9/d9，为基孔制间隙配合 ϕ10E9/h9，为基轴制间隙配合 总体尺寸为 71.5mm 和 64mm 安装定位尺寸为 42mm、6mm、20mm 和 28mm
了解分析各零件的形状	通过视图及尺寸分析，想象各零件的形状如下图所示 定位轴 支架 套筒 压簧 盖 螺钉 把手

2. 识读千斤顶装配图（表 6-2）

3. 识读机用虎钳装配图（表 6-3）

4. 识读旋塞装配图（表 6-4）

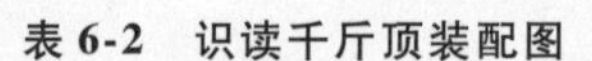

表 6-2 识读千斤顶装配图

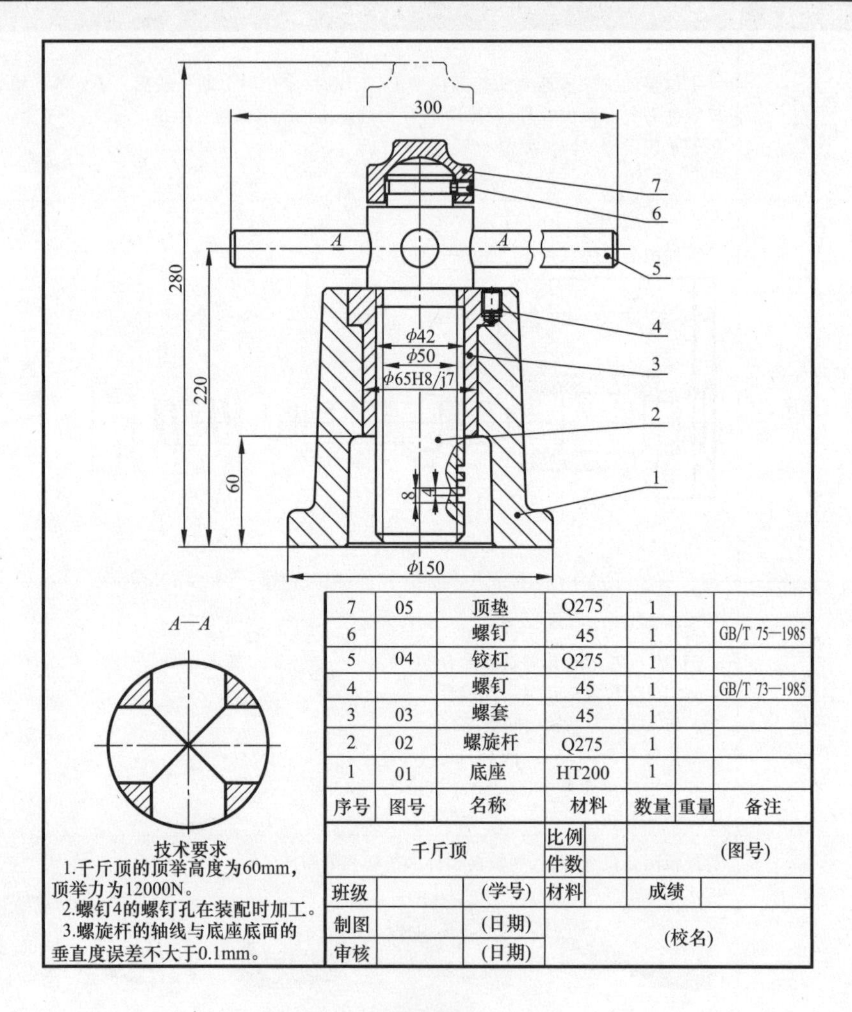

序号	图号	名称	材料	数量	重量	备注
7	05	顶垫	Q275	1		
6		螺钉	45	1		GB/T 75—1985
5	04	铰杠	Q275	1		
4		螺钉	45	1		GB/T 73—1985
3	03	螺套	45	1		
2	02	螺旋杆	Q275	1		
1	01	底座	HT200	1		

千斤顶			比例		(图号)	
			件数			
班级		(学号)	材料		成绩	
制图		(日期)	(校名)			
审核		(日期)				

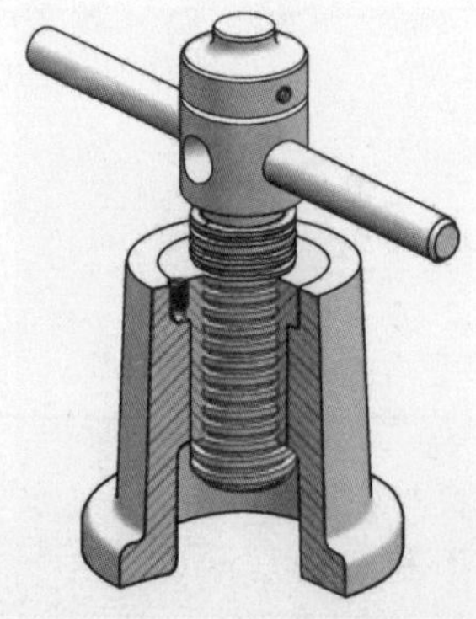

（续）

识读方法	识读内容
读标题栏及明细栏	部件名称：千斤顶 千斤顶共有 7 个零件，其中标准件 2 个，非标准件 5 个 读明细栏了解各零件的名称、材料、数量
对照明细栏读视图	主视图采用全剖视图，主要表达了千斤顶的工作原理及装配关系，表达各零件在部件中的位置 根据装配图中各零件的序号与明细栏对照，通过零件名称可以了解各零件在部件中的作用 图中 *A—A* 局部剖视图表示螺旋杆在剖切处有两个垂直相交的孔
了解工作原理及传动路线	千斤顶利用螺旋传动来顶举重物，是汽车修理和机械安装等工作中常用的一种起重式顶压工具，但顶举的高度不能太大。工作时，铰杠 5 穿在螺旋杆 2 顶部的孔中。旋转铰杠，螺旋杆 2 在螺套 3 中靠螺纹做上、下移动，顶垫 7 上的重物靠螺旋杆 2 的上升而顶起。螺套镶在底座 1 里，并用螺钉 4 定位，磨损后便于更换和修配。螺旋杆 2 的球面顶部套一个顶垫 7，靠螺钉 6 与螺旋杆连接而固定，防止顶垫随螺旋杆一起旋转而且不易脱落
了解零件的装配顺序	零件的装配关系如下图所示： 螺套 3 装入底座 1 中——用螺钉 4 固定——螺旋杆 2 旋入螺套 3 中——铰杠 5 穿入螺旋杆 2 的孔中——顶垫 7 放在螺旋杆 2 的顶部——用螺钉 6 定位 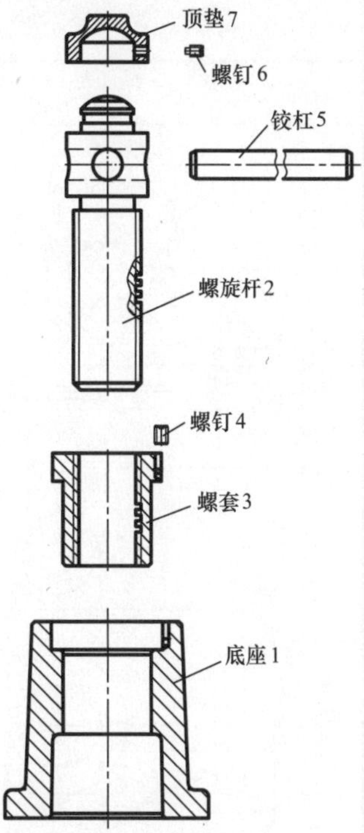 顶垫 7 螺钉 6 铰杠 5 螺旋杆 2 螺钉 4 螺套 3 底座 1
了解尺寸的作用	由千斤顶的装配图尺寸可知，220 ~ 280 为规格尺寸，说明千斤顶的顶举高度；ϕ65H8/j7 是配合尺寸，说明底座与螺套之间是基孔制的间隙配合 ϕ150mm、300mm、220mm 是外形尺寸；ϕ50mm、ϕ42mm、4mm、8mm，是其他重要尺寸

（续）

识读方法	识读内容
了解分析各零件的形状	通过视图及尺寸分析，想象各零件的形状如下图所示 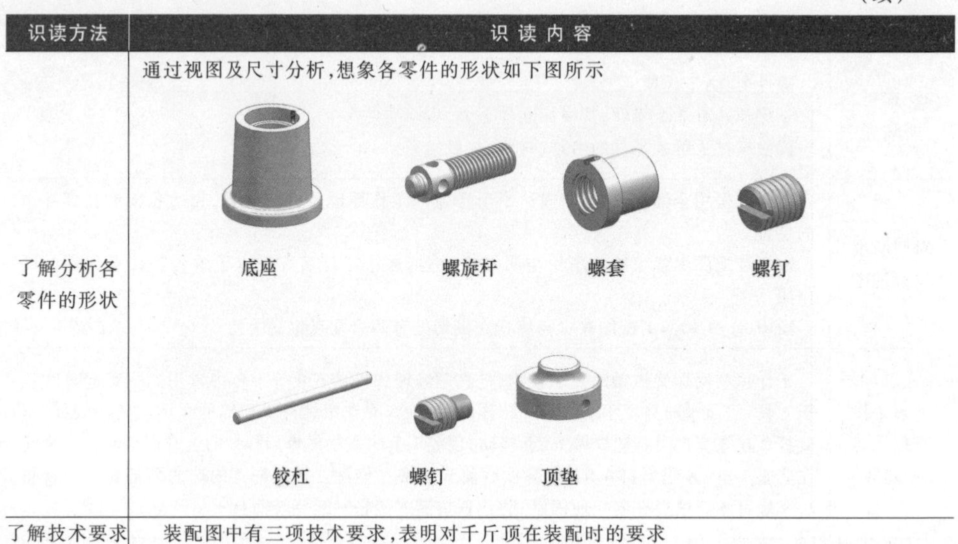
了解技术要求	装配图中有三项技术要求，表明对千斤顶在装配时的要求

表 6-3　识读机用虎钳装配图

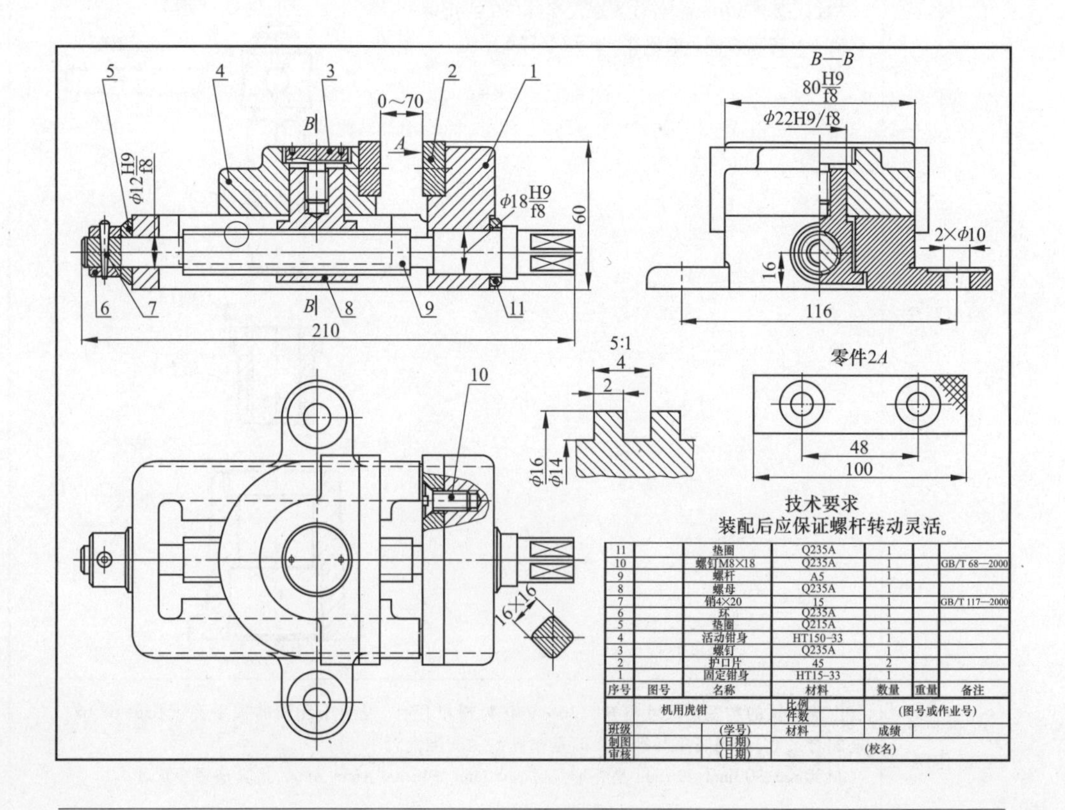

11		垫圈	Q235A	1		
10		螺钉M8×18	Q235A	1		GB/T 68—2000
9		螺杆	A5	1		
8		螺母	Q235A	1		
7		销4×20	15	1		GB/T 117—2000
6		环	Q235A	1		
5		垫圈	Q215A	1		
4		活动钳身	HT150-33	1		
3		螺钉	Q235A	1		
2		护口片	45	2		
1		固定钳身	HT15-33	1		
序号	图号	名称	材料	数量	重量	备注

机用虎钳		比例		(图号或作业号)
		件数		
班级	(学号)	材料		成绩
制图	(日期)	(校名)		
审核	(日期)			

（续）

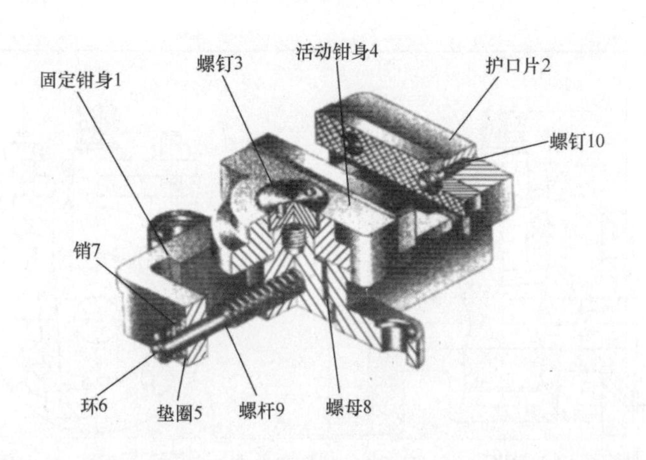

识读方法	识读内容
读标题栏及明细栏	部件名称:机用虎钳(用于机床上夹持工件) 机用虎钳由 11 种零件装配而成,其中标准件为 2 件,非标准件为 9 件
对照明细表读视图	机用虎钳用了三个基本视图、一个局部放大图、一个局部视图和一个断面图,共六个图形 主视图全剖,把围绕螺杆 9 装配的各零件沿轴线方向的位置和装配关系表达清楚 左视图半剖,反映了固定钳身、活动钳身、螺母、螺钉之间的配合情况 俯视图主要表达外形 局部放大图表达了螺杆 9 的牙型 零件 2*A* 表达了护口片 2 上螺钉安装孔的位置及护口片的形状 螺杆 9 的头部用移出断面图反映断面的形状和大小
了解工作原理及传动路线	工作原理:转动螺杆 9——螺母 8 沿轴向移动——活动钳身 4 轴向移动——钳口开、合夹紧工件
了解零件的装配顺序	拆卸顺序:拆下销 7——取下环 6 及垫圈 5——旋出螺杆 9——取下垫圈 11——旋出螺钉 3——取下螺母 8——卸下活动钳身 4——分别拆下固定钳身、活动钳身上的护口片 装配顺序与拆卸顺序相反
了解尺寸的作用	机用虎钳的规格尺寸:0 ~ 70mm（钳口距离） 配合尺寸:ϕ12H9/f8、ϕ22H9/f8、80H9/f8 安装尺寸:116 和 2 × ϕ10 总体尺寸:210 和 60 其他重要尺寸

表 6-4　识读旋塞装配图

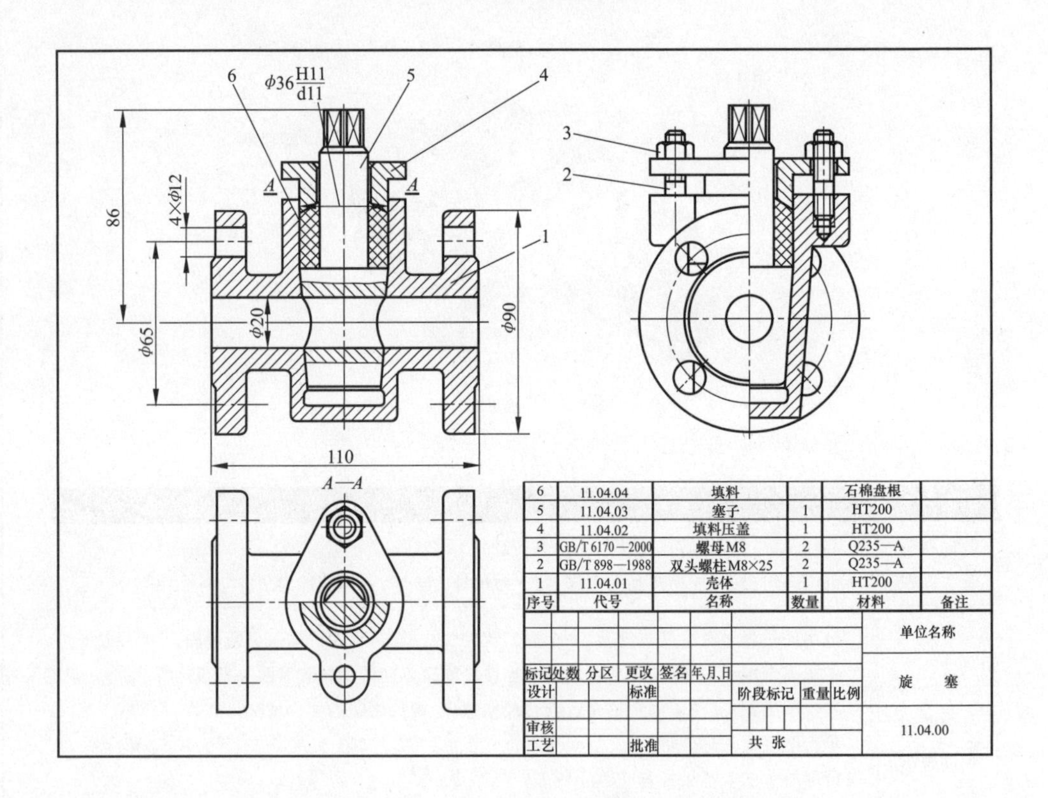

序号	代号	名称	数量	材料	备注
6	11.04.04	填料		石棉盘根	
5	11.04.03	塞子	1	HT200	
4	11.04.02	填料压盖	1	HT200	
3	GB/T 6170—2000	螺母M8	2	Q235—A	
2	GB/T 898—1988	双头螺柱M8×25	2	Q235—A	
1	11.04.01	壳体	1	HT200	

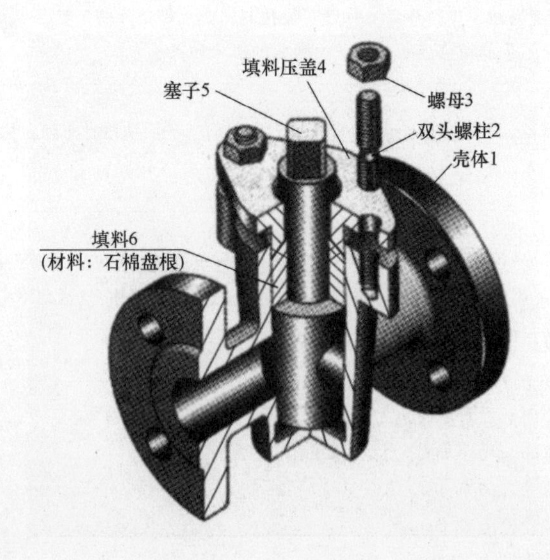

（续）

识读方法	识读内容
读标题栏及明细栏	读者自行分析
对照明细栏读视图	读者自行分析
了解工作原理及传动路线	读者自行分析
了解零件的装配顺序	读者自行分析
了解尺寸的作用	读者自行分析

参 考 文 献

[1] 杨君伟. 机械识图 [M]. 北京：机械工业出版社，2009.

[2] 胡建生. 机械识图（多学时）[M]. 2版. 北京：机械工业出版社，2013.